张雨萌◎编著

机器学习线性代数基础

Python语言描述

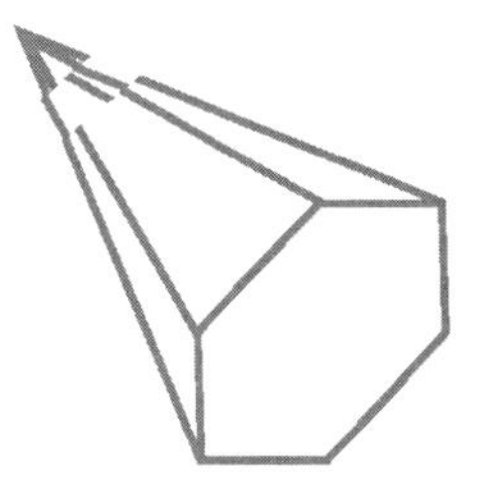

北京大学出版社
PEKING UNIVERSITY PRESS

内容简介

数学是机器学习绕不开的基础知识，传统教材的风格偏重理论定义和运算技巧，想以此高效地打下机器学习的数学基础，针对性和可读性并不佳。本书以机器学习涉及的线性代数核心知识为重点，进行新的尝试和突破：从坐标与变换、空间与映射、近似与拟合、相似与特征、降维与压缩这5个维度，环环相扣地展开线性代数与机器学习算法紧密结合的最核心内容，并分析推荐系统和图像压缩两个实践案例，在介绍完核心概念后，还将线性代数的应用领域向函数空间和复数域中进行拓展与延伸；同时极力避免数学的晦涩枯燥，充分挖掘线性代数的几何内涵，并以Python语言为工具进行数学思想和解决方案的有效实践。

本书适合实践于数据分析、信号处理等工程领域的读者，也适合在人工智能、机器学习领域进行理论学习和实践，希望筑牢数学基础的读者，以及正在进行线性代数课程学习的读者阅读。

图书在版编目(CIP)数据

机器学习线性代数基础：Python语言描述 / 张雨萌编著. -- 北京：北京大学出版社，2019.9

ISBN 978-7-301-30601-7

Ⅰ. ①机… Ⅱ. ①张… Ⅲ. ①机器学习 Ⅳ. ①TP181

中国版本图书馆CIP数据核字（2019）第148115号

书　　名　机器学习线性代数基础：Python语言描述
JIQI XUEXI XIANXING DAISHU JICHU : PYTHON YUYAN MIAOSHU

著作责任者　张雨萌 编著

责 任 编 辑　吴晓月 王继伟

标 准 书 号　ISBN 978-7-301-30601-7

出 版 发 行　北京大学出版社

地　　址　北京市海淀区成府路205 号　100871

网　　址　http：//www. pup. cn　新浪微博：@ 北京大学出版社

电 子 邮 箱　编辑部 pup7@pup. cn　总编室 zpup@pup. cn

电　　话　邮购部 010-62752015　发行部 010-62750672　编辑部 010-62570390

印 刷 者　大厂回族自治县彩虹印刷有限公司

经 销 者　新华书店

787毫米×1092毫米　16开本　10.75印张　254千字

2019年9月第1版　2024年9月第5次印刷

印　　数　12001—14000册

定　　价　49.00 元

为什么要写这本书?

当下，机器学习、人工智能的火爆程度无须多言。薪酬之高、职业发展道路之宽阔，吸引着大量优秀的学子投身于这个领域进行学习和探索。

然而与较为基础的程序语言、编程框架的学习不同，机器学习是一个更为综合的学科领域，一个零基础的学生想要涉足该领域是有一定难度的，因为机器学习需要有大量的前序知识作为铺垫，其中最核心的基础知识就是以线性代数、概率统计等为代表的数学知识和思想方法。

线性代数作为利用空间来投射和表征数据的基本工具，可以方便地对数据进行各种变换，从而让研究人员更加直观、清晰地探查到数据的主要特征和不同维度的所需信息，因此线性代数的核心基础地位不言而喻。只有熟练地运用好这个工具，才能为自己搭建起攀登机器学习高峰的牢固阶梯。

初学者可能会问，在机器学习、数据分析中，有哪些地方需要用到线性代数呢？我们举例如下。

（1）如何定量地描述日常生活中的事物，如个体的不同属性、自然语言中的词语和句子等，来支撑我们所要进行的算法分析？

（2）如何将待处理的数据在不同维度的空间中进行变换处理，以寻找到最佳的观测角度，使数据处理达到最好的效果？

（3）如何从采样的海量数据中提取主要特征成分，梳理出数据的主要脉络，从而协助我们对一个文本进行主题建模，并利用协同过滤技术，成功地给用户推荐他们感兴趣的东西？

（4）如何用数字表示图像，并且在不太影响观察效果的前提下，利用很小的存储空间就能近似地达到原有图像的视觉效果？

（5）如何对采集到的观测数据进行拟合，以帮助我们找到其中暗含的规律，对未知数据进行预测？

（6）在实际的数据采样分析过程中，如何在无法找到精确解的情况下，探索出最接近真相的近似解？

…………

这些实用而有趣的问题，我们在数据分析和机器学习中，几乎时时刻刻都会遇到。想要解决好这些问题，线性代数的核心概念和思想方法都必须牢固掌握，而这也正是写这本书的目的之所在。

本书有何特色？

既然已经明确了线性代数的核心基础地位，那么很多读者一定摩拳擦掌，准备大干一场。但是，翻开许多线性代数教材，读者就会感觉有些迷茫，因为从教材里似乎很难找到解决上述实际问题的有效方法。

有些读者在学习时会有这样一种感觉：一门课学完了、考试过了，却不知道学了有什么用，尤其是数学类的课程。因为传统教材大多数是按照“定义—例题—计算”的步骤来大篇幅罗列数学概念，偏重理论定义和运算技巧，不注重梳理学科内在的逻辑脉络，更没能深刻挖掘出本学科与当下前沿技术的交汇点。传统教材往往应付考试有余，但想以此高效地打下机器学习的数学基础，效果并不理想。

明确了不足，本书就将在传统教材的薄弱环节做出突破，设计一条有针对性的学习路径。

一方面，紧紧围绕**空间变换**这个线性代数的主要脉络，从**坐标与变换、空间与映射、近似与拟合、相似与特征、降维与压缩**这 5 个维度，环环相扣地展开线性代数与机器学习紧密结合的核心内容，深刻阐述如何**用空间表示数据、用空间处理数据、用空间优化数据**，用一条线索贯穿整个学科的主干内容。

另一方面，深度结合机器学习中的典型实战案例，面向应用，帮助读者将线性代数这一数学工具用会、用熟、用好，同时以 Python 语言为工具，进行数学思想和解决方案的有效实践，无缝对接工程应用。

本书在内容组织和知识展现方面具有以下 3 个特色。

第一，避免纸上谈兵。全书以 Python 语言作为工具进行概念和方法的有效实践，无缝对接机器学习工程应用，可操作性强。

第二，避免生硬枯燥。全书务求结合线性代数的几何意义，对重点概念进行剖析和演绎，避免传统教材的既视感，强化逻辑性和可读性。

第三，避免大水漫灌。全书以机器学习所亟须的线性代数内容为立足点，讲解相关知识，从而使读者提高学习效率。

本书内容及知识体系

全书内容安排如下。

第 1 章　坐标与变换：高楼平地起。从空间坐标表示与线性变换入手，快速建立线性代数直观感受，理解向量和矩阵运算的几何本质。

第 2 章　空间与映射：矩阵的灵魂。围绕线性代数的概念基石——空间，详细阐述空间中映射和变换的本质，深入剖析矩阵在其中的灵魂作用。

第 3 章　近似与拟合：真相最近处。展现线性代数在近似与拟合中的理论基础，并阐述最小二乘法的实际应用。

第 4 章　相似与特征：最佳观察角。重点分析矩阵的相似性及特征的提取方法，打好数据降维的理论基础。

第 5 章　降维与压缩：抓住主成分。作为全书知识脉络的交汇，讲解如何对数据进行降维和特征分析，深入剖析矩阵分析的核心内容：特征值分解和奇异值分解。

第 6 章　实践与应用：线代用起来。展现线性代数在推荐系统、图像压缩分析中的实际应用。

第 7 章　函数与复数域：概念的延伸。帮助读者将线性代数的核心概念向函数空间和复数域中进行延伸和拓展，在概念的比较过程中，实现对线性代数领域更为深刻和广阔的认知。

适合阅读本书的读者

- **实践于数据分析、信号处理等工程领域的读者**。本书中所着重强调的思维逻辑和处理方法将会给你们提供一种新的视角和启发。
- **在人工智能、机器学习领域进行理论学习和实践，希望筑牢数学基础的读者**。无论你是在校园学习还是已经走上工作岗位，都将获得很大的收获和共鸣。
- **正在进行线性代数课程学习的读者**。阅读本书有利于你们对线性代数产生更浓厚的兴趣、多角度的认识和更深层的思考，会收获同学习传统教材不一样的思维体验。

阅读本书的建议

- 建议结合线性代数的几何意义进行数学概念的理解。
- 建议利用 Python 语言进行数学知识的学习以提高实践能力。
- 对于案例章节，建议先思考一下解决的方法，再与书中的代码内容进行对照学习。
- 建议仔细体会全书的知识脉络，以建立更好的数学思维和感觉。

本书所涉及的源代码已上传到百度网盘，供读者下载。请读者关注封底“博雅读书社”微信公众号，找到“资源下载”栏目，根据提示获取。

第1章 坐标与变换：高楼平地起

第 3 章 近似与拟合：真相最近处

第 4 章 相似与特征：最佳观察角

第 5 章 降维与压缩：抓住主成分

第 1 章

坐标与变换：高楼平地起

作为全书内容的开篇部分，本章将从空间的角度出发，详细介绍向量和矩阵的基本概念，并在空间思维的框架下描述矩阵和向量运算的基本法则，揭示其几何意义，以求迅速帮助读者搭建起关于空间的宏观知识框架，奠定学习全书内容的思想方法。

在本章知识内容的演绎、推进过程中，会逐步引出基底的选取、空间的张成、基底的转化与坐标的变换这些和空间紧密相关的概念，并使用 Python 语言，对相关概念和运算过程进行描述。

本章主要涉及的知识点

- 介绍向量的概念和基本运算
- 介绍基底的用途和构成条件
- 介绍坐标与基底之间的关系
- 介绍矩阵的概念和基本运算
- 介绍矩阵对向量空间位置的改变
- 介绍在矩阵的作用下，向量的基变换原理及过程

1.1 描述空间的工具：向量

空间是贯穿整个线性代数的主干脉络和核心概念。那么在全书开篇的第一节，我们将重点学习如何利用向量这个重要工具对空间进行描述，从而使读者完成对“空间”从感性认识到定量描述的重要转变。

首先，我们将在向量知识基础上，开始学习行向量及列向量的基本概念，并且运用 Python 语言对向量进行代码表示，这也是本书的一个重要特色；然后，我们会利用 Python 语言熟悉和掌握如何对多个向量进行加法和乘法运算；最后，综合以上的这些知识和运算法则，引出向量线性组合的重要概念，使读者了解线性组合的构成方法和基本形式。

1.1.1 重温向量

对于向量而言，我们一定不会感到陌生。向量的概念其实很简单，直观地说，把一组数字排列成一行或一列，就称为向量。它可以作为对空间进行描述的有力工具。

例如，对于一个简单的二维向量$\begin{bmatrix}4\\5\end{bmatrix}$，这个向量有两个成分：第一个成分是数字 4，第二个成分是数字 5。

向量$\begin{bmatrix}4\\5\end{bmatrix}$可以理解为二维平面中 x 坐标为 4、y 坐标为 5 的一个点，也可以将其理解为以平面中的原点 (0, 0) 为起点，以 (4, 5) 为终点的一条有向线段，如图 1.1 所示。

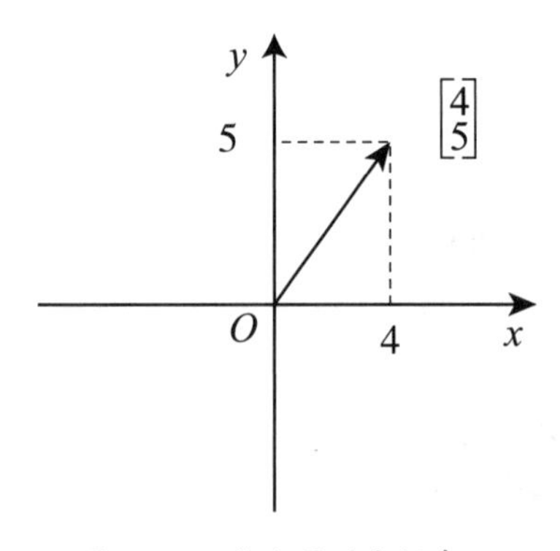

图 1.1　二维向量的空间表示

由此可见，一个向量中成分的个数就是该向量的维数。因此，如果进一步推广下去，还会有三维向量，如$\begin{bmatrix}3\\2\\4\end{bmatrix}$。同理，这个三维向量可以用来表示三维空间中的一个指定点，或者用来表示在三

维空间中以原点 (0, 0, 0) 为起点，以 (3, 2, 4) 为终点的一条有向线段，如图 1.2 所示。

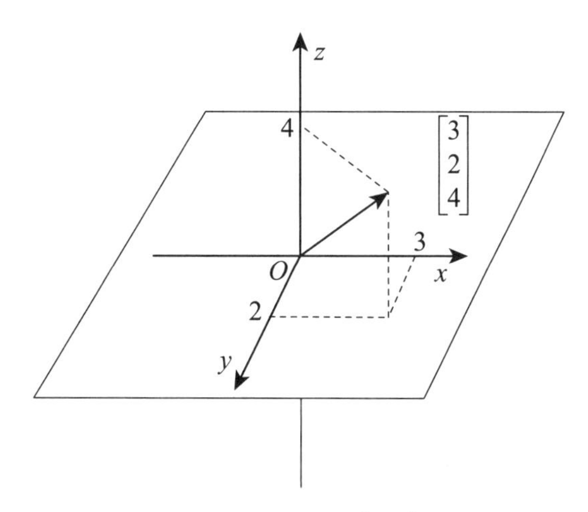

图 1.2　三维向量的空间表示

当然，以此类推，自然还存在更高维的向量，只不过不太好利用图形化的方式进行描述，这里就不继续展开举例了。

不过向量也不仅局限于用来直接描述空间中的点坐标和有向线段，也可以凭借基础的数据表示功能，成为一种描述事物属性的便捷工具。例如，在一次考试中，你的考试成绩为：语文 85 分，数学 92 分，外语 89 分。由于这 3 门课具有不同科目属性，因此，可以使用一个三维向量来对其进行表示，即$score = \begin{bmatrix} 85 \\ 92 \\ 89 \end{bmatrix}$。其实，这样看来，此时不仅仅可以把向量 score 看作是一个盛放数据的容器，似乎也可以利用它将科目考试成绩和空间建立起某种关联。

又如，在自然语言处理的过程中，也少不了向量这个重要的工具。程序进行文本阅读时，首先会对文本材料进行分词处理，然后使用向量对词汇进行表示。这是因为向量很适合将对象的属性和特征对应到高维空间中进行定量表达，同时在此基础上进行进一步的后续处理，如判断词汇之间的相似性等。

在本书的后续章节中，将会陆续接触到一些数据处理的基本方法：如投影、降维等，这些方法都是在向量描述的基础上实现的。

1.1.2　通常使用列向量

根据上面所讲述的向量的定义“把一组数字排列成一行或一列，就称为向量”，向量对应地就拥有两种表达方式：如果元素是纵向排列的，就将其称为列向量，如$\begin{bmatrix} 4 \\ 5 \end{bmatrix}$，$\begin{bmatrix} -4 \\ 15 \\ 6.7 \end{bmatrix}$；如果元素是横向排列的，就将其称为行向量，如 [4 5 7]。

在实际使用向量工具进行描述和计算时，应该具体使用哪一种方式呢？在没有特殊说明的情况下，一般都默认为列向量。

从直觉上来看，似乎行向量显得更为直观，但是，这里为什么会如此偏爱列向量呢？这么做主要是为了方便后续的向量坐标变换、空间之间的映射等计算过程的处理。

在这里先不详细展开讨论，读者对此有一个直观的印象就可以了。将一个矩阵 $\boldsymbol{A}$ 所表示的映射作用于某个向量 $\boldsymbol{x}$ 上时，习惯上将其写成矩阵乘以向量的表达形式，即 $\boldsymbol{Ax}$。而这种写法的数据表示基础便是：向量 $\boldsymbol{x}$ 必须是一个列向量。

目前出现好几个概念，如转置、矩阵、映射等，这里先不做介绍，后面会一一详细描述。需要记住的是：一般都用列的形式来表示向量。

1.1.3 使用 Python 语言表示向量

了解了基本概念后，开始使用工具。对应地，应如何使用 Python 语言表示行向量和列向量呢？这里，需要使用 Python 语言中的一个常用工具库：numpy。先看如何用代码描述行向量 $\boldsymbol{a}=[1\ \ 2\ \ 3\ \ 4]$。

代码如下：

```
import numpy as np
a = np.array([1, 2, 3, 4])
print(a)
```

运行结果：

```
[1 2 3 4]
```

在 Python 语言中，一般使用工具库 numpy 来生成一个向量，但其默认生成的是行向量。但正如前面内容中所介绍的，一般情况下，通常使用列向量的形式，因此还需要对其做一些处理工作。

也许有些读者会想，用转置这个概念（后面会详细讲解）是不是就可以了，也就是把向量的行索引和列索引交换位置。但是 numpy 中的转置方法对于一维数组是无效的，代码如下。

```
import numpy as np
a = np.array([1, 2, 3, 4])
print(a.transpose())
```

运行结果：

```
[1 2 3 4]
```

从程序的运行结果来看，这段代码确实没有出现预期的效果。那应该如何表示一个列向量 $\begin{bmatrix}1\\2\\3\\4\end{bmatrix}$ 呢？具体的做法我们来演示一下。

代码如下：

```
import numpy as np
A = np.array([1, 2, 3, 4])
A_t = A[:, np.newaxis]
print(A_t)
print(A_t.shape)
```

运行结果：

```
[[1]
 [2]
 [3]
 [4]]
(4, 1)
```

这样，就把一个行向量成功地转换成了一个列向量。这里确实用了转置的思路和做法。但是，这段代码有点复杂。

下面就来介绍一种更简单、更直观的 Python 语言实现方法。

1.1.4 简单生成列向量

这里需要事先用到后面涉及的知识点。显然，我们一直把向量看作是一个维数为 1 的数组，但是其实也可以看作是行数为 1 或列数为 1 的一个二维数组。从本书后面的内容中将会知道：二维数组对应的就是矩阵，因此向量还可以看作是一个特殊的矩阵，即可以把行向量看作是一个 $1 \times m$ 的特殊矩阵，可以把列向量看作是一个 $n \times 1$ 的特殊矩阵。在这个视角下，重新生成刚刚讨论的四维行向量 $[1\ \ 2\ \ 3\ \ 4]$ 和对应的列向量$\begin{bmatrix} 1 \\ 2 \\ 3 \\ 4 \end{bmatrix}$。

代码如下：

```
import numpy as np
A = np.array([[1, 2, 3, 4]])
print(A)
print(A.T)
```

运行结果：

```
[[1 2 3 4]]
[[1]
 [2]
 [3]
 [4]]
```

在这段代码中，需要注意的是，在对行向量进行初始化时，使用了 numpy 中的二维数组的初始化方法，因此在语句中多嵌套了一层中括号。在这种情况下，就可以直接通过行向量转置的方法来生成对应的列向量了。

明确了向量的表示方法后，再来梳理一下向量的基本运算。我们会逐一介绍向量的加法运算、向量的数量乘法运算、向量间的内积运算和外积运算，并且都会使用 Python 语言进行实现。

1.1.5 向量的加法

两个维数相同的向量才能进行加法运算，只要将相同位置上的元素相加即可，结果向量的维数保持不变。

两个 n 维向量 $\boldsymbol{u}$ 和 $\boldsymbol{v}$ 的加法运算规则可以表示为

$$\begin{bmatrix} u_1 \\ u_2 \\ u_3 \\ \vdots \\ u_n \end{bmatrix} + \begin{bmatrix} v_1 \\ v_2 \\ v_3 \\ \vdots \\ v_n \end{bmatrix} = \begin{bmatrix} u_1+v_1 \\ u_2+v_2 \\ u_3+v_3 \\ \vdots \\ u_n+v_n \end{bmatrix}$$

向量的加法运算规则非常简单，下面举一个例子，看一看如何求解向量$\boldsymbol{u}=\begin{bmatrix} 1 \\ 2 \\ 3 \end{bmatrix}$与向量$\boldsymbol{v}=\begin{bmatrix} 5 \\ 6 \\ 7 \end{bmatrix}$的加法运算结果。

代码如下：

```
import numpy as np
u = np.array([[1,2,3]]).T
v = np.array([[5,6,7]]).T
print(u + v)
```

运行结果：

```
[[ 6]
 [ 8]
 [10]]
```

1.1.6 向量的数量乘法

向量的数量乘法就是将参与乘法运算的标量同向量的每个元素分别相乘，以此得到最终的结果向量。很显然，得到的结果向量的维数依然保持不变。向量的数量乘法从几何意义上来看，就是将向量沿着所在直线的方向拉伸相应的倍数，拉伸方向和参与运算的标量符号一致。

例如，一个标量 c 和一个 n 维向量 $\boldsymbol{u}$ 的乘法运算规则可以表示为

$$c\begin{bmatrix} u_1 \\ u_2 \\ u_3 \\ \vdots \\ u_n \end{bmatrix} = \begin{bmatrix} cu_1 \\ cu_2 \\ cu_3 \\ \vdots \\ cu_n \end{bmatrix}$$

同样地，举一个例子，看一看如何求解向量$\boldsymbol{u}=\begin{bmatrix} 1 \\ 2 \\ 3 \end{bmatrix}$与数字 3 的数量乘法运算结果。

代码如下：

```
import numpy as np
u = np.array([[1, 2, 3]]).T
print(3*u)
```

运行结果：

```
[[3]
 [6]
 [9]]
```

1.1.7 向量间的乘法：内积和外积

向量间的乘法分为内积和外积两种形式，首先来介绍向量的内积运算。参与内积运算的两个向量必须维数相等，运算规则是先将对应位置上的元素相乘，然后合并相加，向量内积的最终运算结果是一个标量。

例如，两个 n 维向量 $\boldsymbol{u}$ 和 $\boldsymbol{v}$ 进行内积运算的规则为：

$$\boldsymbol{u}\cdot\boldsymbol{v} = \begin{bmatrix} u_1 \\ u_2 \\ u_3 \\ \vdots \\ u_n \end{bmatrix} \cdot \begin{bmatrix} v_1 \\ v_2 \\ v_3 \\ \vdots \\ v_n \end{bmatrix} = u_1v_1 + u_2v_2 + u_3v_3 + \cdots + u_nv_n$$

这个定义看上去好像没有什么特殊含义，但是内积的另一种表示方法 $\boldsymbol{u}\cdot\boldsymbol{v}=|\boldsymbol{u}||\boldsymbol{v}|\cos\theta$ 所包含的物理意义就十分清晰了，它表示向量 $\boldsymbol{u}$ 在向量 $\boldsymbol{v}$ 方向上的投影长度乘向量 $\boldsymbol{v}$ 的模长，如图 1.3 所示。如果 $\boldsymbol{v}$ 是单位向量，内积就可以直接描述为向量 $\boldsymbol{u}$ 在向量 $\boldsymbol{v}$ 方向上的投影长度。

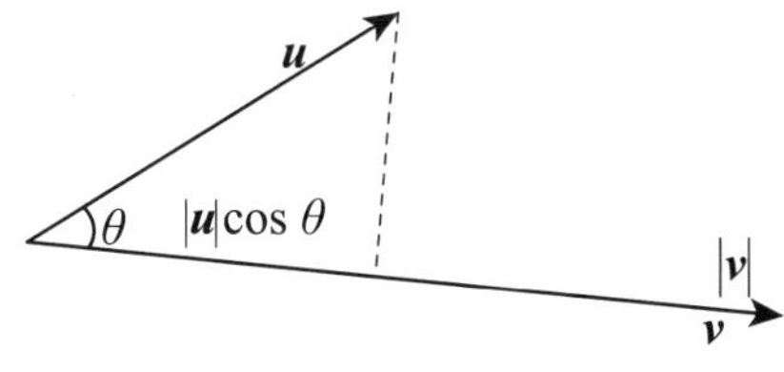

图 1.3　向量内积的几何表示

需要注意的是，在实际计算向量内积时，无论是行向量间的内积还是列向量间的内积，其最终运算结果都是一样的。

使用 Python 语言计算向量的内积非常方便。但是需要注意的是，如果直接使用工具库 numpy 中的内积运算函数 dot 进行运算操作，那么传入的参数则必须是用一维数组表示的行向量。

下面实际计算一下向量$\boldsymbol{u}=\begin{bmatrix}3\\5\\2\end{bmatrix}$与向量$\boldsymbol{v}=\begin{bmatrix}1\\4\\7\end{bmatrix}$的内积运算结果。

代码如下：

```
import numpy as np
u = np.array([3, 5, 2])
v = np.array([1, 4, 7])
print(np.dot(u,v))
```

运行结果：

```
37
```

在前文介绍了表示行、列向量的通用方法，即用行数或列数为 1 的二维数组来表示向量，那么是否可以用在这里进行内积运算呢？答案是不可以，如果这么做程序就会报错，示例如下。

代码如下：

```
import numpy as np
u = np.array([[3, 5, 2]])
v = np.array([[1, 4, 7]])
print(np.dot(u,v))
```

运行结果：

```
C:\Python34\python.exe E:/源代码/第1章/1-8.py
Traceback (most recent call last):
    File "E:/源代码/第1章/1-8.py", line 4, in <module>
        print(np.dot(u,v))
ValueError: shapes (1,3) and (1,3) not aligned: 3 (dim 1) != 1 (dim 0)
```

同样地，用二维数组表示的列向量进行内积运算，程序同样也会报错。

代码如下：

```
import numpy as np
u = np.array([[3, 5, 2]]).T
v = np.array([[1, 4, 7]]).T
print(np.dot(u,v))
```

运行结果：

```
C:\Python34\python.exe E:/源代码/第1章/1-9.py
Traceback (most recent call last):
    File "E:/源代码/第1章/1-9.py", line 4, in <module>
        print(np.dot(u,v))
```

```
ValueError: shapes (3,1) and (3,1) not aligned: 1 (dim 1) != 3 (dim 0)
```

既然可以使用二维数组来表示向量，那么为什么在Python语言中不能用它们进行内积运算呢？

我们学完整个第1章后就会知道，这种方法表示下的向量本质上是矩阵，只不过是行数或列数为1的特殊矩阵。若将这种方法表示下的向量作为内积运算函数dot的参数，那么就需要依据矩阵的乘法法则来计算。此时，若是依据矩阵乘法的运算法则来运算，程序就会报错，至于原因后面会重点讲述。

如果一定要使用这种向量，那么得到正确结果的示例如下。

代码如下：

```
import numpy as np
u = np.array([[3, 5, 2]])
v = np.array([[1, 4, 7]]).T
print(np.dot(u,v))
```

运行结果：

```
[[37]]
```

这里得到了一个正确的数值结果，至于前面为什么会出错，而这里为什么又能得到正确的结果，学完本章后，就会明白其中的原因了。

下面介绍向量间的外积运算。在这里只讨论在二维平面和三维空间中的运算情况。

在二维平面中，向量$\boldsymbol{u}$和向量$\boldsymbol{v}$的外积运算法则为

$$\boldsymbol{u}\times\boldsymbol{v}=\begin{bmatrix}u_1\\u_2\end{bmatrix}\times\begin{bmatrix}v_1\\v_2\end{bmatrix}=u_1v_2-u_2v_1$$

与内积运算相类似，对于外积运算，同样也有另外一种表达式：$\boldsymbol{u}\times\boldsymbol{v}=|\boldsymbol{u}||\boldsymbol{v}|\sin\theta$。这种表达式包含的物理意义也会更加直观一些。

如图1.4所示，在二维平面中，向量的外积表示两个向量张成的平行四边形的“面积”。当然，这里的面积要打上引号，因为如果两个向量的夹角大于180°，那么向量外积运算所得到的结果为负。

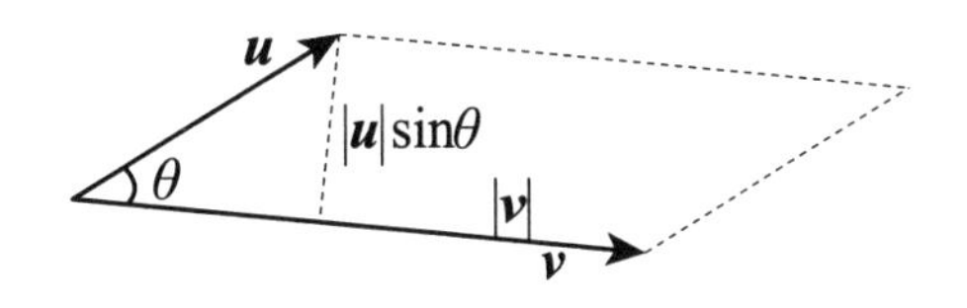

图1.4　向量外积的几何表示

下面计算一下向量$\boldsymbol{u}=\begin{bmatrix}3\\5\end{bmatrix}$和向量$\boldsymbol{v}=\begin{bmatrix}1\\4\end{bmatrix}$的外积运算结果。

代码如下：

```
import numpy as np
u = np.array([3, 5])
v = np.array([1, 4])
print(np.cross(u, v))
```

运行结果：

```
7
```

而在三维空间中，外积的计算则要更加复杂一些，其计算所得到的结果是一个向量而不是一个数值。三维向量 $\boldsymbol{u}$ 和 $\boldsymbol{v}$ 的外积运算法则为

$$\boldsymbol{u}\times\boldsymbol{v}=\begin{bmatrix}u_1\\u_2\\u_3\end{bmatrix}\times\begin{bmatrix}v_1\\v_2\\v_3\end{bmatrix}=\begin{bmatrix}u_2v_3-u_3v_2\\u_3v_1-u_1v_3\\u_1v_2-u_2v_1\end{bmatrix}$$

通过外积运算，最终得到的结果向量也是有明确的物理含义的，即表示 $\boldsymbol{u}$ 和 $\boldsymbol{v}$ 两个向量张成平面的法向量。

下面计算一下向量$\boldsymbol{x}=\begin{bmatrix}3\\3\\9\end{bmatrix}$与向量$\boldsymbol{y}=\begin{bmatrix}1\\4\\12\end{bmatrix}$的外积运算结果。

代码如下：

```
import numpy as np
x = np.array([3, 3, 9])
y = np.array([1, 4, 12])
print(np.cross(x,y))
```

运行结果：

```
[0 -27 9]
```

1.1.8 先数乘后叠加：向量的线性组合

基于向量加法和数量乘法这两类基本运算，将其进行组合应用，就是下面要介绍的向量的线性组合。

首先介绍向量线性组合的具体含义。针对向量 $\boldsymbol{u}$ 和向量 $\boldsymbol{v}$，先求出标量 c 和向量 $\boldsymbol{u}$ 的数量积，再求出标量 d 和向量 $\boldsymbol{v}$ 的数量积，最后再将二者进行叠加，就得到了向量 $\boldsymbol{u}$ 和向量 $\boldsymbol{v}$ 的线性组合 $c\boldsymbol{u}+d\boldsymbol{v}$。需要注意的是，这里的标量 c 和标量 d 可以取到任意值（自然也包括 0）。

针对线性组合，再来举一个实例，3 个三维向量：$\boldsymbol{u}=\begin{bmatrix}u_1\\u_2\\u_3\end{bmatrix}$，$\boldsymbol{v}=\begin{bmatrix}v_1\\v_2\\v_3\end{bmatrix}$，$\boldsymbol{w}=\begin{bmatrix}w_1\\w_2\\w_3\end{bmatrix}$的线性组合运算规则。

$$c\boldsymbol{u}+d\boldsymbol{v}+e\boldsymbol{w}=c\begin{bmatrix}u_1\\u_2\\u_3\end{bmatrix}+d\begin{bmatrix}v_1\\v_2\\v_3\end{bmatrix}+e\begin{bmatrix}w_1\\w_2\\w_3\end{bmatrix}=\begin{bmatrix}cu_1+dv_1+ew_1\\cu_2+dv_2+ew_2\\cu_3+dv_3+ew_3\end{bmatrix}$$

其中，c,d,e 可以取包含 0 在内的任意值。当然，维数向上扩展到任意维数 n 也是同理。

在这里，基于上面的运算法则，利用 Python 语言来对 3 个已知向量$\boldsymbol{u}=\begin{bmatrix}1\\2\\3\end{bmatrix}, \boldsymbol{v}=\begin{bmatrix}4\\5\\6\end{bmatrix}, \boldsymbol{w}=\begin{bmatrix}7\\8\\9\end{bmatrix}$进行线性组合运算，即 $3\boldsymbol{u}+4\boldsymbol{v}+5\boldsymbol{w}$。

代码如下：

```
import numpy as np
u = np.array([[1, 2, 3]]).T
v = np.array([[4, 5, 6]]).T
w = np.array([[7, 8, 9]]).T
print(3*u+4*v+5*w)
```

运行结果

```
[[54]
 [66]
 [78]]
```

那么进一步思考一下，下面几种情况的线性组合所表示的图像是什么样的？我们知道，两个向量相加，在几何上就是将两个向量首尾依次连接，所得到的结果向量就是连接最初的起点和最终的终点的有向连线。假定有 3 个非零的三维向量：$\boldsymbol{u}=\begin{bmatrix}u_1\\u_2\\u_3\end{bmatrix}$，$\boldsymbol{v}=\begin{bmatrix}v_1\\v_2\\v_3\end{bmatrix}$，$\boldsymbol{w}=\begin{bmatrix}w_1\\w_2\\w_3\end{bmatrix}$，讨论一下它们几种不同的线性组合情况。

第一种情况：$c\boldsymbol{u}$ 的所有线性组合构成的图像。

由于标量 c 可以取 0 值，因此 $c\boldsymbol{u}$ 的所有线性组合构成的像可以表示为三维空间中一条穿过原点 (0, 0, 0) 的直线（当然包括原点本身），如图 1.5 所示。

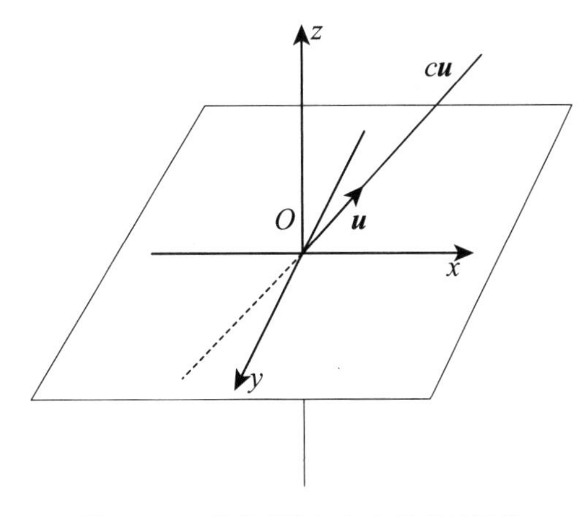

图 1.5　$c\boldsymbol{u}$ 的所有线性组合构成的图像

第二种情况：$c\boldsymbol{u}+d\boldsymbol{v}$ 的所有线性组合构成的图像。

（1）当向量 $\boldsymbol{u}$ 和向量 $\boldsymbol{v}$ 不在一条直线上时，$c\boldsymbol{u}+d\boldsymbol{v}$ 的所有线性组合构成的图像可以表示为三维空间中的一个通过原点 (0, 0, 0) 的二维平面，如图 1.6 所示。

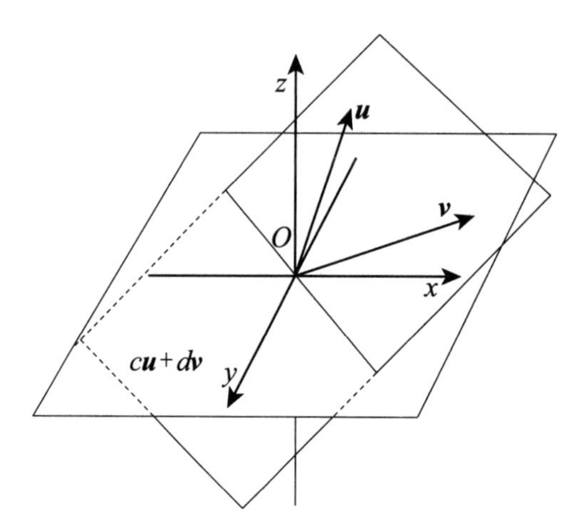

图 1.6　向量 $\boldsymbol{u}$ 和向量 $\boldsymbol{v}$ 不共线时，$c\boldsymbol{u}+d\boldsymbol{v}$ 的所有线性组合构成的图像

（2）当向量 $\boldsymbol{u}$ 和向量 $\boldsymbol{v}$ 处在一条直线上时，$c\boldsymbol{u}+d\boldsymbol{v}$ 的所有线性组合构成的图像退化成情况一，这里就不单独绘图说明了。

第三种情况：$c\boldsymbol{u}+d\boldsymbol{v}+e\boldsymbol{w}$ 的所有线性组合构成的图像。

（1）当向量 $\boldsymbol{u}$，$\boldsymbol{v}$，$\boldsymbol{w}$ 不在一个平面上时，$c\boldsymbol{u}+d\boldsymbol{v}+e\boldsymbol{w}$ 的所有线性组合构成的图像是整个三维空间。

（2）当向量 $\boldsymbol{u}$，$\boldsymbol{v}$，$\boldsymbol{w}$ 处在一个平面上时，$c\boldsymbol{u}+d\boldsymbol{v}+e\boldsymbol{w}$ 的所有线性组合构成的图像退化成情况二。

（3）当向量 $\boldsymbol{u}$，$\boldsymbol{v}$，$\boldsymbol{w}$ 处在一条直线上时，$c\boldsymbol{u}+d\boldsymbol{v}+e\boldsymbol{w}$ 的所有线性组合构成的图像退化成情况一。

以上这 3 种不同的情形在前面都有对应的图文描述，这里就不再一一绘图说明了，请读者自行对照思考一下。

其实不难发现，在讨论上述线性组合的多种不同情况时，均反复提到了共线、共面的概念。这些特殊性质会对一组向量线性组合所得到的结果向量在空间中的位置产生重要影响，它们构成了线性代数中非常关键的概念。

在后续章节中，还会围绕它继续展开更为深入的讨论，也将使用更加专业的词汇来对其进行描述和介绍，即线性相关和线性无关。

1.2 基底构建一切，基底决定坐标

通过对 1.1 节内容的学习，我们借助 Python 语言温习了向量的基本概念和基本运算方法。而本节将会带来一个不同的视角，因此，读者对向量的坐标有一个全新的认识，即向量的坐标表示方法并不是唯一的，它的具体表示和空间中基底的选取密切相关。

此外，本节还会带领读者一起讨论向量的一些非常重要的概念，即线性无关性和线性相关性，让读者清楚地了解空间中基底的构成条件及不同基底下向量的坐标表示方法，并在此基础上学习如何求得一个向量的坐标，同时展示在不同的线性关系下，一组向量所张成的空间的形态特点。

1.2.1 向量的坐标

根据 1.1 节所介绍的内容可知，一个向量可以用来描述空间中对应的一个特定点位置，如向量$\begin{bmatrix}4\\5\end{bmatrix}$可以用来表示二维平面上的一个点，其在 x 轴和 y 轴上的坐标分别为 4 和 5。扩展到三维向量，如向量$\begin{bmatrix}4\\5\\8\end{bmatrix}$可以用来表示三维空间中的一个点，其在 x 轴、y 轴和 z 轴上的坐标分别为 4、5 和 8。

同时，向量还可以用来表示有向线段，如$\begin{bmatrix}4\\5\end{bmatrix}$所表示的有向线段在 x 轴和 y 轴上的投影长度分别为 4 和 5。其中，值的正负性代表了与坐标轴的方向是一致还是相反。向量相加表示多个向量首尾相连，两端的起止点相连的有向线段。向量的数量乘法表示向量在某方向上进行相应倍数改变。

以上这些内容都是中学所学内容，因此不再赘述。下面开始介绍本章的重点内容。

1.2.2 向量的坐标依赖于选取的基底

继续回到向量坐标的问题上来讨论，对于二维向量$\boldsymbol{u}=\begin{bmatrix}4\\5\end{bmatrix}$而言，一直以来都理所当然地认定一个事实：它表示一条在 x 轴上投影为 4、y 轴上投影为 5 的有向线段，它的坐标是 (4, 5)。

这其实是基于一个没有刻意强调的前提：利用方向为 x 轴和 y 轴正方向，并且长度为 1 的两个向量，即$\boldsymbol{e}_x=\begin{bmatrix}1\\0\end{bmatrix},\boldsymbol{e}_y=\begin{bmatrix}0\\1\end{bmatrix}$作为上述讨论的基准。因此，对于向量 $\boldsymbol{u}$ 而言，其完整的写法应该为 $\boldsymbol{u}=4\boldsymbol{e}_x+5\boldsymbol{e}_y$。进一步展开就是 $\boldsymbol{u}=4\begin{bmatrix}1\\0\end{bmatrix}+5\begin{bmatrix}0\\1\end{bmatrix}$，这种形式的表意是最完整的。

这里被选中作为向量 $\boldsymbol{u}$ 基准的一组向量是 $\boldsymbol{e}_x$ 和 $\boldsymbol{e}_y$，它们被称为基底。基底的每一个成员向量被称为基向量；而坐标，就对应的是各个基向量前的系数。一般情况下，如果不做特殊说明，那么基向量都是选取沿着坐标轴正方向并且长度为 1 的向量，这样方便描述和计算。

总体来说，关于向量 $\boldsymbol{u}$ 的完整准确的说法是：在基底 $(\boldsymbol{e}_x, \boldsymbol{e}_y)$ 下，其坐标是$\begin{bmatrix}4\\5\end{bmatrix}$。也就是说，坐标必须依托于指定的基底才有意义。因此，要想准确的描述向量，首先就要确定一组基底，然后通过求出向量在各个基向量上的投影值，最后才能确定在这个基上的坐标值。

1.2.3 向量在不同基底上表示为不同坐标

一个指定的向量可以在多组不同的基底上进行坐标表示，在不同的基底表示下，坐标自然也是不同的。根据一组基底对应的坐标值去求另一组基底所对应的坐标值，这就是后面将会反复用到的坐标变换。

例如，可以选择不使用默认的基底$\begin{bmatrix}1\\0\end{bmatrix}$和$\begin{bmatrix}0\\1\end{bmatrix}$，而选择下面两个看似更加普通的向量$\begin{bmatrix}1\\1\end{bmatrix}$和$\begin{bmatrix}-1\\1\end{bmatrix}$作为新的基底。

根据前面关于向量内积的介绍，最好是事先把基向量的模长转化为 1。因为这样一来，从向量内积的内涵可以看出，如果基向量的模长是 1，那么就可以用目标向量点乘基向量，从而直接获得该向量在这个基向量方向上的对应坐标值。实际上，对于任何一个向量，想要找到同方向上模长为 1 的向量并不是一件难事，只要让向量的各成分分别除以向量的模长即可。例如，上面的两个基向量可以被转化为$\boldsymbol{e}_i'=\begin{bmatrix}\frac{1}{\sqrt{2}}\\\frac{1}{\sqrt{2}}\end{bmatrix}$和$\boldsymbol{e}_j'=\begin{bmatrix}-\frac{1}{\sqrt{2}}\\\frac{1}{\sqrt{2}}\end{bmatrix}$，这样就使得各自的向量模长都为单位 1。

接下来就用上面介绍的方法去求取向量$\boldsymbol{u}=\begin{bmatrix}4\\5\end{bmatrix}$在这组新基上的新坐标。那么根据向量内积的几何意义，只要分别计算得到 $\boldsymbol{u}=\begin{bmatrix}4\\5\end{bmatrix}$和这两个基向量 $\boldsymbol{e}_i'=\begin{bmatrix}\frac{1}{\sqrt{2}}\\\frac{1}{\sqrt{2}}\end{bmatrix}$和 $\boldsymbol{e}_j'=\begin{bmatrix}-\frac{1}{\sqrt{2}}\\\frac{1}{\sqrt{2}}\end{bmatrix}$ 的内积即可。不难得到内积的计算结果为

$$\boldsymbol{u}\cdot\boldsymbol{e}_i'=\frac{9}{\sqrt{2}}，\ \boldsymbol{u}\cdot\boldsymbol{e}_j'=\frac{1}{\sqrt{2}}$$

向量的坐标就是指定基的对应系数，因此向量 $\boldsymbol{u}$ 的表达式可以写作 $\boldsymbol{u}=\frac{9}{\sqrt{2}}\boldsymbol{e}_i'+\frac{1}{\sqrt{2}}\boldsymbol{e}_j'$。那么，

在该基底下坐标就被表示为$\begin{bmatrix}\frac{9}{\sqrt{2}}\\ \frac{1}{\sqrt{2}}\end{bmatrix}$。如图 1.7 所示，描述了利用上述两组不同的基底，对同一向量进行坐标表示的情况。

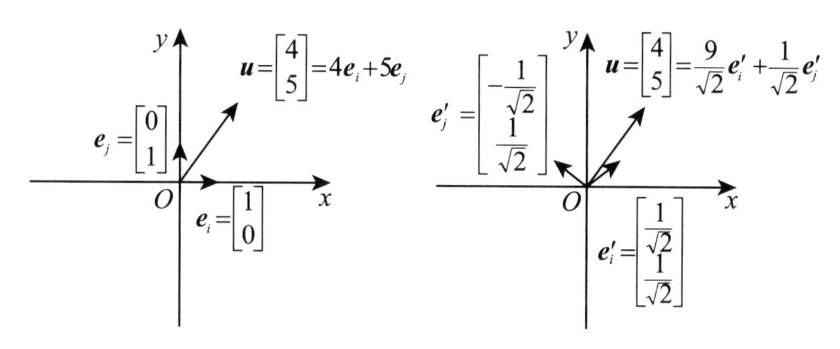

图 1.7　不同基底对同一向量的描述

1.2.4　疑问：任意向量都能作为基底吗

在前面，我们选取了不同于默认基向量$\begin{bmatrix}1\\0\end{bmatrix}$和$\begin{bmatrix}0\\1\end{bmatrix}$的两个新的基向量，将其作为二维平面中的一组基底，并基于这组新的基底去重新表示目标向量$\boldsymbol{u}=\begin{bmatrix}4\\5\end{bmatrix}$，得到了一组新的坐标表示。

那么在这个二维平面里，任意选取两个向量是否都能作为基底去表示目标向量呢？下面看一个实例，如尝试选取向量$\begin{bmatrix}1\\1\end{bmatrix}$和向量$\begin{bmatrix}-1\\-1\end{bmatrix}$来作为空间的基底，但是可以发现，无论如何都找不出两个系数，将目标向量 $\boldsymbol{u}$ 表示为这两个向量的线性组合形式，即满足等式$\begin{bmatrix}4\\5\end{bmatrix}=c\begin{bmatrix}1\\1\end{bmatrix}+d\begin{bmatrix}-1\\-1\end{bmatrix}$成立的 c 和 d 是不存在的，因此向量$\begin{bmatrix}1\\1\end{bmatrix}$和向量$\begin{bmatrix}-1\\-1\end{bmatrix}$不能作为基底。

这样看来，在一个 n 维空间中，不是随便选取 n 个向量都能作为一组基底，构成基底的向量必须要满足一定的条件。那么，下面就来分析一下选择基底的正确方法。

1.2.5　构成基底的条件

作为 n 维空间中的一组基底，必须满足这样的要求：在 n 维空间中，任意一个向量都可以表示为这一组基向量的线性组合，并且这种线性组合的表示方式（也就是系数）必须是唯一的。

下面具体来展开讲解。

1. 向量数量足够

为了更直观地进行讨论，先在三维空间中进行举例。如果想要成为三维空间中的一组基底，首先，其中的每一个基向量的维数都必须为 3。其次，基向量的个数也必须为 3 个。如果数量不足，如只有两个三维向量 $\boldsymbol{a}_1$ 和 $\boldsymbol{a}_2$（假设它们是不共线的两个向量），那么无论对这两个向量怎么进行线性组合，它们都只能表示二者所构成的平面上的任意向量，而三维空间中位于该二维平面外的任何一个向量，都无法由 $\boldsymbol{a}_1$ 和 $\boldsymbol{a}_2$ 的线性组合进行表示。关于这一点，读者可以回顾一下 1.1 节中的图 1.6 所描述的情况。

2. 满足线性无关

如何确保表示方法的唯一性呢？这里我们就引入向量线性无关的概念。一组向量需要满足线性无关的条件，即其中任何一个向量都不能通过其余向量的线性组合的形式进行表示。

换句话说，当且仅当 $x_1 = x_2 = x_3 = \cdots = x_n = 0$ 的等式关系成立时，线性组合 $x_1\boldsymbol{u}_1 + x_2\boldsymbol{u}_2 + x_3\boldsymbol{u}_3 + \cdots + x_n\boldsymbol{u}_n$ 才能生成零向量，如果 x_i 中有非 0 值存在，那么这一组向量就是线性相关的了。

为什么说一组向量满足线性无关的条件等效于满足线性组合表示方法的唯一性呢？我们可以简单地做一个说明：基于一组线性无关的向量：$\boldsymbol{u}_1, \boldsymbol{u}_2, \boldsymbol{u}_3, \cdots, \boldsymbol{u}_n$，对于空间中的某个指定向量 $\boldsymbol{p}$，假设有两种不同的表示方法，即

$$\boldsymbol{p} = c_1\boldsymbol{u}_1 + c_2\boldsymbol{u}_2 + c_3\boldsymbol{u}_3 + \cdots + c_n\boldsymbol{u}_n = d_1\boldsymbol{u}_1 + d_2\boldsymbol{u}_2 + d_3\boldsymbol{u}_3 + \cdots + d_n\boldsymbol{u}_n$$

左右两边整理一下就有：$(c_1 - d_1)\boldsymbol{u}_1 + (c_2 - d_2)\boldsymbol{u}_2 + (c_3 - d_3)\boldsymbol{u}_3 + \cdots + (c_n - d_n)\boldsymbol{u}_n = 0$，由于 $\boldsymbol{u}_1, \boldsymbol{u}_2, \boldsymbol{u}_3, \cdots, \boldsymbol{u}_n$ 是一组线性无关的向量，因此为了使得最终的等式结果为 0，则必须满足：$c_1 - d_1 = 0, c_2 - d_2 = 0, c_3 - d_3 = 0, \cdots, c_n - d_n = 0$ 的条件，即对应的每一组都要满足 $c_i = d_i$ 的相等关系。这就与前提假设产生了矛盾，因此从反证法的角度说明了不可能存在两种不同的线性组合表示方法。因此，在这里就阐明了线性无关和表示方法的唯一性是等价的。

在这个三维空间中，要求所选取的 3 个基向量线性无关。如果它们线性相关，那么 x_3 就可以表示为 x_1 和 x_2 的线性组合。换句话说，备选的 3 个向量就处在一个平面上了。这样，自然无法通过线性组合的方式来表示三维空间中位于平面外的任何一个向量了，如图 1.8 所示。

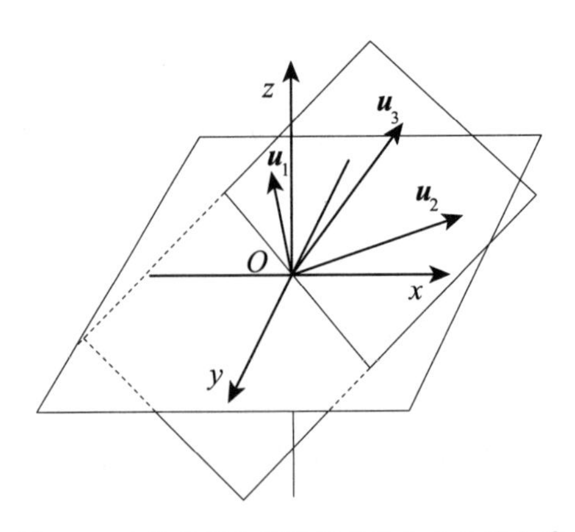

图 1.8　三维空间中线性相关的 3 个三维向量

这里补充说明一下，类似于图 1.8 中所展现的，3 个三维向量之间由于彼此线性相关，因此无法张成整个三维空间，只能张成三维空间中的二维平面甚至是退化成为一条直线，这种现象可能会经常遇到，希望读者能够重视。

如果三维空间中基向量的个数超过 3 个，则是不行的。例如，假设有 4 个向量试图成为该空间中的一组基向量，任选出其中的 3 个向量，按照前提，假设它们之间满足线性无关性，那么对于第 4 个向量，由于它也处在三维空间当中，则它一定能够被前 3 个向量的线性组合所表示。那么，三维空间中的这 4 个向量显然是线性相关的，无法满足向量构成基底的唯一性条件。

因此，在一个三维空间当中，必须由 3 个线性无关的向量来构成整个空间中的一组基底。

3. 结论

最后，在 n 维空间中再次来梳理一下一般性的情况，一组向量 $\boldsymbol{e}_1, \boldsymbol{e}_2, \boldsymbol{e}_3, \cdots, \boldsymbol{e}_n$ 能够构成 n 维空间的一组基底，就必须满足：n 维空间中的任何向量 $\boldsymbol{v}$，都能表示为 $\boldsymbol{v} = x_1\boldsymbol{e}_1 + x_2\boldsymbol{e}_2 + x_3\boldsymbol{e}_3 + \cdots + x_n\boldsymbol{e}_n$ 的形式，并且这种表示方法是唯一的。

再换句话说，n 维空间中的基底由 n 个向量 $(\boldsymbol{e}_1, \boldsymbol{e}_2, \boldsymbol{e}_3, \cdots, \boldsymbol{e}_n)$ 所构成，它们需要满足线性无关的条件。

1.2.6 张成空间

下面基于 1.2.4 节和 1.2.5 节所讨论的内容，介绍一下张成空间的概念。对于一组向量，由它的所有线性组合所构成的空间就称为这一组向量的张成空间。

这里蕴藏的内涵非常丰富。张成空间对所讨论向量的线性无关性没有要求，这些向量可以是线性相关的。

接下来举几个实例来说明一下几种不同的情况，通过这些实例，读者可以回顾一下 1.2.4 节和 1.2.5 节的主要知识内容。

第一种情况：$\boldsymbol{u}_1 = \begin{bmatrix} 1 \\ 1 \end{bmatrix}$，$\boldsymbol{u}_2 = \begin{bmatrix} 0 \\ 1 \end{bmatrix}$。

向量 $\boldsymbol{u}_1$ 和 $\boldsymbol{u}_2$ 是两个线性无关的二维向量，它们构成了二维空间中的一组基底，因此它们的张成空间就是整个二维空间。

第二种情况：$\boldsymbol{u}_1 = \begin{bmatrix} 2 \\ 2 \end{bmatrix}$，$\boldsymbol{u}_2 = \begin{bmatrix} -1 \\ -1 \end{bmatrix}$。

很显然，这两个向量存在着如下的数量关系：$\boldsymbol{u}_1 = -2\boldsymbol{u}_2$。因此，向量 $\boldsymbol{u}_1$ 和 $\boldsymbol{u}_2$ 是线性相关的共线向量，它们的张成空间是一条穿过原点的一维直线。

第三种情况：$\boldsymbol{u}_1 = \begin{bmatrix} 1 \\ 1 \\ 1 \end{bmatrix}$，$\boldsymbol{u}_2 = \begin{bmatrix} 1 \\ -1 \\ 1 \end{bmatrix}$。

通过观察可以得出，向量 $\boldsymbol{u}_1$ 和 $\boldsymbol{u}_2$ 两个三维向量线性无关，但是由于向量的个数只有两个，因此它们的张成空间是三维空间中的一个穿过原点的平面。

第四种情况：$\boldsymbol{u}_1=\begin{bmatrix}1\\1\\1\end{bmatrix}$，$\boldsymbol{u}_2=\begin{bmatrix}1\\-1\\1\end{bmatrix}$，$\boldsymbol{u}_3=\begin{bmatrix}3\\-1\\3\end{bmatrix}$。

虽然向量的个数是 3 个，但是它们满足 $\boldsymbol{u}_3=\boldsymbol{u}_1+2\boldsymbol{u}_2$ 的数量关系。因此，它们是 3 个线性相关的共面向量，由这 3 个向量所张成的空间仍然只是三维空间中的一个穿过原点的二维平面。

第五种情况：$\boldsymbol{u}_1=\begin{bmatrix}1\\1\\1\end{bmatrix}$，$\boldsymbol{u}_2=\begin{bmatrix}1\\-1\\1\end{bmatrix}$，$\boldsymbol{u}_3=\begin{bmatrix}3\\-1\\5\end{bmatrix}$。

$\boldsymbol{u}_1$，$\boldsymbol{u}_2$，$\boldsymbol{u}_3$ 这 3 个三维向量线性无关，可以构成三维空间当中的一组基底，因此它们的张成空间是整个三维空间。

综合比较这 5 种不同的情况，读者应该能够发现其中的一些现象：向量的个数和维数都不是其张成空间维数及形态的决定因素，具体的情况需要结合向量的线性无关性进行整体考量，这就会涉及秩的相关概念。秩的相关概念在本节不再展开，但会在后面的章节里慢慢展开来讲。

1.3 矩阵，让向量动起来

在前面两节有关向量内容的基础上，本节开始介绍矩阵的相关概念。矩阵可能是线性代数这门学科中出现率最高频的词汇了，它可以被看作是排列的向量或堆放在一起的数字。矩阵的意义非常重要，它可以作用在一个具体的向量上，使其空间位置发生变换。

在本节的内容中，会逐步学习到矩阵的基本运算规则，了解如何通过矩阵的作用改变向量的空间位置，并使用 Python 语言对其运算过程进行描述。与此同时，还会看到一些具有特殊形态的矩阵，也许这些特殊矩阵从表面看上去概念很简单，但是它们在后面的章节中，都会分别扮演非常重要的角色，希望读者能细细体会，筑牢知识基础。

1.3.1 矩阵：排列的向量，堆放的数字

介绍完向量的基本概念，本节开始介绍矩阵。对于矩阵而言，最直观的描述就是一个 $m\times n$ 的数字方阵。它可以看作是 n 个 m 维列向量从左到右并排摆放，也可以看作是 m 个 n 维行向量从上到下进行叠放。

下面举一个例子：有一个 4×2 的矩阵$\boldsymbol{A}=\begin{bmatrix}1 & 2\\3 & 4\\5 & 6\\7 & 8\end{bmatrix}$，显而易见，它是由 4 行 2 列构成的，一共包含 8 个元素，每一个元素都对应矩阵中的一个数据项。例如，第一行第二列的项是 2，也可以将其表示为 $\boldsymbol{A}_{12}=2$。

如果想使用 Python 语言来表示上面这个矩阵，则可以使用 numpy 中的二维嵌套数组来完成这项任务。

代码如下：

```
import numpy as np
A = np.array([[1, 2],
              [3, 4],
              [5, 6],
              [7, 8]])
print(A)
print(A.shape)
```

运行结果：

```
[[1 2]
 [3 4]
 [5 6]
 [7 8]]
(4, 2)
```

需要着重强调的是，在形容矩阵的形状和规模时，一般采用其行数和列数来进行描述。对应到代码中，通过矩阵 $\boldsymbol{A}$ 的 shape 属性，就可以获取一个表示规模的元组对象，这个元组对象包含两个元素：第一个元素表示行数，第二个元素表示列数。从结果中可以看出，这个矩阵拥有 4 行 2 列。

1.3.2 特殊形态的矩阵

在 1.3.1 节中，初步介绍了一个规模为 4×2 的矩阵。这个矩阵非常普通，这里再补充一些特殊形态的矩阵。这些矩阵的特殊性不光体现在外观形状上，更在后续的矩阵实际应用中发挥了重要的作用。

1. 方阵

行数和列数相等的一类矩阵，称为方阵，其行数或列数称为它的阶数。下面就是一个 4 阶方阵：$\boldsymbol{A}=\begin{bmatrix}1 & 1 & 1 & 1\\2 & 2 & 2 & 2\\3 & 3 & 3 & 3\\4 & 4 & 4 & 4\end{bmatrix}$。使用 Python 语言来表示这个方阵，并观察它的阶数。

代码如下：

```
import numpy as np
A = np.array([[1, 1, 1, 1],
              [2, 2, 2, 2],
              [3, 3, 3, 3],
              [4, 4, 4, 4]])
print(A)
print(A.shape)
```

运行结果：

```
[[1 1 1 1]
 [2 2 2 2]
 [3 3 3 3]
 [4 4 4 4]]
(4, 4)
```

2. 转置与对称矩阵

在开始介绍对称矩阵之前，先来说一下矩阵转置的有关概念。对于指定的矩阵$\boldsymbol{A}=\begin{bmatrix}1 & 2 & 3 & 4\\ 5 & 6 & 7 & 8\end{bmatrix}$，如果将其行和列上的元素进行位置互换，就可以得到一个全新的矩阵$\begin{bmatrix}1 & 5\\ 2 & 6\\ 3 & 7\\ 4 & 8\end{bmatrix}$。这里，就把这个新矩阵称为原矩阵$\boldsymbol{A}$的转置矩阵，记作$\boldsymbol{A}^{\mathrm{T}}$，行和列互换的矩阵操作就称为矩阵的转置。

代码如下：

```
import numpy as np
A = np.array([[1, 2, 3, 4],
              [5, 6, 7, 8]])
print(A)
print(A.T)
```

运行结果：

```
[[1 2 3 4]
 [5 6 7 8]]
[[1 5]
 [2 6]
 [3 7]
 [4 8]]
```

如果原矩阵和转置后新得到的矩阵相等，那么就把这个矩阵称为对称矩阵。由此可见，矩阵对称的前提条件是该矩阵首先必须是一个方阵；然后，在方阵$\boldsymbol{S}$中的每一项元素，都必须满足$S_{ij}=S_{ji}$。

下面举一个实例，如矩阵$\boldsymbol{S}=\begin{bmatrix}1&2&3&4\\2&5&6&7\\3&6&8&9\\4&7&9&0\end{bmatrix}$。

代码如下：

```
import numpy as np
S = np.array([[1, 2, 3, 4],
              [2, 5, 6, 7],
              [3, 6, 8, 9],
              [4, 7, 9, 0]])
print(S)
print(S.T)
```

运行结果：

```
[[1 2 3 4]
 [2 5 6 7]
 [3 6 8 9]
 [4 7 9 0]]
[[1 2 3 4]
 [2 5 6 7]
 [3 6 8 9]
 [4 7 9 0]]
```

在对称矩阵中不难归纳出一个典型的特征，即沿着从左上到右下的对角线，关于这条对角线相互对称的元素都是彼此相等的。在后面的内容中读者会不断地发现：如果将对称矩阵称为最重要的矩阵，是丝毫不为过的。它在矩阵的相关分析中会扮演极其重要的角色。

3. 零矩阵

顾名思义，对于所有元素都等于0的矩阵，就将其称为零矩阵，记作$\boldsymbol{O}$。另外，还可以通过下角标来描述矩阵的规模，如5×3的零矩阵$\begin{bmatrix}0&0&0\\0&0&0\\0&0&0\\0&0&0\\0&0&0\end{bmatrix}$，可以将其记作$\boldsymbol{O}_{5,3}$。

代码如下：

```
import numpy as np
A = np.zeros([5, 3])
print(A)
```

运行结果：

```
[[ 0. 0. 0.]
 [ 0. 0. 0.]
 [ 0. 0. 0.]
```

```
 [ 0.  0.  0.]
 [ 0.  0.  0.]]
```

4. 对角矩阵

还有一种特殊的方阵，在它的非对角线位置上矩阵的元素全部都为 0，这种矩阵就称为对角矩阵。例如，$\begin{bmatrix}1 & & & & \\ & 2 & & & \\ & & 3 & & \\ & & & 4 & \\ & & & & 5\end{bmatrix}$，0 元素的位置可以省去不写。在 Python 语言中，有一种更为简便的方法来生成一个对角矩阵。

代码如下：

```
import numpy as np
A = np.diag([1, 2, 3, 4, 5])
print(A)
```

运行结果：

```
[[1 0 0 0 0]
 [0 2 0 0 0]
 [0 0 3 0 0]
 [0 0 0 4 0]
 [0 0 0 0 5]]
```

5. 单位矩阵

单位矩阵并不是指所有元素都为 1 的矩阵，而是指对角位置上元素均为 1，其余位置元素均为 0 的特殊对角矩阵。n 阶单位矩阵记作 $\boldsymbol{I}_n$，下面用 Python 语言来生成一个 5 阶单位矩阵 $\boldsymbol{I}_5$：$\begin{bmatrix}1 & & & & \\ & 1 & & & \\ & & 1 & & \\ & & & 1 & \\ & & & & 1\end{bmatrix}$。

代码如下：

```
import numpy as np
I = np.eye(5)
print(I)
```

运行结果：

```
[[ 1.  0.  0.  0.  0.]
 [ 0.  1.  0.  0.  0.]
 [ 0.  0.  1.  0.  0.]
 [ 0.  0.  0.  1.  0.]
 [ 0.  0.  0.  0.  1.]]
```

1.3.3 向量：可以视作一维矩阵

前面在介绍如何利用 Python 语言简单地描述一个列向量时，曾经提到过这个概念。现在介绍了矩阵，对此再来回顾一下：n 维的行向量可以看作是一个 $1\times n$ 的特殊矩阵，同理，n 维的列向量也同样可以看作是一个 $n\times 1$ 的特殊矩阵。

这样做的目的有两方面：一方面，这么做可以将矩阵和向量的 Python 表示方法统一起来；另一方面，在接下来要介绍的矩阵与向量的乘法运算中，可以将其看作是矩阵与矩阵乘法的一种特殊形式，将运算方式进行统一。

下面再次从这个视角出发，利用 Python 语言重新生成一个四维行向量 $[1\ \ 2\ \ 3\ \ 4]$ 和对应的列向量 $\begin{bmatrix}1\\2\\3\\4\end{bmatrix}$。

代码如下：

```
import numpy as np
p = np.array([[1, 2, 3, 4]])
print(p)
print(p.T)
```

运行结果：

```
[[1 2 3 4]]
[[1]
 [2]
 [3]
 [4]]
```

用生成矩阵的方法生成了一个 1×4 的矩阵，用它来表示一个四维的行向量。随后将其进行转置（因为是矩阵形式，所以可以运用转置方法），就得到了对应的四维列向量。

1.3.4 矩阵的加法运算

矩阵之间的加法运算必须运用在两个相等规模的矩阵之间，即行数和列数相等的两个矩阵之间才能做加法运算。

这个原因其实非常容易理解，因为需要将参与加法运算的两个矩阵对应位置上的元素分别进行相加，才能得到最终的结果矩阵。

$$\begin{bmatrix}a_{11} & a_{12} & \cdots & a_{1n}\\a_{21} & a_{22} & \cdots & a_{2n}\\\vdots & \vdots & \ddots & \vdots\\a_{m1} & a_{m2} & \cdots & a_{mn}\end{bmatrix}+\begin{bmatrix}b_{11} & b_{12} & \cdots & b_{1n}\\b_{21} & b_{22} & \cdots & b_{2n}\\\vdots & \vdots & \ddots & \vdots\\b_{m1} & b_{m2} & \cdots & b_{mn}\end{bmatrix}=\begin{bmatrix}a_{11}+b_{11} & a_{12}+b_{12} & \cdots & a_{1n}+b_{1n}\\a_{21}+b_{21} & a_{22}+b_{22} & \cdots & a_{2n}+b_{2n}\\\vdots & \vdots & \ddots & \vdots\\a_{m1}+b_{m1} & a_{m2}+b_{m2} & \cdots & a_{mn}+b_{mn}\end{bmatrix}$$

接下来，再来看看实现矩阵相加的 Python 示例代码。求解矩阵 $\boldsymbol{A}=\begin{bmatrix}1 & 2\\3 & 4\\5 & 6\end{bmatrix}$和矩阵 $\boldsymbol{B}=\begin{bmatrix}10 & 20\\30 & 40\\50 & 60\end{bmatrix}$的加法运算结果。

代码如下：

```
import numpy as np
A = np.array([[1, 2],
              [3, 4],
              [5, 6]])
B = np.array([[10, 20],
              [30, 40],
              [50, 60]])
print(A+B)
```

运行结果：

```
[[11 22]
 [33 44]
 [55 66]]
```

1.3.5 矩阵的数量乘法运算

矩阵的数量乘法运算描述起来也非常简单，就是将参与运算的标量数字分别与矩阵的每一个元素相乘，得到结果矩阵对应的新元素。所以很显然，得到的结果矩阵的大小规模也是不变的。

$$c\begin{bmatrix}a_{11} & a_{12} & a_{13} & \cdots & a_{1n}\\a_{21} & a_{22} & a_{23} & \cdots & a_{2n}\\a_{31} & a_{32} & a_{33} & \cdots & a_{3n}\\\vdots & \vdots & \vdots & \ddots & \vdots\\a_{m1} & a_{m2} & a_{m3} & \cdots & a_{mn}\end{bmatrix}=\begin{bmatrix}ca_{11} & ca_{12} & ca_{13} & \cdots & ca_{1n}\\ca_{21} & ca_{22} & ca_{23} & \cdots & ca_{2n}\\ca_{31} & ca_{32} & ca_{33} & \cdots & ca_{3n}\\\vdots & \vdots & \vdots & \ddots & \vdots\\ca_{m1} & ca_{m2} & ca_{m3} & \cdots & ca_{mn}\end{bmatrix}$$

同样地，我们来看一个实例的具体 Python 代码实现，求解矩阵$\boldsymbol{A}=\begin{bmatrix}1 & 4\\2 & 5\\3 & 6\end{bmatrix}$与数字 2 的乘法运算结果。

代码如下：

```
import numpy as np
A = np.array([[1, 4],
              [2, 5],
              [3, 6]])
print(2*A)
```

运行结果：

```
[[ 2  8]
 [ 4 10]
 [ 6 12]]
```

1.3.6 矩阵与矩阵的乘法

矩阵与矩阵之间的乘法运算过程要稍微复杂一点。例如，下面举例的矩阵 $\boldsymbol{A}$ 和矩阵 $\boldsymbol{B}$ 的乘法运算。需要注意的是，不是随意两个矩阵都可以进行相乘，乘法运算对两个矩阵的形态是有特定要求的。

$$\begin{bmatrix} a_{11} & a_{12} \\ a_{21} & a_{22} \\ a_{31} & a_{32} \end{bmatrix}\begin{bmatrix} b_{11} & b_{12} & b_{13} \\ b_{21} & b_{22} & b_{23} \end{bmatrix}=\begin{bmatrix} a_{11}b_{11}+a_{12}b_{21} & a_{11}b_{12}+a_{12}b_{22} & a_{11}b_{13}+a_{12}b_{23} \\ a_{21}b_{11}+a_{22}b_{21} & a_{21}b_{12}+a_{22}b_{22} & a_{21}b_{13}+a_{22}b_{23} \\ a_{31}b_{11}+a_{32}b_{21} & a_{31}b_{12}+a_{32}b_{22} & a_{31}b_{13}+a_{32}b_{23} \end{bmatrix}$$

通过仔细观察上面的计算公式，可以总结出一些特殊要求和基本规律，主要有以下 3 条：

（1）左边矩阵的列数和右边矩阵的行数必须相等。

（2）左边矩阵的行数决定了最终结果矩阵的行数。

（3）右边矩阵的列数决定了最终结果矩阵的列数。

同样地，利用 Python 语言来实际演示一个乘法运算的例子，计算矩阵 $\boldsymbol{A}=\begin{bmatrix} 1 & 2 \\ 3 & 4 \\ 5 & 6 \\ 7 & 8 \end{bmatrix}$ 和矩阵 $\boldsymbol{B}=\begin{bmatrix} 2 & 3 & 4 & 5 \\ 6 & 7 & 8 & 9 \end{bmatrix}$ 的乘法运算结果。

代码如下：

```
import numpy as np
A = np.array([[1, 2],
              [3, 4],
              [5, 6],
              [7, 8]])
B = np.array([[2, 3, 4, 5],
              [6, 7, 8, 9]])
print(np.dot(A,B))
```

运行结果：

```
[[ 14 17 20  23]
 [ 30 37 44  51]
 [ 46 57 68  79]
 [ 62 77 92 107]]
```

1.3.7 矩阵乘以向量：改变向量的空间位置

矩阵与向量的乘法，一般而言是写成矩阵 $\boldsymbol{A}$ 在左，列向量 $\boldsymbol{x}$ 在右的 $\boldsymbol{Ax}$ 运算形式。这种 $\boldsymbol{Ax}$ 形式的写法便于描述向量 $\boldsymbol{x}$ 的空间位置在矩阵 $\boldsymbol{A}$ 的作用下进行变换的过程（下面会详细介绍这方面的内容）。

正如前面所讲的，矩阵与向量的乘法其实可以看作是矩阵与矩阵乘法的一种特殊形式，只不过位于后面的是一个列数为 1 的特殊矩阵而已。

具体的运算法则为

$$\begin{bmatrix} a_{11} & a_{12} & a_{13} & \cdots & a_{1n} \\ a_{21} & a_{22} & a_{23} & \cdots & a_{2n} \\ a_{31} & a_{32} & a_{33} & \cdots & a_{3n} \\ \vdots & \vdots & \vdots & \ddots & \vdots \\ a_{m1} & a_{m2} & a_{m3} & \cdots & a_{mn} \end{bmatrix} \begin{bmatrix} x_1 \\ x_2 \\ x_3 \\ \vdots \\ x_n \end{bmatrix} = \begin{bmatrix} a_{11}x_1 + a_{12}x_2 + a_{13}x_3 + \cdots + a_{1n}x_n \\ a_{21}x_1 + a_{22}x_2 + a_{23}x_3 + \cdots + a_{2n}x_n \\ a_{31}x_1 + a_{32}x_2 + a_{33}x_3 + \cdots + a_{3n}x_n \\ \vdots \\ a_{m1}x_1 + a_{m2}x_2 + a_{m3}x_3 + \cdots + a_{mn}x_n \end{bmatrix}$$

对照前面所介绍的矩阵与矩阵的乘法规则，我们来总结一下矩阵与向量的乘法规则：当把列向量看作是一个列数为 1 的特殊矩阵时，那么整个运算过程就会变得非常简单清晰。

（1）矩阵在左，列向量在右，矩阵的列数和列向量的维数必须相等。

（2）矩阵和列向量相乘的结果也是一个列向量。

（3）矩阵的行数就是结果向量的维数。

（4）乘法运算的实施过程就是矩阵的每行和列向量的对应元素分别相乘之后再进行相加。

下面来看一个矩阵与列向量相乘的例子：$\begin{bmatrix} 1 & 2 \\ 3 & 4 \\ 5 & 6 \end{bmatrix}\begin{bmatrix} 4 \\ 5 \end{bmatrix} = \begin{bmatrix} 1\times4+2\times5 \\ 3\times4+4\times5 \\ 5\times4+6\times5 \end{bmatrix} = \begin{bmatrix} 14 \\ 32 \\ 50 \end{bmatrix}$，并用 Python 语言来实际具体操作一下。

代码如下：

```
import numpy as np
A = np.array([[1, 2],
              [3, 4],
              [5, 6]])
x = np.array([[4, 5]]).T
print(np.dot(A,x))
```

运行结果：

```
[[14]
 [32]
 [50]]
```

从程序运行的结果来看，原始向量表示二维平面上的一个点，其平面坐标为 (4, 5)，经过矩阵 $\begin{bmatrix} 1 & 2 \\ 3 & 4 \\ 5 & 6 \end{bmatrix}$ 的乘法作用，最终将原始点转化为三维空间中的一个新的目标点，其空间坐标为 (14, 32, 50)。

因此，从这个例子中可以总结出矩阵所发挥的重要作用：在指定矩阵的乘法作用下，原始空间中的向量被映射转换到了目标空间中的新坐标，向量的空间位置由此发生了变化，甚至在映射之后，目标空间的维数相较于原始空间都有可能发生改变。那么，具体这些空间位置的改变有什么规律可言？在 1.4 节中会聚焦这一点，继续挖掘其背后更深层次的内涵。

1.4 矩阵乘向量的新视角：变换基底

在本章1.1节至1.3小节中，我们学习了矩阵和向量的表示方法及加法、乘法等基本运算的规则，并能够熟练利用Python语言正确地对其进行描述和表示。但是显然我们不能仅仅满足于此，那么在本节中，我们一起思考这样一个问题：矩阵 $\boldsymbol{A}$ 和列向量 $\boldsymbol{x}$ 的乘法运算 $\boldsymbol{Ax}$ 有没有其他更深层次的几何含义呢？

我们知道，向量需要选定一组具体的基底来进行坐标表示，在本节中，我们试图去寻找矩阵向量乘法和基底之间的关联关系，从而挖掘其中的深刻内涵。最终，我们将向读者揭示出这样一个重要事实：矩阵与向量的乘法，本质上可以看作是对向量基底的一种改变。本节内容极其重要，奠定了一种新的思想方法。

1.4.1 重温运算法则

首先简单地回顾一下矩阵和向量相乘的运算法则。这里举一个简单的二阶方阵 $\boldsymbol{A}$ 与二维列向量 $\boldsymbol{x}$ 相乘的例子。当然，运算过程很简单，在之前的内容中已经介绍过，运算公式为

$$\boldsymbol{Ax}=\begin{bmatrix}a & b\\ c & d\end{bmatrix}\begin{bmatrix}x_1\\ x_2\end{bmatrix}=\begin{bmatrix}ax_1+bx_2\\ cx_1+dx_2\end{bmatrix}$$

位于方阵 $\boldsymbol{A}$ 第 i 行的行向量的各成分和列向量 $\boldsymbol{x}$ 各成分分别相乘后再相加，得到的就是结果向量中的第 i 个成分。这个计算方法就是多次应用了向量点乘的定义式，即

$$\boldsymbol{Ax}=\begin{bmatrix}\mathrm{row}_1\\ \mathrm{row}_2\end{bmatrix}\boldsymbol{x}=\begin{bmatrix}\mathrm{row}_1\cdot\boldsymbol{x}\\ \mathrm{row}_2\cdot\boldsymbol{x}\end{bmatrix}$$

对于矩阵与向量的乘法运算，如果从行的角度来看确实就是如此。常规的计算操作就是按照这个过程进行执行的，但是看上去更多的是一种规则性的描述，似乎也没有更多可以挖掘的几何内涵。那么接下来就试着从列的角度寻找一些新的收获。

1.4.2 列的角度：重新组合矩阵的列向量

如果从列的角度来审视矩阵与向量的乘法运算，会有另一套全新的计算步骤。可能相比于前面刚刚介绍的从行角度入手的方法，读者对这种思考方式并不是非常熟悉。但是这种方法从线性代数的角度来看，其实更重要、更直观。这里，还是用二阶方阵进行举例。

$$\boldsymbol{Ax}=\begin{bmatrix}a & b\\ c & d\end{bmatrix}\begin{bmatrix}x_1\\ x_2\end{bmatrix}=x_1\begin{bmatrix}a\\ c\end{bmatrix}+x_2\begin{bmatrix}b\\ d\end{bmatrix}=\begin{bmatrix}ax_1+bx_2\\ cx_1+dx_2\end{bmatrix}$$

通过这种形式的拆解和组合，也能得到最终的正确结果，这就是从列的角度进行分析的乘法运算过程。

依托前面的知识可以对其进行这样的描述：从列的角度来看，矩阵 $\boldsymbol{A}$ 与向量 $\boldsymbol{x}$ 的乘法，实质上是对矩阵 $\boldsymbol{A}$ 的各个列向量进行线性组合的过程，每个列向量的组合系数就是向量 $\boldsymbol{x}$ 的各个对应成分。

这种理解的方式似乎较有新意，按照列的角度重新把矩阵 $\boldsymbol{A}$ 写成一组列向量并排的形式，然后再将其与向量 $\boldsymbol{x}$ 进行乘法运算，这样一来，从结果的表达式来看，它所包含的几何意义就更加明晰了。

$$\boldsymbol{Ax}=\begin{bmatrix}\mathrm{col}_1 & \mathrm{col}_2 & \mathrm{col}_3 & \cdots & \mathrm{col}_n\end{bmatrix}\begin{bmatrix}x_1\\x_2\\x_3\\\vdots\\x_n\end{bmatrix}=x_1\mathrm{col}_1+x_2\mathrm{col}_2+x_3\mathrm{col}_3+\cdots+x_n\mathrm{col}_n$$

套用上述公式，再来举一个实例。

$$\boldsymbol{Ax}=\begin{bmatrix}1 & 2\\3 & 4\end{bmatrix}\begin{bmatrix}3\\5\end{bmatrix}=3\begin{bmatrix}1\\3\end{bmatrix}+5\begin{bmatrix}2\\4\end{bmatrix}$$

通过乘法计算，最终所得到的结果向量就是：位于矩阵第一列的列向量$\begin{bmatrix}1\\3\end{bmatrix}$的 3 倍加上位于第二列的列向量$\begin{bmatrix}2\\4\end{bmatrix}$的 5 倍。

综上所述，一个矩阵和一个列向量相乘的过程可以理解为对位于原矩阵各列的列向量重新进行线性组合的过程，而在线性组合的运算过程中，结果中的各个系数就是参与乘法运算的列向量中所对应的各个成分。这是一种从列的角度去看待矩阵与向量乘法的新的视角。

1.4.3 再引申：向量的基底的变换

为了更方便地说明原理，我们使用二阶方阵$\begin{bmatrix}a & b\\c & d\end{bmatrix}$与二维列向量$\begin{bmatrix}x\\y\end{bmatrix}$的乘法运算进行分析说明。

二维列向量$\begin{bmatrix}x\\y\end{bmatrix}$的坐标是 x 和 y，还记得之前我们介绍过的向量坐标的相关概念吗？向量的坐标需要依托于基底的选取，向量坐标在明确了基底的前提下才有实际意义，而这个二维列向量，我们说它的坐标是 x 和 y，其实就是基于默认基底：$\left(\begin{bmatrix}1\\0\end{bmatrix},\begin{bmatrix}0\\1\end{bmatrix}\right)$。那么，这个二维列向量的完整表达式就应该是：$\begin{bmatrix}x\\y\end{bmatrix}=x\begin{bmatrix}1\\0\end{bmatrix}+y\begin{bmatrix}0\\1\end{bmatrix}$。

回顾完上面的这些基础内容后，我们就利用它将矩阵与向量的乘法运算表达式做进一步地展开处理，即

$$\begin{bmatrix}a & b\\ c & d\end{bmatrix}\begin{bmatrix}x\\ y\end{bmatrix}=\begin{bmatrix}a & b\\ c & d\end{bmatrix}\left(x\begin{bmatrix}1\\ 0\end{bmatrix}+y\begin{bmatrix}0\\ 1\end{bmatrix}\right)=x\begin{bmatrix}a & b\\ c & d\end{bmatrix}\begin{bmatrix}1\\ 0\end{bmatrix}+y\begin{bmatrix}a & b\\ c & d\end{bmatrix}\begin{bmatrix}0\\ 1\end{bmatrix}=x\begin{bmatrix}a\\ c\end{bmatrix}+y\begin{bmatrix}b\\ d\end{bmatrix}$$

下面更连贯地展示一下式子首尾的对比结果，在矩阵$\begin{bmatrix}a & b\\ c & d\end{bmatrix}$的乘法作用下，向量最终完成了下面的转换过程。

$$x\begin{bmatrix}1\\ 0\end{bmatrix}+y\begin{bmatrix}0\\ 1\end{bmatrix}\Rightarrow x\begin{bmatrix}a\\ c\end{bmatrix}+y\begin{bmatrix}b\\ d\end{bmatrix}$$

更直白地说，通过乘法运算，矩阵把向量的基底进行了变换，旧的基底$\left(\begin{bmatrix}1\\ 0\end{bmatrix},\begin{bmatrix}0\\ 1\end{bmatrix}\right)$被变换成了新的基底$\left(\begin{bmatrix}a\\ c\end{bmatrix},\begin{bmatrix}b\\ d\end{bmatrix}\right)$。映射前由旧的基底分别乘以对应的坐标值$(x, y)$来表示其空间位置，而乘法运算之后，由于旧的基底被映射到了新的基底，那么向量自然而然应该用新的基底去分别乘以对应坐标值(x, y)来描述改变之后的空间位置：$x\begin{bmatrix}1\\ 0\end{bmatrix}+y\begin{bmatrix}0\\ 1\end{bmatrix}\Rightarrow x\begin{bmatrix}a\\ c\end{bmatrix}+y\begin{bmatrix}b\\ d\end{bmatrix}=\begin{bmatrix}ax+by\\ cx+dy\end{bmatrix}$，如图 1.9 所示。

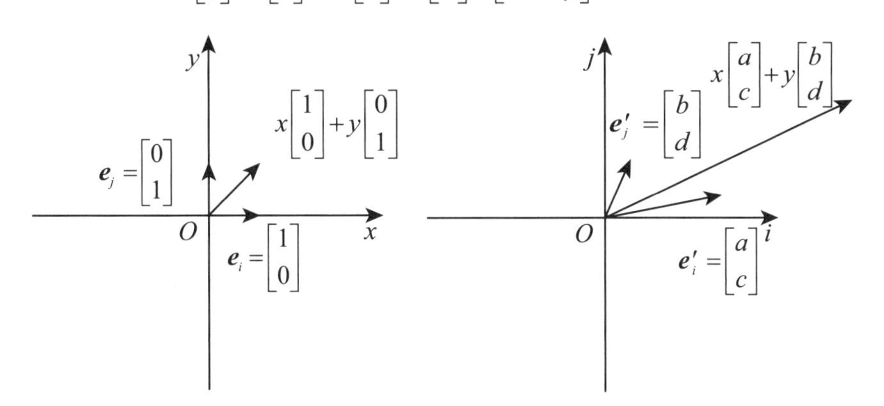

图 1.9　在矩阵的作用下，向量的基底发生了变换

1.4.4　运算矩阵的各列就是映射后的新基底

结合矩阵的式子不难发现：矩阵 $\boldsymbol{A}$ 的第一列$\begin{bmatrix}a\\ c\end{bmatrix}$就是原始的默认基向量$\begin{bmatrix}1\\ 0\end{bmatrix}$变换后的目标位置（新的基向量），而第二列$\begin{bmatrix}b\\ d\end{bmatrix}$就是另一个基向量$\begin{bmatrix}0\\ 1\end{bmatrix}$映射后的目标位置（新的基向量）。

映射后得到的新向量，如果以向量$\left(\begin{bmatrix}a\\c\end{bmatrix},\begin{bmatrix}b\\d\end{bmatrix}\right)$为基底，那么其坐标仍是 (x, y)；如果以默认的向量$\left(\begin{bmatrix}1\\0\end{bmatrix},\begin{bmatrix}0\\1\end{bmatrix}\right)$为基底，那么其坐标就是 $(ax + by, cx + dy)$。

1.4.5　扩展：三阶方阵的情况

为了使结果更加具有说服力，再来看一个三阶方阵和三维列向量相乘的例子。同理，运算也满足前面所介绍的过程，即

$$\begin{bmatrix}a&b&c\\d&e&f\\g&h&i\end{bmatrix}\begin{bmatrix}x\\y\\z\end{bmatrix}=\begin{bmatrix}a&b&c\\d&e&f\\g&h&i\end{bmatrix}\left(x\begin{bmatrix}1\\0\\0\end{bmatrix}+y\begin{bmatrix}0\\1\\0\end{bmatrix}+z\begin{bmatrix}0\\0\\1\end{bmatrix}\right)=x\begin{bmatrix}a\\d\\g\end{bmatrix}+y\begin{bmatrix}b\\e\\h\end{bmatrix}+z\begin{bmatrix}c\\f\\i\end{bmatrix}$$

与二阶方阵相比较，三阶方阵将三维列向量的基底做了映射转换，方阵的第一列$\begin{bmatrix}a\\d\\g\end{bmatrix}$是原始基向量$\begin{bmatrix}1\\0\\0\end{bmatrix}$映射后的目标位置（新的基向量），方阵的第二列$\begin{bmatrix}b\\e\\h\end{bmatrix}$是原始基向量$\begin{bmatrix}0\\1\\0\end{bmatrix}$映射后的目标位置（新的基向量），而方阵的第三列$\begin{bmatrix}c\\f\\i\end{bmatrix}$则是原始基向量$\begin{bmatrix}0\\0\\1\end{bmatrix}$映射后的目标位置（新的基向量）。

因此，最终的结果是相似的，映射后的目标向量如果在新的基底$\left(\begin{bmatrix}a\\d\\g\end{bmatrix},\begin{bmatrix}b\\e\\h\end{bmatrix},\begin{bmatrix}c\\f\\i\end{bmatrix}\right)$下来看，其坐标仍然是 (x, y, z)。如果回到原始基底$\left(\begin{bmatrix}1\\0\\0\end{bmatrix},\begin{bmatrix}0\\1\\0\end{bmatrix},\begin{bmatrix}0\\0\\1\end{bmatrix}\right)$下来看，将新的基底$\left(\begin{bmatrix}a\\d\\g\end{bmatrix},\begin{bmatrix}b\\e\\h\end{bmatrix},\begin{bmatrix}c\\f\\i\end{bmatrix}\right)$和其所对应的坐标 (x, y, z) 相结合，就能得到默认原始基底下的坐标值了，具体表示为$\begin{bmatrix}ax+by+cz\\dx+ey+fz\\gx+hy+iz\end{bmatrix}$。

1.4.6　更一般地：$m\times n$ 矩阵乘以 n 维列向量

看完了二阶和三阶方阵的实际乘法例子，此处我们需要进行进一步抽象和概括。现在来看最一般的情况，矩阵 $\boldsymbol{A}$ 是 $m\times n$ 形状的一般矩阵（其中，$m\neq n$），而向量 $\boldsymbol{x}$ 是一个 n 维列向量，没有任

何特殊性。此时，按照上面的步骤来演示矩阵 $\boldsymbol{A}=\begin{bmatrix} a_{11} & a_{12} & a_{13} & \cdots & a_{1n} \\ a_{21} & a_{22} & a_{23} & \cdots & a_{2n} \\ a_{31} & a_{32} & a_{33} & \cdots & a_{3n} \\ \vdots & \vdots & \vdots & \ddots & \vdots \\ a_{m1} & a_{m2} & a_{m3} & \cdots & a_{mn} \end{bmatrix}$ 和向量 $\boldsymbol{x}=\begin{bmatrix} x_1 \\ x_2 \\ x_3 \\ \vdots \\ x_n \end{bmatrix}$ 进行的乘法运算：

$$\boldsymbol{Ax}=\begin{bmatrix} a_{11} & a_{12} & a_{13} & \cdots & a_{1n} \\ a_{21} & a_{22} & a_{23} & \cdots & a_{2n} \\ a_{31} & a_{32} & a_{33} & \cdots & a_{3n} \\ \vdots & \vdots & \vdots & \ddots & \vdots \\ a_{m1} & a_{m2} & a_{m3} & \cdots & a_{mn} \end{bmatrix}\begin{bmatrix} x_1 \\ x_2 \\ x_3 \\ \vdots \\ x_n \end{bmatrix}=x_1\begin{bmatrix} a_{11} \\ a_{21} \\ a_{31} \\ \vdots \\ a_{m1} \end{bmatrix}+x_2\begin{bmatrix} a_{12} \\ a_{22} \\ a_{32} \\ \vdots \\ a_{m2} \end{bmatrix}+x_3\begin{bmatrix} a_{13} \\ a_{23} \\ a_{33} \\ \vdots \\ a_{m3} \end{bmatrix}+\cdots+x_n\begin{bmatrix} a_{1n} \\ a_{2n} \\ a_{3n} \\ \vdots \\ a_{mn} \end{bmatrix}$$

在 $m\times n$ 形状大小的矩阵 $\boldsymbol{A}$ 的作用下，原始的 n 维基向量 $\begin{bmatrix} 1 \\ 0 \\ 0 \\ \vdots \\ 0 \end{bmatrix}$ 被映射成了新的 m 维基向量 $\begin{bmatrix} a_{11} \\ a_{21} \\ a_{31} \\ \vdots \\ a_{m1} \end{bmatrix}$，原始的 n 维基向量 $\begin{bmatrix} 0 \\ 1 \\ 0 \\ \vdots \\ 0 \end{bmatrix}$ 被映射成了新的 m 维基向量 $\begin{bmatrix} a_{12} \\ a_{22} \\ a_{32} \\ \vdots \\ a_{m2} \end{bmatrix}$ …… 原始的 n 维基向量 $\begin{bmatrix} 0 \\ 0 \\ 0 \\ \vdots \\ 1 \end{bmatrix}$ 被映射成了新的 m 维基向量 $\begin{bmatrix} a_{1n} \\ a_{2n} \\ a_{3n} \\ \vdots \\ a_{mn} \end{bmatrix}$。

从上面的推导结果中可以发现，$m\neq n$ 这种情况最值得讨论，因为此时矩阵 $\boldsymbol{A}$ 是一个普通的矩阵，而不是之前所举的特殊方阵。在这种最一般的情况下，映射前后，列向量 $\boldsymbol{x}$ 的基向量维数都发生了变化：原始的 n 维列向量 $\boldsymbol{x}$ 被变换成了 n 个 m 维列向量线性组合的形式，其最终的运算结果是一个 m 维的列向量。

由此可以看出，映射后的向量维数和原始向量维数的关系取决于矩阵维数 m 和 n 的关系：如果 $m>n$，那么映射后的目标向量维数就大于原始向量的维数；如果 $m<n$，那么目标向量的维数就小于原始向量的维数；如果 $m=n$，那么就是前面所举的方阵那种特殊情况了。

1.4.7 关于基变换：一些意外情况

实际上，如果仅仅停留在前文讨论的结果上，那么可能会显得我们思考问题不够全面、不够准确。

其实，“经过矩阵变换，会将向量原始的基底变换为一组新的基底”这句话的表述并不完全准确，之所以在前面这么描述只是为了方便读者理解并建立一种新的概念，实际上一些特殊的情况并未考虑在内。

对于一个 $m \times n$ 的矩阵 $\boldsymbol{A}$ 和 n 维列向量 $\boldsymbol{x}$，经过 $\boldsymbol{Ax}$ 的乘法作用，$\boldsymbol{x}$ 的 n 个 n 维默认基向量被转换成了 n 个 m 维的目标向量。

下面针对 m 和 n 的大小关系，分为以下几种情况进行讨论。

（1）当 $n > m$ 时，显然这 n 个向量线性相关，因此不构成基底。

（2）当 $n < m$ 时，即使这 n 个向量线性无关，由于它们不能表示 m 维空间中的所有向量，因此也不能称为 m 维目标空间的基底。

（3）当且仅当 $n = m$，且这 n 个向量线性无关时，它们才能称为目标空间中的一组新的基底。

不过，即便是有这些意外情况的存在，本节所讨论的内容仍然具有重要意义。矩阵 $\boldsymbol{A}$ 的各个列是列向量 $\boldsymbol{x}$ 默认基底经过转换后的目标向量，正因为它们在维度和线性相关性方面存在着多种不同的情况，所以这组目标向量的张成空间和原始向量所在的空间之间就存在着多种不同的对应关系，这便是第 2 章里将要重点讨论的空间映射相关内容。

第 2 章

空间与映射：矩阵的灵魂

“空间”是全书知识介绍的概念主轴。矩阵所扮演的角色就是完成向量在不同空间之间的映射过程，理解了这一点就能把控住整个线性代数的灵魂所在。那么，本章就将具体讨论不同形态的矩阵所对应的不同映射过程，并在此基础上探讨逆映射、逆矩阵存在的条件。

为夯实本章甚至全书的理论基础，我们还将专门安排一节的内容讨论向量空间和其中最重要的 4 个子空间。最后会从空间的角度出发，讨论线性方程组的解这个实际应用问题，目的就是为了理解好空间这个核心概念。

本章主要涉及的知识点

- 介绍矩阵如何表示空间中的映射关系
- 介绍不同形态的矩阵所对应的不同映射关系
- 探讨逆矩阵和逆映射存在的条件
- 介绍向量空间和子空间的基本概念
- 介绍列空间、零空间、行空间和左零空间这 4 个最重要的子空间
- 从空间的角度讨论线性方程组的解问题

2.1 矩阵：描述空间中的映射

在第 1 章的内容中，我们学习了矩阵与向量的乘法会使向量的空间位置甚至其所在空间的维度和形态都发生变化。那么，映射前的原始空间和映射后的目标空间之间存在着什么对应关系？这种对应关系的决定因素是什么？这将是本节要重点分析讨论的问题。

我们将从矩阵的形状——这个看上去最为明显的特征入手进行分析。我们会发现“矮胖”形态的矩阵和“高瘦”形态的矩阵对应了不同的空间映射关系，即使是方阵与方阵之间，也存在着多种不同的映射情况。基于这些不同的观察现象，最终将引出“秩”——这个映射后空间形态的决定因素，并挖掘其包含的几何意义，还将演示如何利用 Python 语言去求解一个具体矩阵的秩。

2.1.1 矩阵表示的空间映射

回顾第 1 章，在默认基底 $(\boldsymbol{e}_1, \boldsymbol{e}_2, \boldsymbol{e}_3, \cdots, \boldsymbol{e}_n)$ 所构成的 R^n 空间中，矩阵 $\boldsymbol{A}$ 与列向量 $\boldsymbol{x}$ 的乘法 $\boldsymbol{Ax}$，其本质就是变换原始向量的基底。将默认基底中的各个基向量 $(\boldsymbol{e}_1, \boldsymbol{e}_2, \boldsymbol{e}_3, \cdots, \boldsymbol{e}_n)$ 分别对应地变换为矩阵 $\boldsymbol{A}$ 的各个列，由矩阵 $\boldsymbol{A}$ 的各列充当目标向量新的“基向量”，再结合原始向量的坐标，最终得到目标向量在目标空间中的新位置。

因此可以概况地说：由于矩阵乘法的作用，原始向量的空间位置甚至其所在空间的维度和形态都发生了改变，这便是矩阵乘法的空间映射作用。

需要再次着重强调的是，在第一段中我们将“基向量”这个词打了一个引号，原因是因为这种说法并不完全准确，没有考虑到很多特殊的情况。因为在第 1 章的结尾曾经提到过：矩阵 $\boldsymbol{A}$ 的各个列是列向量 $\boldsymbol{x}$ 默认基底经过转换后的目标向量，正因为它们在维度和线性相关性方面存在着多种不同的情况，所以这组目标向量的张成空间和原始向量所在的空间之间就存在着多种不同的对应关系。

本节将围绕下面这个乘法式子，来重点讨论这个问题。

$$\boldsymbol{Ax}=\begin{bmatrix} a_{11} & a_{12} & a_{13} & \cdots & a_{1n} \\ a_{21} & a_{22} & a_{23} & \cdots & a_{2n} \\ a_{31} & a_{32} & a_{33} & \cdots & a_{3n} \\ \vdots & \vdots & \vdots & \ddots & \vdots \\ a_{m1} & a_{m2} & a_{m3} & \cdots & a_{mn} \end{bmatrix}\begin{bmatrix} x_1 \\ x_2 \\ x_3 \\ \vdots \\ x_n \end{bmatrix}=x_1\begin{bmatrix} a_{11} \\ a_{21} \\ a_{31} \\ \vdots \\ a_{m1} \end{bmatrix}+x_2\begin{bmatrix} a_{12} \\ a_{22} \\ a_{32} \\ \vdots \\ a_{m2} \end{bmatrix}+x_3\begin{bmatrix} a_{13} \\ a_{23} \\ a_{33} \\ \vdots \\ a_{m3} \end{bmatrix}+\cdots+x_n\begin{bmatrix} a_{1n} \\ a_{2n} \\ a_{3n} \\ \vdots \\ a_{mn} \end{bmatrix}$$

2.1.2 降维了，“矮胖”矩阵对空间的压缩

对于 m 行 n 列的矩阵 $\boldsymbol{A}$，当 $m<n$ 时，矩阵 $\boldsymbol{A}$ 的行数小于列数。对于这种形态的矩阵，通俗地说，看上去就是一个外表“矮胖”的矩阵，列向量 $\boldsymbol{x}$ 是 n 维空间 R^n 中的一个 n 维向量，向量 $\boldsymbol{x}$ 的

n 个默认基向量 $(\boldsymbol{e}_1, \boldsymbol{e}_2, \boldsymbol{e}_3, \cdots, \boldsymbol{e}_n)$ 分别被矩阵 $\boldsymbol{A}$ 映射成了 n 个 m 维的目标向量。

由于 $m < n$ 的关系存在，这一组目标向量所能张成空间的维数最大就是 m。这样一来，在矩阵 $\boldsymbol{A}$ 的乘法作用下，位于 n 维空间 R^n 中的任意向量 $\boldsymbol{x}$ 经过映射作用后，都被转换到了一个维数更低的新空间中的新位置上。

由此，可以这么说：在满足 $m < n$ 的这种情况下，“矮胖”矩阵 $\boldsymbol{A}$ 压缩了原始空间 R^n。

这里用一个 2×3 的实际矩阵 $\boldsymbol{A}$ 来举例说明：$\boldsymbol{A}=\begin{bmatrix}a_{11} & a_{12} & a_{13}\\ a_{21} & a_{22} & a_{23}\end{bmatrix}$，映射前的原始列向量是 $\boldsymbol{x}=\begin{bmatrix}x_1\\ x_2\\ x_3\end{bmatrix}$。我们知道，原始向量 $\boldsymbol{x}$ 是 R^3 空间中的一个三维向量，所采用的是一组默认的基底 $\left(\begin{bmatrix}1\\0\\0\end{bmatrix},\begin{bmatrix}0\\1\\0\end{bmatrix},\begin{bmatrix}0\\0\\1\end{bmatrix}\right)$，向量 $\boldsymbol{x}$ 就是基底的任意线性组合中的具体一种。

依照我们介绍的基变换思想，经过矩阵 $\boldsymbol{A}$ 的基变换后，这组默认的基底 $\left(\begin{bmatrix}1\\0\\0\end{bmatrix},\begin{bmatrix}0\\1\\0\end{bmatrix},\begin{bmatrix}0\\0\\1\end{bmatrix}\right)$ 就被映射到了 3 个新的目标向量：$\left(\begin{bmatrix}a_{11}\\a_{21}\end{bmatrix},\begin{bmatrix}a_{12}\\a_{22}\end{bmatrix},\begin{bmatrix}a_{13}\\a_{23}\end{bmatrix}\right)$，而映射后的目标向量就相应地变为 $x_1\begin{bmatrix}a_{11}\\a_{21}\end{bmatrix}+x_2\begin{bmatrix}a_{12}\\a_{22}\end{bmatrix}+x_3\begin{bmatrix}a_{13}\\a_{23}\end{bmatrix}$。

映射前的列向量 $\boldsymbol{x}$，由于它的 3 个成分 (x_1, x_2, x_3) 可以取到任意值，因此向量 $\boldsymbol{x}$ 的分布即为整个 R^3 空间。那么我们关心的就是映射后的目标向量 $x_1\begin{bmatrix}a_{11}\\a_{21}\end{bmatrix}+x_2\begin{bmatrix}a_{12}\\a_{22}\end{bmatrix}+x_3\begin{bmatrix}a_{13}\\a_{23}\end{bmatrix}$ 的整体分布情况，换句话说，这就是我们所说的映射后的空间。

这就回到了前面提到过的张成空间的问题，3 个二维向量必然是线性相关的，但是仍然分为两种情况。

第一种情况：如果这 3 个二维目标向量满足不全部共线，那么其所有的线性组合结果就能构成一个二维平面 R^2，经过矩阵 $\boldsymbol{A}$ 的映射，整个原始向量空间 R^3 就被压缩成了一个二维平面，如图 2.1 所示。

按照共面但不共线的前提要求，设定一个具体的映射矩阵 $\boldsymbol{A}=\begin{bmatrix}1 & 1 & 0\\ 1 & 0 & 1\end{bmatrix}$，并在左侧的原始空间 R^3 中任意取 3 个向量，并观察映射后的结果。3 个向量分别是：$\boldsymbol{u}=\begin{bmatrix}3\\2\\4\end{bmatrix}$，$\boldsymbol{v}=\begin{bmatrix}-2\\3\\2\end{bmatrix}$，$\boldsymbol{w}=\begin{bmatrix}0\\0\\0\end{bmatrix}$。

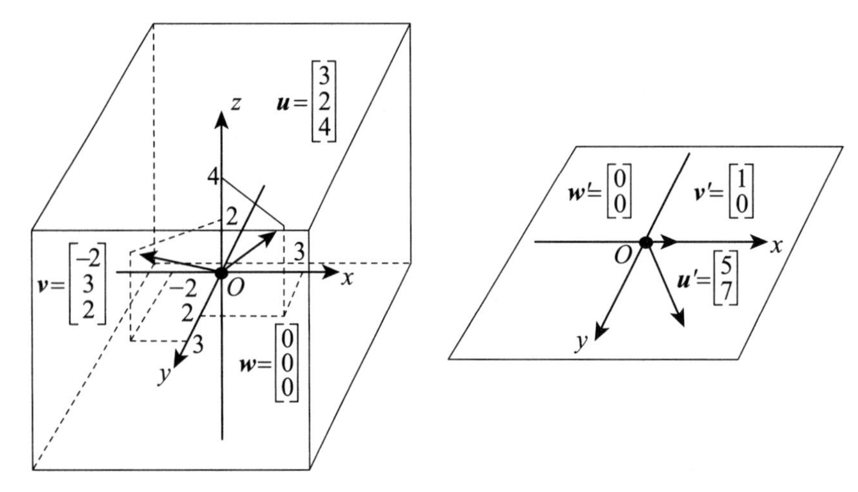

图 2.1　三维空间被矩阵压缩成二维平面

在矩阵 $\boldsymbol{A}$ 的映射作用下，向量 $\boldsymbol{u}$ 映射后得到的结果是：$\boldsymbol{Au}=\begin{bmatrix}1&1&0\\1&0&1\end{bmatrix}\begin{bmatrix}3\\2\\4\end{bmatrix}=\begin{bmatrix}5\\7\end{bmatrix}$，向量 $\boldsymbol{v}$ 映射后的结果同理可得：$\boldsymbol{Av}=\begin{bmatrix}1&1&0\\1&0&1\end{bmatrix}\begin{bmatrix}-2\\3\\2\end{bmatrix}=\begin{bmatrix}1\\0\end{bmatrix}$，向量 $\boldsymbol{w}$ 映射后的结果最简单，是一个二维的零向量$\begin{bmatrix}0\\0\end{bmatrix}$。

在图 2.1 中已经将映射前后的向量分别对应标出来了，这样就让这个三维空间 R^3 到二维平面 R^2 的压缩映射过程看上去更加直观。

第二种情况：如果这 3 个二维向量是共线向量，即三者都在同一条直线上，那么其线性组合就只能分布在二维平面 R^2 中的一条穿过原点 (0, 0) 的直线上了。经过矩阵的映射作用，整个三维向量空间 R^3 就被压缩成了一维的空间（一条直线），具体过程如图 2.2 所示。

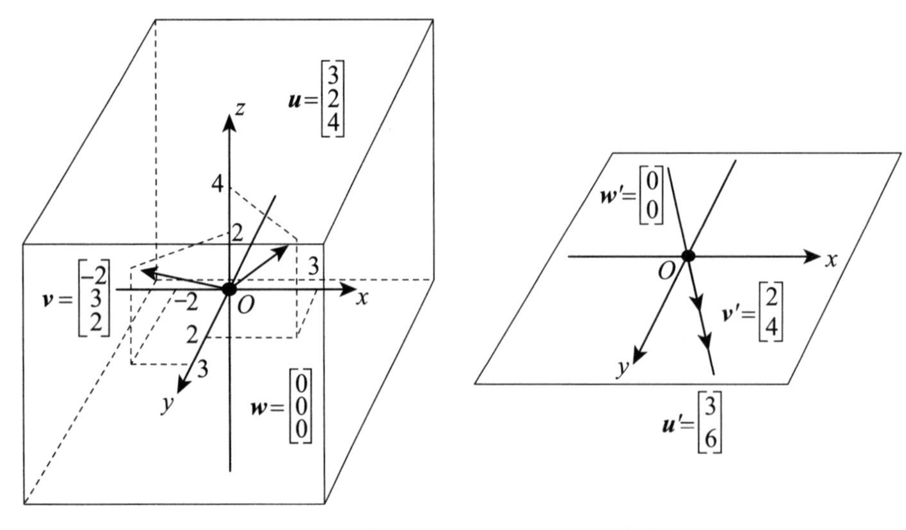

图 2.2　三维空间被压缩成平面内的一条直线

同样地，为了演示这个降维压缩的过程，构造了一个矩阵 $\boldsymbol{A}$，3 个列分别构成的列向量满足共线关系：$\boldsymbol{A}=\begin{bmatrix}1 & 2 & -1\\2 & 4 & -2\end{bmatrix}$，仍然取上个例子中的 3 个三维向量：$\boldsymbol{u}=\begin{bmatrix}3\\2\\4\end{bmatrix}$，$\boldsymbol{v}=\begin{bmatrix}-2\\3\\2\end{bmatrix}$，$\boldsymbol{w}=\begin{bmatrix}0\\0\\0\end{bmatrix}$，对其进行矩阵映射，并观察映射后的结果。

向量 $\boldsymbol{u}$ 映射后的结果是：$\boldsymbol{Au}=\begin{bmatrix}1 & 2 & -1\\2 & 4 & -2\end{bmatrix}\begin{bmatrix}3\\2\\4\end{bmatrix}=\begin{bmatrix}3\\6\end{bmatrix}$，向量 $\boldsymbol{v}$ 映射后的结果同理可得：$\boldsymbol{Av}=\begin{bmatrix}1 & 2 & -1\\2 & 4 & -2\end{bmatrix}\begin{bmatrix}-2\\3\\2\end{bmatrix}=\begin{bmatrix}2\\4\end{bmatrix}$，而向量 $\boldsymbol{w}$ 映射后的结果最简单，仍然是二维的零向量 $\begin{bmatrix}0\\0\end{bmatrix}$，将其标注在图 2.2 中，就很清楚地展现出了这种空间压缩的情况。

2.1.3 罩不住，“高瘦”矩阵无法覆盖目标空间

下面来看另一种形态的矩阵，即 $m\times n$ 矩阵中的 $m>n$ 这种情况，对应地，称为“高瘦”矩阵。

$\boldsymbol{x}$ 的 n 个基向量 $(\boldsymbol{e}_1, \boldsymbol{e}_2, \boldsymbol{e}_3, \cdots, \boldsymbol{e}_n)$ 分别被矩阵 $\boldsymbol{A}$ 映射成了 n 个 m 维目标向量。由于 $m>n$，从表面数值上看，$\boldsymbol{x}$ 映射后的目标向量的维数提高了，由 n 维变成了 m 维。那么我们能不能说：经过矩阵 $\boldsymbol{A}$ 的映射作用，由原始向量 $\boldsymbol{x}$ 所构成的空间 R^n 变成了维数更高的空间 R^m 呢？

很显然，答案是否定的。从哲学观点来讲：一个事物想无中生有，那是不可能的。一个向量所携带的信息怎么能够平白无故的增加呢？

下面举一个实例，如有一个形状为 3×2 的矩阵 $\boldsymbol{A}$：$\boldsymbol{A}=\begin{bmatrix}a_{11} & a_{12}\\a_{21} & a_{22}\\a_{31} & a_{32}\end{bmatrix}$。映射前的原始向量是二维空间中的 $\boldsymbol{x}=\begin{bmatrix}x_1\\x_2\end{bmatrix}$，映射的过程则可以被表示为 $\boldsymbol{Ax}=\begin{bmatrix}a_{11} & a_{12}\\a_{21} & a_{22}\\a_{31} & a_{32}\end{bmatrix}\begin{bmatrix}x_1\\x_2\end{bmatrix}=x_1\begin{bmatrix}a_{11}\\a_{21}\\a_{31}\end{bmatrix}+x_2\begin{bmatrix}a_{12}\\a_{22}\\a_{32}\end{bmatrix}$，通过这个式子的计算，得到了最终的映射结果。

由于映射前的向量 $\boldsymbol{x}$ 是二维空间 R^2 中的任意一个向量，类比上一章，x_1 和 x_2 可以取任意数，因此在矩阵 $\boldsymbol{A}$ 的乘法作用下，整个二维空间的映射结果就是目标向量 $\begin{bmatrix}a_{11}\\a_{21}\\a_{31}\end{bmatrix}$ 和 $\begin{bmatrix}a_{12}\\a_{22}\\a_{32}\end{bmatrix}$ 所张成的空间。

此时，对于目标向量 $\begin{bmatrix}a_{11}\\a_{21}\\a_{31}\end{bmatrix}$ 和 $\begin{bmatrix}a_{12}\\a_{22}\\a_{32}\end{bmatrix}$，同样是分成两种不同的情况进行讨论。

第一种情况：如果两个向量线性无关，那么由这两个向量所张成的空间就是一个二维平面，

这里需要尤其注意的是，这个二维平面不是那种前面见过的由 x 轴和 y 轴所构成的 R^2 平面，而是一个“斜搭”在三维空间 R^3 当中，并穿过原点 (0, 0, 0) 的二维平面。这个平面虽然是二维的，但是构成这个二维平面的每一个点都是三维的。而这个二维平面的具体形态，则和这两个三维向量具体值的选取密切相关。

下面仍然举一个实例来说明问题：$\boldsymbol{A}=\begin{bmatrix}1&0\\0&1\\0&-1\end{bmatrix}$，还是在原始空间 R^2 内选取 3 个向量进行映射，这里所选取的 3 个原始向量分别是：$\boldsymbol{u}=\begin{bmatrix}1\\1\end{bmatrix}$，$\boldsymbol{v}=\begin{bmatrix}-1\\1\end{bmatrix}$，$\boldsymbol{w}=\begin{bmatrix}0\\0\end{bmatrix}$。向量 $\boldsymbol{u}$ 映射后的结果是：$\boldsymbol{Au}=\begin{bmatrix}1&0\\0&1\\0&-1\end{bmatrix}\begin{bmatrix}1\\1\end{bmatrix}=\begin{bmatrix}1\\1\\-1\end{bmatrix}$，向量 $\boldsymbol{v}$ 映射后的结果同理可得：$\boldsymbol{Av}=\begin{bmatrix}1&0\\0&1\\0&-1\end{bmatrix}\begin{bmatrix}-1\\1\end{bmatrix}=\begin{bmatrix}-1\\1\\-1\end{bmatrix}$，而向量 $\boldsymbol{w}$ 经过矩阵映射后的结果最简单，仍然是三维空间中的零向量 $\begin{bmatrix}0\\0\\0\end{bmatrix}$，映射前后的对比情况如图 2.3 所示。

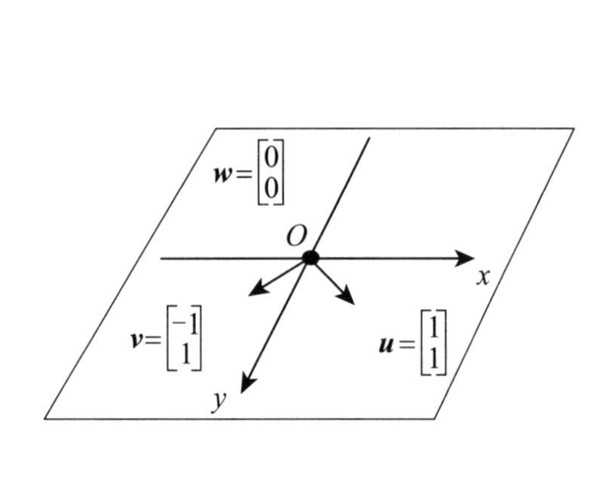

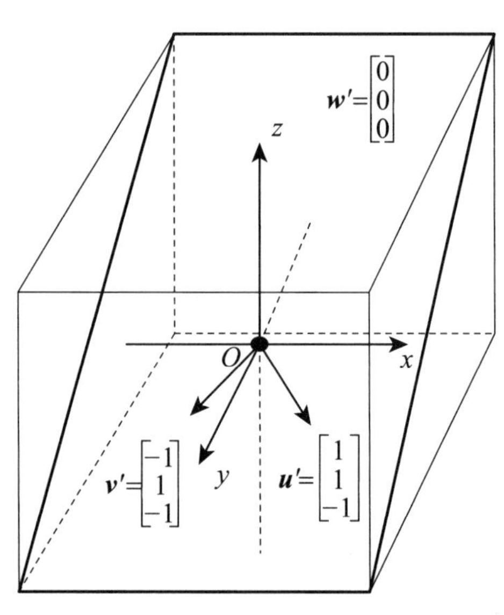

图 2.3　R^2 平面被映射成了 R^3 空间中的一个穿过原点的二维平面

第二种情况：如果两个向量线性相关，那么二者的张成空间就是一条直线，同样地，这个直线是经过零点，并“斜穿”过三维空间 R^3 的一条直线。

同样地，还是举一个实例来说明问题：矩阵 $\boldsymbol{A}=\begin{bmatrix}1&2\\1&2\\-1&-2\end{bmatrix}$，仍然是选取前文中的 3 个二维向量，即 $\boldsymbol{u}=\begin{bmatrix}1\\1\end{bmatrix}$，$\boldsymbol{v}=\begin{bmatrix}-1\\1\end{bmatrix}$，$\boldsymbol{w}=\begin{bmatrix}0\\0\end{bmatrix}$ 来进行映射操作。同样地，经过计算可知向量 $\boldsymbol{u}$ 映射后的结果是：

$\boldsymbol{Au}=\begin{bmatrix}1 & 2\\1 & 2\\-1 & -2\end{bmatrix}\begin{bmatrix}1\\1\end{bmatrix}=\begin{bmatrix}3\\3\\-3\end{bmatrix}$，向量 $\boldsymbol{v}$ 映射后的结果同理可得：$\boldsymbol{Av}=\begin{bmatrix}1 & 2\\1 & 2\\-1 & -2\end{bmatrix}\begin{bmatrix}-1\\1\end{bmatrix}=\begin{bmatrix}1\\1\\-1\end{bmatrix}$，而零向量 $\boldsymbol{w}$ 经过矩阵映射后得到的结果仍然是三维空间中的零向量 $\begin{bmatrix}0\\0\\0\end{bmatrix}$，具体情况如图 2.4 所示。

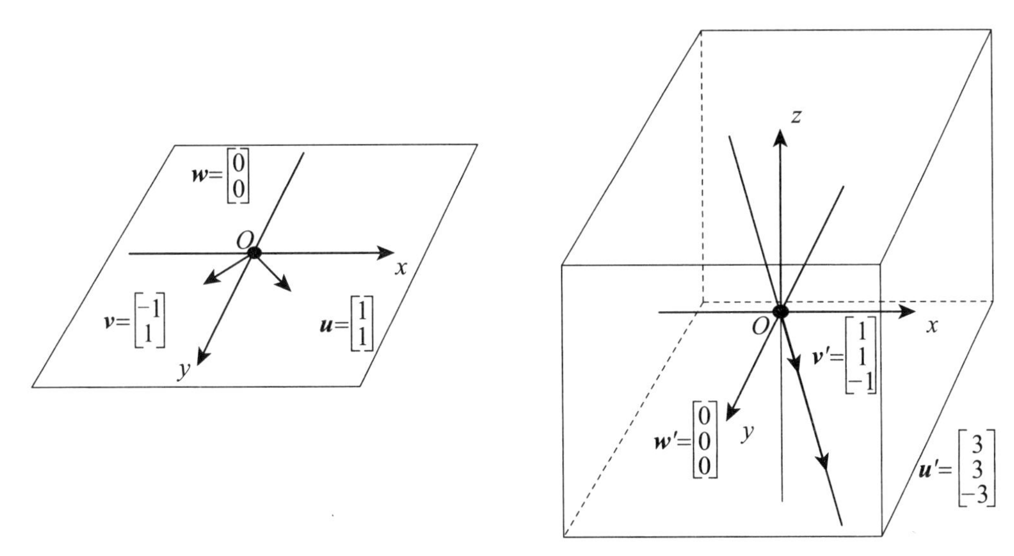

图 2.4　R^2 平面被映射成了 R^3 空间中的一条穿过原点的直线

2.1.4　方阵，也得分情况讨论

至于说如果矩阵 $\boldsymbol{A}$ 是一个 n 阶方阵，这种特殊情况下的结果是不是要稍微简单一些呢？就此我们来分析一下。分析方法也是相同的，核心问题仍然是分析矩阵 $\boldsymbol{A}$ 各个列的线性相关性。我们很容易发现，R^n 空间中的向量经过矩阵 $\boldsymbol{A}$ 的映射，其目标空间的维度就是这 n 个 n 维列向量所张成空间的维度，其映射后得到的空间的维度必然小于等于 n，当且仅当这 n 个列线性无关时可以取等号。

下面简单地用一个三阶方阵 $\boldsymbol{A}$ 来举例：

$$\boldsymbol{Ax}=\begin{bmatrix}a_{11} & a_{12} & a_{13}\\a_{21} & a_{22} & a_{23}\\a_{31} & a_{32} & a_{33}\end{bmatrix}\begin{bmatrix}x_1\\x_2\\x_3\end{bmatrix}=x_1\begin{bmatrix}a_{11}\\a_{21}\\a_{31}\end{bmatrix}+x_2\begin{bmatrix}a_{12}\\a_{22}\\a_{32}\end{bmatrix}+x_3\begin{bmatrix}a_{13}\\a_{23}\\a_{33}\end{bmatrix}$$

当矩阵 $\boldsymbol{A}$ 的 3 个列线性无关时，意味着原始向量 $\boldsymbol{x}$ 的基向量经过映射后得到的目标向量仍然可以构成三维空间 R^3 中的一组基。

这是非常好的一种情况，意味着原始空间 R^3 经过矩阵 $\boldsymbol{A}$ 的映射，其映射后得到的空间仍然是等维的三维空间 R^3。原始向量空间在这个过程中没有被压缩，并且映射后的目标空间内的每一个向量也都能找到其对应的原始空间中的向量。

这种一一映射的关系在后面讲到逆映射、逆矩阵时还会反复进行讨论，这里先有一个整体印象就可以了。

下面仍然举一个实例来说明问题：矩阵$\boldsymbol{A}=\begin{bmatrix}1&1&1\\1&1&2\\1&2&3\end{bmatrix}$，原始向量 $\boldsymbol{u}=\begin{bmatrix}1\\1\\1\end{bmatrix}$，$\boldsymbol{v}=\begin{bmatrix}-1\\1\\1\end{bmatrix}$，$\boldsymbol{w}=\begin{bmatrix}0\\0\\0\end{bmatrix}$。向量 $\boldsymbol{u}$ 映射后的结果是：$\boldsymbol{Au}=\begin{bmatrix}1&1&1\\1&1&2\\1&2&3\end{bmatrix}\begin{bmatrix}1\\1\\1\end{bmatrix}=\begin{bmatrix}3\\4\\6\end{bmatrix}$，向量 $\boldsymbol{v}$ 映射后的结果同理可得：$\boldsymbol{Av}=\begin{bmatrix}1&1&1\\1&1&2\\1&2&3\end{bmatrix}\begin{bmatrix}-1\\1\\1\end{bmatrix}=\begin{bmatrix}1\\2\\4\end{bmatrix}$，零向量 $\boldsymbol{w}$ 经过映射后得到的结果仍然是目标空间中的零向量$\begin{bmatrix}0\\0\\0\end{bmatrix}$，如图 2.5 所示。

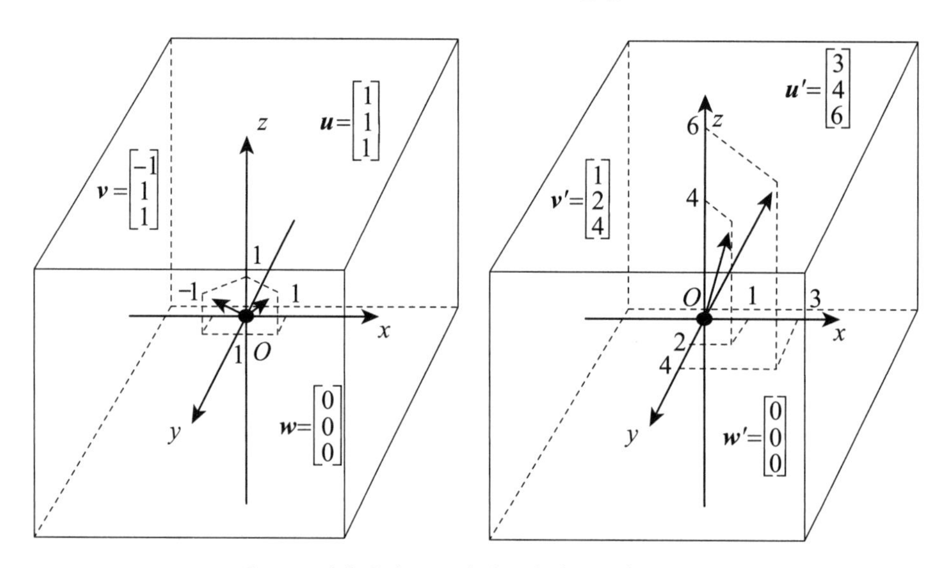

图 2.5　列向量线性无关的矩阵进行的空间映射

而当矩阵 $\boldsymbol{A}$ 的 3 个列线性相关时，映射的过程其实就退化成了“高瘦”矩阵所对应的情况，由于之前详细用图分析过具体情形，这里就只需要简单地说明结论，相信读者对此是很容易理解的。

第一种情况：当矩阵 $\boldsymbol{A}$ 的 3 个列共面但不共线时，R^3 空间中的向量经过矩阵 $\boldsymbol{A}$ 的映射作用，最后都会分布在穿过原点，并“斜搭”在三维空间 R^3 中的一个平面上。

第二种情况：当这 3 个列向量共线时，R^3 空间中的向量经过映射，最后都会分布在穿过原点并“斜穿”过三维空间 R^3 中的一条直线上。

2.1.5　秩：决定映射后的空间形态

在前面的小节中，我们举了很多的例子，画了很多的图，下面就来总结、提炼一些规律性的知识。我们把一个空间经过矩阵映射后得到的新空间称为它的像空间。我们发现：一个原始空间，被几个行数、列数分别相同的不同矩阵进行映射，最终得到的像空间的维数可能是不同的；而被几个不同形状的矩阵分别进行映射，又有可能得到维数相同的像空间。

那么问题就来了，这里面所提到的像空间维度的决定因素是什么？

很明显，像空间维度的决定因素就是空间映射矩阵各列的线性相关性，由各列所张成的空间维数就是原始空间映射后的像空间维数。矩阵各列所张成空间的维数被称为这个映射矩阵的秩。此外，秩也可以看作是该矩阵线性无关的列的个数，这两个说法相互之间是等价的。

2.1.6 利用 Python 语言求解矩阵的秩

下面利用 Python 语言来求解一个矩阵的秩。

我们一边回顾本节中出现的 5 个典型矩阵，一边依据定义来求取它们的秩。

矩阵 1：$\boldsymbol{A}_1=\begin{bmatrix}1 & 1 & 0\\1 & 0 & 1\end{bmatrix}$，由于矩阵 $\boldsymbol{A}_1$ 的 3 个列所张成的空间维数是 2，因此，矩阵 $\boldsymbol{A}_1$ 的秩是 2。

矩阵 2：$\boldsymbol{A}_2=\begin{bmatrix}1 & 2 & -1\\2 & 4 & -2\end{bmatrix}$，由于矩阵 $\boldsymbol{A}_2$ 的 3 个列所张成的空间维数是 1，因此，矩阵 $\boldsymbol{A}_2$ 的秩是 1。

矩阵 3：$\boldsymbol{A}_3=\begin{bmatrix}1 & 0\\0 & 1\\0 & -1\end{bmatrix}$，由于矩阵 $\boldsymbol{A}_3$ 的两个列所张成的空间维数是 2，因此，矩阵 $\boldsymbol{A}_3$ 的秩是 2。

矩阵 4：$\boldsymbol{A}_4=\begin{bmatrix}1 & 2\\1 & 2\\-1 & -2\end{bmatrix}$，由于矩阵 $\boldsymbol{A}_4$ 的两个列所张成的空间维数是 1，因此，矩阵 $\boldsymbol{A}_4$ 的秩是 1。

矩阵 5：$\boldsymbol{A}_5=\begin{bmatrix}1 & 1 & 1\\1 & 1 & 2\\1 & 2 & 3\end{bmatrix}$，由于矩阵 $\boldsymbol{A}_5$ 的 3 个列所张成的空间维数是 3，因此，矩阵 $\boldsymbol{A}_5$ 的秩是 3。

接下来就利用 Python 语言对它们进行一一验证。

代码如下：

```
import numpy as np
A_1 = np.array([[1, 1, 0],
                [1, 0, 1]])
A_2 = np.array([[1, 2, -1],
                [2, 4, -2]])
A_3 = np.array([[1,  0],
                [0,  1],
                [0, -1]])
A_4 = np.array([[ 1,  2],
                [ 1,  2],
                [-1, -2]])
A_5 = np.array([[1, 1, 1],
```

```
                [1, 1, 2],
                [1, 2, 3]])
print(np.linalg.matrix_rank(A_1))
print(np.linalg.matrix_rank(A_2))
print(np.linalg.matrix_rank(A_3))
print(np.linalg.matrix_rank(A_4))
print(np.linalg.matrix_rank(A_5))
```

运行结果：

```
2
1
2
1
3
```

经过上面的验证可以看出，程序运行得到的结果和我们的分析情况是一致的。在本小节中，我们通过大量实例展现了空间在不同秩的矩阵映射作用下所得到的不同形态，并分析了各种不同形态背后的决定性因素：矩阵中线性无关的列的个数。这部分的基础知识和思维方式非常重要，建立好这个概念将非常有助于我们加深对逆矩阵、线性方程组和投影相关内容的深刻理解。

2.2 追因溯源：逆矩阵和逆映射

在 2.1 节中，着重讲解了矩阵所描述的空间映射关系：通过一个 m 行 n 列的矩阵可以将 n 维空间中的 $\boldsymbol{x}$ 坐标向量映射到 m 维空间中的 $\boldsymbol{y}$ 坐标向量。正如我们所熟悉的函数与反函数之间的对应关系，对于空间中的映射，我们自然也应该去思考反方向上的逆映射过程。

因此在本节中，就来详细讨论逆映射及表征它的逆矩阵。重点分析针对多种不同形态的矩阵，其逆映射的存在性问题，并最终总结归纳出逆映射存在的条件及利用 Python 语言求解逆矩阵的实际操作方法，继续引导读者沿着“空间”这个概念主轴去分析和理解实际的问题。

2.2.1 逆矩阵

在前面的内容中，反复讲了这样一个结论：矩阵的本质就是映射。对于一个 $m\times n$ 的矩阵 $\boldsymbol{A}$，矩阵乘法 $\boldsymbol{y}=\boldsymbol{A}\boldsymbol{x}$ 的作用就是将向量从 n 维原始空间中的 $\boldsymbol{x}$ 坐标位置，映射到 m 维目标空间中的 $\boldsymbol{y}$ 坐标位置，这是正向映射的过程。

那么，如果已知结果向量的坐标 $\boldsymbol{y}$ 去反推原始向量的坐标 $\boldsymbol{x}$，这个过程就称为逆映射或逆问题。因为逆映射也是一种映射过程，所以同样有矩阵与之相对应，那么就将表征逆映射的矩阵称为矩阵 $\boldsymbol{A}$ 的逆矩阵，写作 $\boldsymbol{A}^{-1}$。

2.2.2 类比反函数与矩阵的逆映射

为了更直观地说明问题，我们在深入讨论逆映射、逆矩阵之前先介绍函数映射的逆过程，即反函数的相关问题。

我们来看最简单的一次函数：$y = f(x) = ax + b$，变量 $\boldsymbol{x}$ 的取值范围为整个实数域，指定某个具体的变量 $\boldsymbol{x}$ 的取值，就能得到与之相对应的 $\boldsymbol{y}$，$\boldsymbol{y}$ 的取值范围也是整个实数域。

相反，我们来看看其反函数的形式：$x = f^{-1}(y) = \dfrac{y-b}{a}$，试图通过结果 $\boldsymbol{y}$ 的值，来找到其对应的自变量 $\boldsymbol{x}$。但是我们知道，如果想试图通过逆过程找到 $\boldsymbol{x}$，这里必须满足一个重要的前提条件，那就是 $a \neq 0$。

也就是说，通过函数 $y = ax + b$，实现了从变量 $\boldsymbol{x}$ 到 $\boldsymbol{y}$ 的映射，但是必须基于 $a \neq 0$ 的前提条件下，才能通过反函数 $x = \dfrac{y-b}{a}$ 将 $\boldsymbol{y}$ 重新映射回 $\boldsymbol{x}$。很显然，因为当 $a = 0$ 时，$y = 0x + b$，此时正方向上的映射 $x \Rightarrow y$ 仍然存在，无论 $\boldsymbol{x}$ 取任何数，最终的函数映射结果都是 $y = b$。但是，此时反方向上的映射 $y \Rightarrow x$ 就不存在了，一方面当 $y = b$ 时，有无穷多种 $\boldsymbol{x}$ 的取值可能，显然是无法完成映射的；另一方面，当 $y \neq b$ 时，找不到满足等式条件成立的变量 $\boldsymbol{x}$ 取值，因此映射也是不存在的。提醒读者要全面地注意到这两种情况，这在后续的空间映射中都能找到对应的应用场景。

上面的这个例子本身很简单，函数存在反函数的条件就是必须满足一一映射，举此例的原因就是想将其引申到矩阵对向量所在空间进行映射的问题上去，对比讨论矩阵映射的逆问题。

对比看反函数的存在性问题，我们在潜意识里一定会想：肯定不是每个矩阵所表示的映射都有逆映射存在，也不是每一个矩阵都存在逆矩阵。这个直觉是对的，下面就用实例来阐释这个想法。

2.2.3 “矮胖”矩阵压缩空间：不存在逆映射

m 行 n 列的矩阵 $\boldsymbol{A}_{m\times n}$ 将向量 $\boldsymbol{x} = \begin{bmatrix} x_1 \\ x_2 \\ x_3 \\ \vdots \\ x_n \end{bmatrix}$ 从原始空间映射到目标空间中的 $\boldsymbol{y} = \begin{bmatrix} y_1 \\ y_2 \\ y_3 \\ \vdots \\ y_m \end{bmatrix}$，其中，$n > m$，即映射的矩阵 $\boldsymbol{A}_{m\times n}$ 是一个列数大于行数的“矮胖”矩阵。

下面举一个实例来说明问题：假设矩阵 $\boldsymbol{A}$ 是一个 2×3 的“矮胖”矩阵，那么在前文中讨论过，如果矩阵 $\boldsymbol{A}$ 的 3 个列向量共面但不共线，则该矩阵能将一个 R^3 空间压缩成一个二维平面；如果这 3 个列向量都满足共线的条件，则经过矩阵的映射作用最终将 R^3 空间压缩成一条直线。

这个映射过程的本质是将向量 $\boldsymbol{x}$ 所在的三维空间 R^3，映射到向量 $\boldsymbol{y}$ 所在的二维空间（或者甚至是一维的空间）中，对应了压缩扁平化的操作。仔细想想生活中的“压扁了”这个概念：一个纸盒子被一巴掌拍成了一张纸，也就是说，在这个过程中会有多个向量 $\boldsymbol{x}$ 会被转移到同一个向量 $\boldsymbol{y}$ 上去。

下面用一个实例来具体描述一下压缩这个过程，还是用 2.1 节中的矩阵：$\boldsymbol{A}=\begin{bmatrix}1&1&0\\1&0&1\end{bmatrix}$。在这里，我们聚焦的是映射后目标空间中的零向量 $\boldsymbol{y}=\begin{bmatrix}0\\0\end{bmatrix}$，看看原始空间中会有多少个向量被映射到那里去。换句话说，我们的目标就是去寻找所有满足 $\boldsymbol{Ax}=\begin{bmatrix}1&1&0\\1&0&1\end{bmatrix}\begin{bmatrix}x_1\\x_2\\x_3\end{bmatrix}=\begin{bmatrix}0\\0\end{bmatrix}$ 等式成立的向量 $\boldsymbol{x}$。

展开得到：

$$\begin{cases}x_1+x_2=0\\x_1+x_3=0\end{cases}$$

对等式简单进行处理后发现：在原始空间 R^3 当中，各成分满足 $x_2=x_3=-x_1$ 的向量（记作 $c\begin{bmatrix}-1\\1\\1\end{bmatrix}$，$c$ 取任意实数），经过矩阵 $\boldsymbol{A}$ 的映射作用，都能映射到目标空间中的零向量 $\begin{bmatrix}0\\0\end{bmatrix}$ 上。从通式 $c\begin{bmatrix}-1\\1\\1\end{bmatrix}$ 中可以显而易见的是，原始空间中满足这个条件的向量有无穷多个。

如图 2.6 所示，所有满足条件的向量都分布在一条直线上。

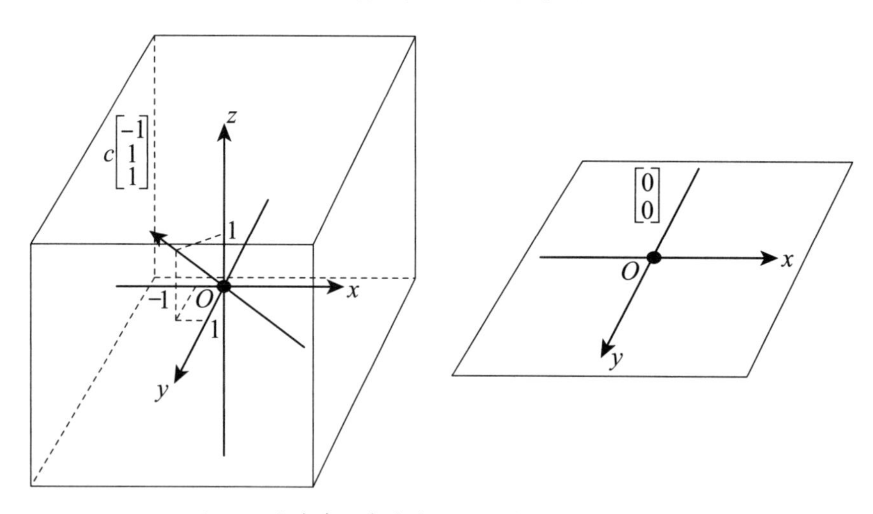

图 2.6　分布在一条直线上的向量被压缩为一个点

在图 2.6 中揭示了一个现象：已知映射后在二维目标空间中的向量 $\boldsymbol{y}$，想要寻找原始空间中的向量 $\boldsymbol{x}$ 在哪里是无法判断出来的。

在图 2.6 中可以看出，目标空间中的零向量，其对应在原始空间中的向量 $\boldsymbol{x}$ 可以是直线上的任意一点，但是具体是哪一个点不确定。这是因为在映射过程中空间被矩阵 $\boldsymbol{A}$ 给压缩了，换句话说，一些信息在这个压缩映射的过程中丢失了，套用一句网络用语——我们再也回不去了。所以这种形态的矩阵 $\boldsymbol{A}$ 所表示的映射是不存在逆映射的，矩阵 $\boldsymbol{A}$ 也没有相对应的逆矩阵。

2.2.4 零空间的概念

由此引出一个新的概念：对于给定的矩阵 $\boldsymbol{A}$，在映射的作用下满足等式 $\boldsymbol{Ax} = \boldsymbol{0}$ 成立的向量 $\boldsymbol{x}$ 的集合，称为矩阵 $\boldsymbol{A}$ 零空间，记作 $N(\boldsymbol{A})$。在上面的例子中，满足等式 $\boldsymbol{Ax} = \boldsymbol{0}$ 成立的向量 $\boldsymbol{x}$ 分布在一条直线上，因此可以得出该矩阵 $\boldsymbol{A}$ 的零空间 $N(\boldsymbol{A})$ 的维度是一维的。

而对比来看，如果一个矩阵 $\boldsymbol{A}$ 存在逆映射，则意味着其映射后的点是要能被唯一还原的，因此显然矩阵 $\boldsymbol{A}$ 的零空间 $N(\boldsymbol{A})$ 对应的不能是一维直线或一个二维平面，而只能是一个点，也就是原始空间中的零向量。即如果一个矩阵满足可逆，则其零空间 $N(\boldsymbol{A})$ 必须是零维的。

2.2.5 “高瘦”矩阵不存在逆映射：目标空间无法全覆盖

“矮胖”矩阵在映射的过程中，压缩了空间维度，丢失了信息，因此这个映射可谓是“再也回不去了”。那么，如果映射的结果向量 $\boldsymbol{y}$ 的维度大于原始空间向量 $\boldsymbol{x}$ 的维度，如在矩阵$\begin{bmatrix}1 & 0\\0 & 1\\0 & -1\end{bmatrix}$的作用下，将一个二维向量映射成了一个三维向量，又是一个什么样的情况呢？

从表面上来看，似乎没有压缩空间，反而是把一个二维向量扩充成了三维向量，看上去信息量应该是更大了。从直观上来看，目标空间中的向量肯定能够逆映射回原始空间，并找到出发点。实际上这一定能做到吗？并不能，因为我们是把二维空间映射到了一个三维空间中，而仅凭二维空间所携带的信息量就想把三维空间全部覆盖，那是不可能的，最终的映射效果如图 2.7 所示。

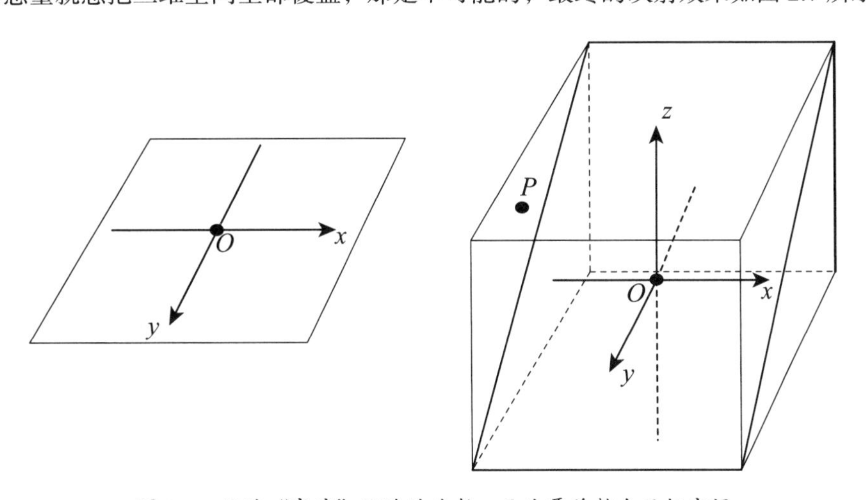

图 2.7 经过“高瘦”矩阵的映射，无法覆盖整个目标空间

从表面的维度数字上看，之前的一个二维空间被映射到了三维空间中，但实际上我们发现，映射后的最终结果实质上是一个穿过原点并且“倾斜”地搭在三维空间中的一个面，它由三维向量构成，但是它是二维的平面。那么，可以很明显看出，位于这个二维平面外的任意一点，都无法找到原始空间中对应的出发点，因此“高瘦”矩阵的逆映射自然也是不存在的。

2.2.6 列空间的概念

从上面这个例子中，我们又引出了一个空间的概念，称为矩阵的列空间。一个原始空间经过矩阵 $\boldsymbol{A}$ 的映射得到的对应空间，本质上就是该矩阵各列所有线性组合的结果集合，将其称为矩阵 $\boldsymbol{A}$ 的列空间 $C(\boldsymbol{A})$。

在这个 3×2 的矩阵$\boldsymbol{A}=\begin{bmatrix}1 & 0\\0 & 1\\0 & -1\end{bmatrix}$的实例中，映射后得到的目标空间是三维的 R^3 空间，而列空间则是 R^3 空间中“斜搭”着的一个二维平面。

2.2.7 方阵：逆映射存在的必要但不充分条件

从 2.2.3 节和 2.2.5 节中可以得出结论，“矮胖”矩阵和“高瘦”矩阵所表示的映射，肯定是不存在逆映射的。逆映射存在的前提条件是矩阵必须是一个方阵。

假设有一个三阶方阵 $\boldsymbol{A}$，矩阵 $\boldsymbol{A}$ 的映射过程被描述成等式 $\boldsymbol{Ax}=\boldsymbol{y}$，映射后向量 $\boldsymbol{y}$ 的分布就是矩阵 $\boldsymbol{A}$ 的列空间。当方阵 $\boldsymbol{A}$ 的 3 个列向量线性相关时，矩阵 $\boldsymbol{A}$ 的列空间就是“斜搭”在 R^3 空间中的一个平面或斜穿过 R^3 空间中的一条直线。从逆矩阵存在性的角度而言，这种情形其实并不理想，因为它结合了“矮胖”矩阵和“高瘦”矩阵的缺点，下面重点分析一下列空间是二维平面的情况。

当三阶方阵 $\boldsymbol{A}$ 的 3 个列向量共面而不共线时，矩阵 $\boldsymbol{A}$ 的秩为 2。矩阵 $\boldsymbol{A}$ 的列空间是一个“斜搭”在目标空间 R^3 中的二维平面，如图 2.8 所示。此时，位于这个二维平面列空间中的向量，对应于原始空间中的向量有无数多个。我们还是聚焦目标空间中的零向量，这个最能说明问题。原始空间中满足 $\boldsymbol{Ax}=\boldsymbol{0}$ 映射关系的所有 $\boldsymbol{x}$ 向量分布在一条一维直线上，从这个角度来说，逆映射就不存在。

因为矩阵 $\boldsymbol{A}$ 是一个三阶方阵，其目标空间是一个三维的 R^3 空间，但是它的列空间只是其中的一个二维平面，那么位于目标空间中却在列空间之外的点（如向量 $\boldsymbol{p}$），就无法在原始空间中找到一个可以映射过来的对应点。从这个角度来说，矩阵 $\boldsymbol{A}$ 对应的逆映射同样不存在。

如果矩阵 $\boldsymbol{A}$ 的列空间是一条直线，分析方法和分类情形也是类似的，这里就不具体展开了。

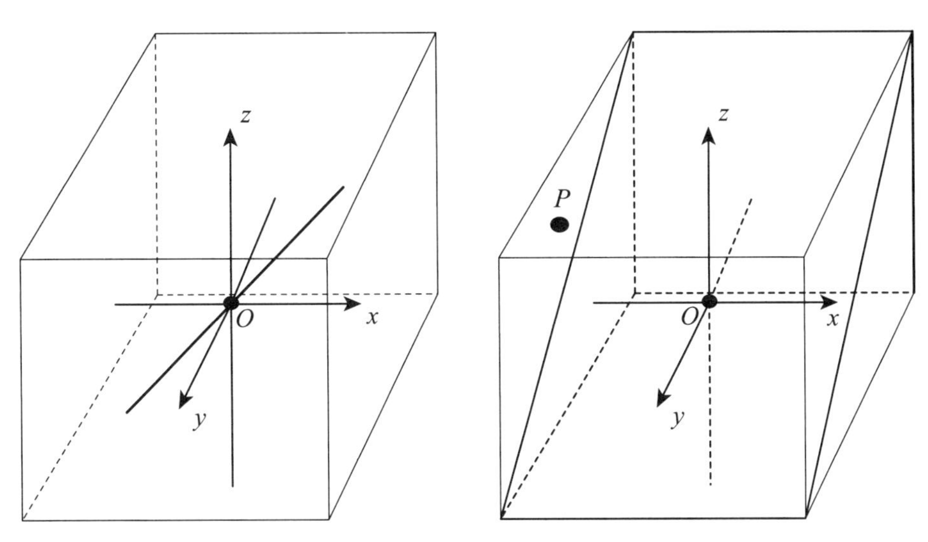

图 2.8　列向量线性相关的方阵也不存在逆映射

2.2.8　逆矩阵存在的条件

上面所有的这些例子都在反复告诉我们一个事实：逆矩阵存在的前提条件是要保证矩阵是一个方阵，但所举实例说明，不一定所有方阵都存在逆矩阵。那么问题来了：什么样的方阵才会有逆矩阵和逆映射呢？

下面介绍一下逆矩阵存在的条件。

回顾刚才所举例子，在一个三阶方阵 $\boldsymbol{A}$ 的映射作用下，一个三维空间 R^3 被压缩成了一个平面。其中的物理意义便是：把原始空间中不同的向量 $\boldsymbol{x}$ 和 $\boldsymbol{x}'$ 通过矩阵 $\boldsymbol{A}$ 的作用，映射到目标空间中相同的目标向量 $\boldsymbol{y}$。

拓展到一般情境下，用数学语言来描述这个过程，即$\boldsymbol{x}=\begin{bmatrix}x_1\\x_2\\x_3\\\vdots\\x_n\end{bmatrix}$，$\boldsymbol{x}'=\begin{bmatrix}x_1'\\x_2'\\x_3'\\\vdots\\x_n'\end{bmatrix}$，$\boldsymbol{A}=[\boldsymbol{a}_1\quad\boldsymbol{a}_2\quad\boldsymbol{a}_3\quad\cdots\quad\boldsymbol{a}_n]$，其中，$\boldsymbol{a}_i$ 是列向量。那么就有：$\boldsymbol{Ax}=\boldsymbol{Ax}'$，展开来看就是：

$$[\boldsymbol{a}_1\quad\boldsymbol{a}_2\quad\boldsymbol{a}_3\quad\cdots\quad\boldsymbol{a}_n]\begin{bmatrix}x_1\\x_2\\x_3\\\vdots\\x_n\end{bmatrix}=[\boldsymbol{a}_1\quad\boldsymbol{a}_2\quad\boldsymbol{a}_3\quad\cdots\quad\boldsymbol{a}_n]\begin{bmatrix}x_1'\\x_2'\\x_3'\\\vdots\\x_n'\end{bmatrix}$$

利用矩阵乘法的运算法则进行进一步的展开，会发现：

$$x_1\boldsymbol{a}_1+x_2\boldsymbol{a}_2+x_3\boldsymbol{a}_3+\cdots+x_n\boldsymbol{a}_n=x_1'\boldsymbol{a}_1+x_2'\boldsymbol{a}_2+x_3'\boldsymbol{a}_3+\cdots+x_n'\boldsymbol{a}_n$$

$$\Downarrow$$

$$(x_1-x_1')\boldsymbol{a}_1+(x_2-x_2')\boldsymbol{a}_2+(x_3-x_3')\boldsymbol{a}_3+\cdots+(x_n-x_n')\boldsymbol{a}_n=0$$

$$\Downarrow$$

$$u_1\boldsymbol{a}_1+u_2\boldsymbol{a}_2+u_3\boldsymbol{a}_3+\cdots+u_n\boldsymbol{a}_n=0$$

由于之前约定了向量 $\boldsymbol{x}$ 和向量 $\boldsymbol{x}'$ 是两个不同的向量，即 $\boldsymbol{x}$ 和 $\boldsymbol{x}'$ 的各个坐标不能完全相等，换句话说，就是 $[u_1\ \ u_2\ \ u_3\ \ \cdots\ \ u_n]\neq 0$ 成立。而与此同时，在此情况下仍然可以使得等式 $u_1\boldsymbol{a}_1+u_2\boldsymbol{a}_2+u_3\boldsymbol{a}_3+\cdots+u_n\boldsymbol{a}_n=0$ 成立。于是，通过移项，则有：

$$u_1\boldsymbol{a}_1=-u_2\boldsymbol{a}_2-u_3\boldsymbol{a}_3-\cdots-u_n\boldsymbol{a}_n$$

即

$$\boldsymbol{a}_1=r_2\boldsymbol{a}_2+r_3\boldsymbol{a}_3+\cdots+r_n\boldsymbol{a}_n$$

此时，矩阵 $\boldsymbol{A}$ 的列向量 $\boldsymbol{a}_1$ 是可以用其余的各列 $\boldsymbol{a}_2,\boldsymbol{a}_3,\cdots,\boldsymbol{a}_n$ 的线性组合来进行表示的，换句话说，$\boldsymbol{a}_1$ 存在于 $\boldsymbol{a}_2,\boldsymbol{a}_3,\cdots,\boldsymbol{a}_n$ 这一组向量所张成的 $n-1$ 维空间中。

回忆我们之前所讲的内容可知，矩阵与向量的乘法本质上是一种映射，矩阵 $\boldsymbol{A}$ 的各个列向量 $[\boldsymbol{a}_1\ \ \boldsymbol{a}_2\ \ \boldsymbol{a}_3\ \ \cdots\ \ \boldsymbol{a}_n]$ 就是原向量 $\boldsymbol{x}$ 的 n 个基向量 $\boldsymbol{e}_1=\begin{bmatrix}1\\0\\0\\\vdots\\0\end{bmatrix}$，$\boldsymbol{e}_2=\begin{bmatrix}0\\1\\0\\\vdots\\0\end{bmatrix}$，$\boldsymbol{e}_3=\begin{bmatrix}0\\0\\1\\\vdots\\0\end{bmatrix}$，$\cdots$，$\boldsymbol{e}_n=\begin{bmatrix}0\\0\\0\\\vdots\\1\end{bmatrix}$ 的最终映射目标。

如果原来的 n 个基向量经过映射后形成的 n 个目标向量中，其中的某一个向量可以用其他 $n-1$ 个线性无关的向量进行组合和表示，那么这 n 个目标向量本质上只能表示 $n-1$ 维空间（这 n 个目标向量已经不具备构成基底的条件了）。也就是说，经过矩阵 $\boldsymbol{A}$ 的映射，构成 n 维空间的基底被映射成了仅能张成 $n-1$ 维空间的目标向量，所能表示的空间就因此被压缩扁平化了。

综上所述，在映射方阵 $\boldsymbol{A}$ 中，如果某个列向量 $\boldsymbol{a}_i$ 可以写成其他列向量的线性组合，即 $\boldsymbol{a}_i=r_1\boldsymbol{a}_1+r_2\boldsymbol{a}_2+\cdots+r_n\boldsymbol{a}_n$，那么对应的矩阵映射一定是空间压缩的映射，一定不存在逆矩阵。

2.2.9 终极结论

综上所述，如果方阵 $\boldsymbol{A}$ 的列向量彼此之间线性相关，则该矩阵 $\boldsymbol{A}$ 对应着空间压缩的映射；反之，如果矩阵 $\boldsymbol{A}$ 的各个列向量线性无关，则映射时空间不会被压缩，即矩阵 $\boldsymbol{A}$ 有逆矩阵存在。

逆矩阵存在的条件有以下几方面。

首先，矩阵必须是一个方阵，否则目标空间中的向量要么对应多个原始空间中的向量，要么找不到原始空间中的向量。换句话说，在 $\boldsymbol{y}=\boldsymbol{A}\boldsymbol{x}$ 的映射中，对应在原始空间中的向量 $\boldsymbol{x}$ 的存在性和唯一性至少有一个被破坏了。

其次，在矩阵 $\boldsymbol{A}$ 是 n 阶方阵的前提条件下，以下的任意一个条件都与矩阵满足可逆性等价。

（1）矩阵 $\boldsymbol{A}$ 的零空间的维数为 0，或者列空间的维数为 n。

（2）列向量 $\boldsymbol{a}_1, \boldsymbol{a}_2, \boldsymbol{a}_3, \cdots, \boldsymbol{a}_n$ 满足线性无关。

2.2.10 利用 Python 语言求解逆矩阵

下面我们利用 Python 语言来求解逆矩阵。

当逆矩阵存在时，求出它的逆矩阵，然后进行验证，将原矩阵和逆矩阵相乘，可以得到单位矩阵，即证明运算结果的正确性。

代码如下：

```
import numpy as np
from scipy import linalg
A = np.array([[1, 35, 0],
              [0, 2, 3],
              [0, 0, 4]])
A_n = linalg.inv(A)
print(A_n)
print(np.dot(A, A_n))
```

运行结果：

```
[[ 1. -17.5   13.125]
 [ 0.   0.5   -0.375]
 [ 0.   0.     0.25 ]]
[[ 1. 0. 0.]
 [ 0. 1. 0.]
 [ 0. 0. 1.]]
```

对应地，换一个不可逆的矩阵来试一试。下面的矩阵中$\boldsymbol{B}=\begin{bmatrix}1&0&2\\0&1&3\\1&1&5\end{bmatrix}$，矩阵的各列向量线性相关，满足$\begin{bmatrix}2\\3\\5\end{bmatrix}=2\begin{bmatrix}1\\0\\1\end{bmatrix}+3\begin{bmatrix}0\\1\\1\end{bmatrix}$。

代码如下：

```
import numpy as np
from scipy import linalg
B = np.array([[1, 0, 2],
              [0, 1, 3],
              [1, 1, 5]])
B_n = linalg.inv(B)
print(B_n)
```

运行结果：

```
C:\Python34\python.exe E:/ 源代码 / 第 2 章 /2-3.py
Traceback (most recent call last):
  File "E:/ 源代码 / 第 2 章 /2-3.py", line 6, in <module>
    B_n = linalg.inv(B)
  File "C:\Python34\lib\site-packages\scipy\linalg\basic.py", line 976, in inv
    raise LinAlgError("singular matrix")
numpy.linalg.linalg.LinAlgError: singular matrix
```

可以看出程序报错了，信息显示这是一个奇异矩阵（不可逆矩阵也被称为奇异矩阵），即它是不可逆的。

因此，可以用这个方法去判断一个矩阵是否可逆，并在可逆的前提下去求取其逆矩阵。

2.3 向量空间和子空间

前文在讨论矩阵和逆矩阵的过程中，常常会反复提到空间这个重要的概念。空间对于我们而言似乎是一个很熟悉、但又说不太清的概念。那么从向量的维度来看，到底什么是空间？构成空间的条件是什么？有哪些具有特殊性质的重要空间？这些重要的问题接踵而来，需要我们来一一化解。

为了更好地理解空间的概念，本节将专门讨论向量空间和子空间的问题，明确它们的概念，并且重点介绍矩阵中的 4 个重要子空间：列空间、行空间、零空间和左零空间；然后通过空间维度和秩的计算，将这 4 个空间紧密地串联在一起。本节的概念非常重要，值得读者反复揣摩和体会。

2.3.1 向量空间

首先直观地来看：前面我们反复见到的 R^n 就是一种向量空间，如 R^1，R^2，R^3，R^4 等，R^n 空间由所有含有 n 个成分的列向量构成。例如，我们所说的 R^3 空间就包含了所有含有 3 个成分的列向量 $\begin{bmatrix} x_1 \\ x_2 \\ x_3 \end{bmatrix}$，因此 R^3 空间也称为三维空间。

其实，向量空间不仅仅局限于 R^n，当然这里只讨论狭义上的向量空间（不讨论广义的空间，如矩阵、函数空间等或扩展到复数域上的复杂情况），那么针对一个向量集合 V，如果任取 V 中的两个向量 $\boldsymbol{u}$ 和 $\boldsymbol{v}$，只要满足以下两个条件，那么，这个向量集合 V 就构成了一个向量空间。

（1）$\boldsymbol{u}+\boldsymbol{v}$ 仍然存在于 V 中。

（2）任取标量 c，满足 $c\boldsymbol{u}$ 仍然也在 V 中。

2.3.2 延伸到子空间

下面介绍这个向量空间的描述方法与 R^n 向量空间的区别。向量空间 R^3 必须包含所有的三维向量 $\begin{bmatrix} x_1 \\ x_2 \\ x_3 \end{bmatrix}$，但是，针对另外一种前面常提到的空间—— 一个“斜搭”在三维空间中并经过空间中原点的平面，其组成成分仍然是三维向量，但是它显然不包含所有的三维向量，因此这个平面就不能说是 R^3 空间，但是它是一个向量空间吗？

对照定义来看，由于这个平面可以由平面上两个不共线的向量 $\boldsymbol{u}$ 和 $\boldsymbol{v}$ 的线性组合来进行表示，即 $c\boldsymbol{u} + d\boldsymbol{v}$ 可以表示平面上的任意向量，从向量加法的角度进行考量：等式 $(c_1\boldsymbol{u} + d_1\boldsymbol{v}) + (c_2\boldsymbol{u} + d_2\boldsymbol{v}) = (c_1 + c_2)\boldsymbol{u} + (d_1 + d_2)\boldsymbol{v}$ 最终得到的结果仍然是向量 $\boldsymbol{u}$ 和向量 $\boldsymbol{v}$ 的线性组合形式，因此由张成空间的概念可知，向量加法得到的结果仍然在这个平面上。

标量乘法运算更为简单，等式 $c_1(c_2\boldsymbol{u} + d_2\boldsymbol{v}) = (c_1c_2)\boldsymbol{u} + (c_1d_2)\boldsymbol{v}$ 的运算结果最终同样表示为向量 $\boldsymbol{u}$ 和向量 $\boldsymbol{v}$ 的线性组合，因此得到的结果也在这个平面上。

那么由定义可知，穿过零点的平面也是一个向量空间。我们引出一个新的概念，这个穿过 R^3 空间零点的平面是 R^3 空间的一个子空间。

说到子空间，其实可以用子集与集合的关系来类比子空间和向量空间的关系。如果一个向量空间 U，他的子集 V 也是一个向量空间（满足向量加法和标量乘法的性质要求），那么 V 是 U 的子空间。

因此，一个 R^3 空间的子空间有 4 种形式：R^3 空间自身、R^3 空间中过原点的平面、R^3 空间中过原点的直线和零向量自身。

这里必须强调一个事实：一个向量空间的任意子空间都必须包含零向量。原因很简单，因为子空间也是向量空间，向量空间必须满足标量乘法的封闭性，即空间中的向量 $\boldsymbol{v}$ 乘以一个标量 c，其结果 $c\boldsymbol{v}$ 仍然必须在该空间中，当 $c=0$ 时，标量乘法的运算结果就是零向量，因此任意一个子空间都必须包含零向量。

所以向量空间可以定义为：一个向量空间是一个满足上述条件的向量集和向量加法、实数标量乘法规则的总和。

接下来，我们来看一个 $m \times n$ 规模的矩阵 $\boldsymbol{A}$，以及这个矩阵中所蕴含的 4 个非常重要的子空间：列空间、零空间、行空间和左零空间。

2.3.3 列空间

我们在前面介绍过列空间的概念，对于这个矩阵 $\boldsymbol{A}$ 而言，它包含了 n 个 m 维的列向量，那么矩阵 $\boldsymbol{A}$ 的列空间就包含所有这 n 个 m 维列向量的线性组合。由于各列都在 R^m 空间中，并且列空间中任意两个向量的和及任意向量与任意标量的数量积依然都可以表示为列向量的线性组合的形式，因此意味着矩阵 $\boldsymbol{A}$ 的列空间 $C(\boldsymbol{A})$ 是一个向量空间，并且是 R^m 空间的子空间。

这里不再对列空间具体举例了，相信读者在前面的讨论中已经熟悉、理解了。需要注意的是，列空间对于线性方程组的重要意义如下。

对于任意一个线性方程组，都可以将其写成矩阵乘法的形式：$\boldsymbol{Ax} = \boldsymbol{b}$，只有当向量 $\boldsymbol{b}$（也就是解向量）可以写成矩阵 $\boldsymbol{A}$ 各列的线性组合形式时，才意味着这个方程组有解，即可以将 $\boldsymbol{b}$ 写作 $\boldsymbol{b} = x_1\boldsymbol{a}_1 + x_2\boldsymbol{a}_2 + x_3\boldsymbol{a}_3 + \cdots + x_n\boldsymbol{a}_n$ 的形式。

换句话说，对于线性方程组 $\boldsymbol{Ax} = \boldsymbol{b}$，当且仅当向量 $\boldsymbol{b}$ 在矩阵 $\boldsymbol{A}$ 的列空间中时，方程组才有解。至于说有几个解，或者说无解时又该如何处理？这个问题我们留在后面专门讲解。

2.3.4 零空间

我们在前面也介绍过零空间的概念，同样地，对于一个 $m \times n$ 规模的矩阵 $\boldsymbol{A}$ 而言，所有满足等式 $\boldsymbol{Ax} = \boldsymbol{0}$ 的向量 $\boldsymbol{x}$ 的集合，称为矩阵 $\boldsymbol{A}$ 的零空间，记作 $N(\boldsymbol{A})$。如果矩阵 $\boldsymbol{A}$ 的各列满足线性无关，那么向量 $\boldsymbol{x}$ 就只有零向量这个唯一解；如果矩阵 $\boldsymbol{A}$ 的各列线性相关，那么向量 $\boldsymbol{x}$ 就有非零解。

同样地，零空间是否满足向量空间的定义，首先是向量加法这一条，如果向量 $\boldsymbol{x}_1$ 和向量 $\boldsymbol{x}_2$ 都是零空间中的向量，即 $\boldsymbol{Ax}_1 = \boldsymbol{0}$，$\boldsymbol{Ax}_2 = \boldsymbol{0}$ 两个等式成立，那很显然就有 $\boldsymbol{Ax}_1 + \boldsymbol{Ax}_2 = \boldsymbol{0} \Rightarrow \boldsymbol{A}(\boldsymbol{x}_1 + \boldsymbol{x}_2) = \boldsymbol{0}$，因此两个向量的和也在零空间中，标量积就更简单了，从等式 $\boldsymbol{A}c\boldsymbol{x}_1 = c\,(\boldsymbol{Ax}_1) = \boldsymbol{0}$ 成立可以看出：标量积也在零空间中。

所以，依照定义来看，零空间也是一个向量空间，对于一个 $m \times n$ 规模的矩阵而言，它的零空间中的向量都是 n 维的，因此零空间是 R^n 空间中的一个子空间。

2.3.5 行空间

矩阵各列可以张成列空间，对应地也有一个行空间。

对于 $m \times n$ 规模的矩阵 $\boldsymbol{A}$，其行空间是由矩阵各行的向量所张成的空间，那么换个角度来看，矩阵 $\boldsymbol{A}$ 的行向量就是转置矩阵 $\boldsymbol{A}^{\mathrm{T}}$ 的列向量。因此不难发现，矩阵 $\boldsymbol{A}$ 的行空间就是转置矩阵 $\boldsymbol{A}^{\mathrm{T}}$ 的列空间，记作 $C(\boldsymbol{A}^{\mathrm{T}})$。矩阵 $\boldsymbol{A}$ 的行向量有 n 个成分，因此行空间是 R^n 空间的子空间，至于说行空间满足子空间成立条件的证明过程，这里不再详细叙述，读者把问题转化到转置矩阵列空间的证明问题即可。

2.3.6 左零空间

下面仍然从转置矩阵的角度切入去理解左零空间。对于 $m \times n$ 规模的矩阵 $\boldsymbol{A}$，其左零空间就是转置矩阵 $\boldsymbol{A}^{\mathrm{T}}$ 的零空间，即满足：$\boldsymbol{A}^{\mathrm{T}}\boldsymbol{x} = \boldsymbol{0}$ 等式成立的所有向量的集合，记作 $N(\boldsymbol{A}^{\mathrm{T}})$。

左零空间的相关性质也不难得到，它是 R^m 空间的子空间。

2.3.7 秩：连接起 4 个子空间

从上面的一系列定义中可以看出，$m \times n$ 规模的矩阵 $\boldsymbol{A}$ 派生出了 4 个子空间：列空间、零空间、行空间和左零空间。这 4 个子空间之间的重要关联是空间的维数关系。

1. 列空间与零空间

首先来看列空间 $C(\boldsymbol{A})$，利用之前讨论过的结论，该矩阵 $\boldsymbol{A}$ 的列空间 $C(\boldsymbol{A})$ 的维度就是矩阵 $\boldsymbol{A}$ 的秩 r。

然后再看零空间 $N(\boldsymbol{A})$，从几何意义上讲，零空间就是原始空间中通过矩阵 $\boldsymbol{A}$ 映射到目标空间原点的向量空间，这个原点依据定义也必须在列空间中。在这个 $m \times n$ 规模的矩阵映射作用下，整个零空间的维度 $\boldsymbol{x}$ 被压缩成了 0（即一个点的维度），那么可以由此引申出：原始空间中的 $\boldsymbol{x}$ 维区域变成了列空间中的一个零维点。因此经过矩阵的线性映射，前后的空间维数之差也为 $\boldsymbol{x}$，因为由矩阵 $\boldsymbol{A}$ 进行变换的原始空间是 n 维的，而映射后的列空间是 r 维的，两个空间的维数之差 $n-r$ 就是空间压缩的维数，则 $n-r$ 也就是零空间 $N(\boldsymbol{A})$ 的维数。

2. 列空间与行空间

在同一个矩阵中，其实不难发现一个现象：线性无关的行向量的个数其实和线性无关的列向量的个数是相等的。因此，可以得出结论：行空间 $C(\boldsymbol{A}^{\mathrm{T}})$ 的维数也等于矩阵的秩 r。

3. 行空间与左零空间

其实从几个空间的定义不难发现，矩阵 $\boldsymbol{A}$ 的行空间与左零空间就分别对应着转置矩阵 $\boldsymbol{A}^{\mathrm{T}}$ 的列空间与零空间。$C(\boldsymbol{A}^{\mathrm{T}})$ 的维度是 r，而转置矩阵 $\boldsymbol{A}^{\mathrm{T}}$ 对应的映射前原始空间的维度是 m，那么左零空间 $N(\boldsymbol{A}^{\mathrm{T}})$ 的维度就是 $m-r$。

从上面的分析中不难看出，$m \times n$ 规模的矩阵 $\boldsymbol{A}$，它的秩 r 就串起了其 4 个子空间的维数关系。

2.3.8 空间举例

下面来看一个具体的矩阵$\boldsymbol{A}=\begin{bmatrix}1 & 2 & 3 & 4 & 5\\0 & 0 & 0 & 1 & 2\\0 & 0 & 0 & 0 & 0\end{bmatrix}$，验证一下它的 4 个子空间。

首先寻找矩阵 $\boldsymbol{A}$ 的列空间，虽然矩阵 $\boldsymbol{A}$ 的列数为 5，但它们显然不全都是列空间的基向量，因为它们线性相关，我们去寻找其中线性无关的向量：线性无关的向量的个数为 2，所以矩阵的秩 $r=2$，列空间 $C(\boldsymbol{A})$ 的维数为 2，任选两个线性无关的向量$\begin{bmatrix}1\\0\\0\end{bmatrix}$和$\begin{bmatrix}4\\1\\0\end{bmatrix}$，它们的线性组合就构成了矩阵 $\boldsymbol{A}$ 的列空间。

零空间，依据定义需要找到满足 $\boldsymbol{Ax}=\mathbf{0}$ 成立的线性无关的所有解向量。$\begin{bmatrix}1&2&3&4&5\\0&0&0&1&2\\0&0&0&0&0\end{bmatrix}\begin{bmatrix}x_1\\x_2\\x_3\\x_4\\x_5\end{bmatrix}=\mathbf{0}$，从子空间的维数关系可知，零空间 $N(\boldsymbol{A})$ 的维度为 $m-r=5-2=3$，因此，按照这个思维，试着找到 3 个线性无关的向量：$\begin{bmatrix}-2\\1\\0\\0\\0\end{bmatrix}$，$\begin{bmatrix}-3\\0\\1\\0\\0\end{bmatrix}$，$\begin{bmatrix}3\\0\\0\\-2\\1\end{bmatrix}$，它们构成了零空间的一组基，因此零空间就可以用它们的线性组合来表示：$x_1\begin{bmatrix}-2\\1\\0\\0\\0\end{bmatrix}+x_2\begin{bmatrix}-3\\0\\1\\0\\0\end{bmatrix}+x_3\begin{bmatrix}3\\0\\0\\-2\\1\end{bmatrix}$。

行空间描述起来很简单，矩阵 $\boldsymbol{A}$ 有两个线性无关的行，就是第一行和第二行，它们构成了行空间的一组基。因此行空间的维度也是 2，行空间可以被表示为它们的线性组合，即 $x_1\begin{bmatrix}1\\2\\3\\4\\5\end{bmatrix}+x_2\begin{bmatrix}0\\0\\0\\1\\2\end{bmatrix}$。

再谈谈左零空间，按照定义左零空间就是转置矩阵 $\boldsymbol{A}^{\mathrm{T}}=\begin{bmatrix}1&0&0\\2&0&0\\3&0&0\\4&1&0\\5&2&0\end{bmatrix}$ 的零空间，满足等式 $\begin{bmatrix}1&0&0\\2&0&0\\3&0&0\\4&1&0\\5&2&0\end{bmatrix}\begin{bmatrix}x_1\\x_2\\x_3\end{bmatrix}=\mathbf{0}$ 成立，从子空间的维数定理分析可以得出：左零空间的维度为 $m-r=3-2=1$，因此，左零空间的维度为 1，构成基的向量个数为 1，可以选取 $\begin{bmatrix}0\\0\\1\end{bmatrix}$ 作为左零空间的基，左零空间可以表示为 $x\begin{bmatrix}0\\0\\1\end{bmatrix}$ 的形式。

从向量空间到子空间，然后再派生出某个具体矩阵 $\boldsymbol{A}$ 的 4 个重要的子空间，即列空间、零空间、行空间和左零空间。这是关于矩阵空间概念的一条完整的知识线索，而贯穿这条线索的关键环节就是空间的维度和矩阵的秩，这是空间概念的重中之重。

2.4 老树开新花，道破方程组的解

在本节中，将会涉及一个老生常谈的问题：线性方程组解的问题。谈到线性方程组，当然我们所关注的重点不会和中小学生一样，去具体求解某个方程组。而是会上升到一个更加抽象的层面，去关注线性方程组解的存在性问题。这一直以来都是一个非常重要的基础问题，即给定一个线性方程组，它到底是有解还是无解？是有唯一解还是有无数组解？这是任何一本线性代数教科书都无法回避的问题。

本节另辟蹊径，结合前面所讲述的原理知识，将线性方程组解的问题对应到空间映射的问题上来，从空间的角度去探索线性方程组解的决定因素，生动地剖析该问题的本质。同时我们将会举出实例，告诉读者如何利用 Python 语言去求解一个实际的线性方程组，快速便捷地获得它的解。

2.4.1 从空间映射的角度谈方程组

下面来系统地了解一下解方程组的问题。例如，解一个三元一次方程组，老师会告诉我们：如果有 3 个未知数，那么方程组中就需要有 3 个方程来对其进行求解，如果方程的个数不足 3 个，那么方程的解就不唯一；如果方程组的个数超过 3 个，方程组就可能无解。

这是一种非常浅显的理解方法。一方面，它的确说明了一些问题；但是从另一方面来看，实际上它描述并不完备、准确。

接下来就把解方程组的问题和前面反复讨论的空间映射问题结合起来进行思考，利用矩阵的工具来解方程组。首先，学习一下如何利用矩阵来描述一个线性方程组。

$$\begin{cases} a_{11}x_1 + a_{12}x_2 + a_{13}x_3 + \cdots + a_{1n}x_n = b_1 \\ a_{21}x_1 + a_{22}x_2 + a_{23}x_3 + \cdots + a_{2n}x_n = b_2 \\ a_{31}x_1 + a_{32}x_2 + a_{33}x_3 + \cdots + a_{3n}x_n = b_3 \\ \qquad\qquad\vdots \\ a_{m1}x_1 + a_{m2}x_2 + a_{m3}x_3 + \cdots + a_{mn}x_n = b_m \end{cases}$$

上面为一个 n 元的线性方程组，一共包括 m 个方程式。这是一个通用的表达方法，可以很容易地把它转化成一个矩阵乘法的表现形式，即

$$\begin{bmatrix} a_{11} & a_{12} & a_{13} & \cdots & a_{1n} \\ a_{21} & a_{22} & a_{23} & \cdots & a_{2n} \\ a_{31} & a_{32} & a_{33} & \cdots & a_{3n} \\ \vdots & \vdots & \vdots & \ddots & \vdots \\ a_{m1} & a_{m2} & a_{m3} & \cdots & a_{mn} \end{bmatrix} \begin{bmatrix} x_1 \\ x_2 \\ x_3 \\ \vdots \\ x_n \end{bmatrix} = \begin{bmatrix} b_1 \\ b_2 \\ b_3 \\ \vdots \\ b_m \end{bmatrix}$$

令

$$\boldsymbol{A} = \begin{bmatrix} a_{11} & a_{12} & a_{13} & \cdots & a_{1n} \\ a_{21} & a_{22} & a_{23} & \cdots & a_{2n} \\ a_{31} & a_{32} & a_{33} & \cdots & a_{3n} \\ \vdots & \vdots & \vdots & \ddots & \vdots \\ a_{m1} & a_{m2} & a_{m3} & \cdots & a_{mn} \end{bmatrix}, \quad \boldsymbol{x} = \begin{bmatrix} x_1 \\ x_2 \\ x_3 \\ \vdots \\ x_n \end{bmatrix}, \quad \boldsymbol{b} = \begin{bmatrix} b_1 \\ b_2 \\ b_3 \\ \vdots \\ b_m \end{bmatrix}$$

这样，就把线性方程组转换成了熟悉的矩阵乘法形式 $\boldsymbol{Ax} = \boldsymbol{b}$。

通俗地讲，解方程组就是已知未知数的系数，也就是等号左侧的矩阵 $\boldsymbol{A}$ 和右侧的向量 $\boldsymbol{b}$，求解等号左侧的未知数，也就是向量 $\boldsymbol{x}$ 的过程。此时，解方程的问题就转化为了之前的空间映射问题：已知目标空间的向量 $\boldsymbol{b}$ 和描述空间映射的矩阵 $\boldsymbol{A}$，反过来去寻找位于原始空间中映射过来的向量 $\boldsymbol{x}$。

2.4.2 决定方程组解的个数的因素

如果方程组有解，满足等式 $\boldsymbol{Ax} = \boldsymbol{b}$ 成立，那么向量 $\boldsymbol{b}$ 就是矩阵 $\boldsymbol{A}$ 各列的某种线性组合。换句话说，只有向量 $\boldsymbol{b}$ 在矩阵 $\boldsymbol{A}$ 的列空间上，才能满足方程组有解。那么，矩阵的秩 r 就在里面扮演了至关重要的作用。下面就来分析一下矩阵的秩 r、行数 m 及列数 n 和方程组解个数的关系。

为了揭示问题的本质，我们再次回顾一下 r，m，n 3 个字母的几何内涵。r 是矩阵的秩，代表了矩阵列空间的维度，也就是映射后的向量集合所构成的子空间维度。m 是矩阵的行数，即映射后整个目标空间的维度。注意目标空间和映射后向量的构成空间之间的区别，后者是前者的一个子空间。n 是矩阵的列数，就是映射前原始空间的维数。

明确了这些，就对变量 r，m，n 分 4 种情况进行讨论。

1. $r = m = n$

这种情况描述的是一个方阵，而且是一个满秩方阵。这首先意味着原始空间和列空间维数是相等的，都是 R^r 空间，在该方阵映射的过程中不存在空间的压缩；同时，目标空间和列空间等维，也都是 R^r 空间，意味着目标空间 R^m（其实也就是 R^r，因为 $m = r$）中的任意一个向量都在矩阵 $\boldsymbol{A}$ 的列空间上，因此在这种情况下，方程组一定有解，且仅有唯一解。

在等式的推导过程中，由于满秩方阵 $\boldsymbol{A}$ 可逆，因此对方程组 $\boldsymbol{Ax} = \boldsymbol{b}$ 左右两侧同时乘以 $\boldsymbol{A}$ 的逆

矩阵 $\boldsymbol{A}^{-1}$，就能够一步得到解向量的表达式，即

$$\boldsymbol{Ax}=\boldsymbol{b}\Rightarrow \boldsymbol{A}^{-1}\boldsymbol{Ax}=\boldsymbol{A}^{-1}\boldsymbol{b}\Rightarrow \boldsymbol{x}=\boldsymbol{A}^{-1}\boldsymbol{b}$$

2. $r=m<n$

此时，我们不再只是拘泥于“矮胖”矩阵这个直观的理解层面，而是从空间维度的角度来分析。$r=m$ 意味着目标空间是一个 R^m 空间，而列空间和目标空间的维数相等，也是 R^m 空间，同样说明了目标空间中的所有向量都位于矩阵 $\boldsymbol{A}$ 的列空间上，因此，方程组一定有解。而由于同时存在 $r<n$ 的关系，意味着列空间的维度小于原始空间的维度，即在映射的过程中存在着空间的压缩。因此矩阵 $\boldsymbol{A}$ 是一个多对一的空间压缩矩阵，方程组有解，但是解有无数多个。

至于说方程组解的形态和表示方法，将会在后面进行详细讨论。

3. $r=n<m$

$r=n$ 的相等关系意味着，映射后的列空间和原始空间的维数是相等的，都是 n。如果在列空间上任意选择一个向量 $\boldsymbol{b}$，那么在原始空间中与之对应的解向量 $\boldsymbol{x}$ 是唯一的。但是请注意，由于存在 $r<m$ 的关系，意味着列空间的维度小于目标空间的维度，列空间仅仅是目标空间 R^m 的一个子空间，因此，如果在目标空间中挑选的向量 $\boldsymbol{b}$ 不在列空间上，那么方程就无解。因此在这种情况下，方程组要么无解，要么有唯一解，不同情形的判定原则就是向量 $\boldsymbol{b}$ 是否在矩阵 $\boldsymbol{A}$ 的列空间上。

4. $r<n$ 且 $r<m$

最后一种情况要稍复杂一些，一方面满足 $r<n$ 的关系，列空间的维度小于原始空间的维度，对应的就是空间压缩映射的情形，而与此同时，列空间的维度又小于目标空间，是目标空间 R^m 的子空间。因此，它集中了第二种情况和第三种情况的特点：可能存在无解的情况，但又可能存在无数个解的情况。这同样取决于向量 $\boldsymbol{b}$ 的存在位置，如果向量 $\boldsymbol{b}$ 位于矩阵 $\boldsymbol{A}$ 的列空间上，那么方程组就有无数个解；如果目标空间中的向量 $\boldsymbol{b}$ 位于列空间之外，则方程组无解。

这里举一个实例来说明一下，矩阵$\boldsymbol{A}=\begin{bmatrix}1 & 2\\ 2 & 4\\ 3 & 6\end{bmatrix}$，由于矩阵 $\boldsymbol{A}$ 的两个列向量满足线性相关的关系，因此 $r=1$，同时 $m=3$，$n=2$，因此，原始空间是一个 R^2 平面，目标空间是一个 R^3 空间，列空间是一个一维直线。如图 2.9 所示，如果向量 $\boldsymbol{b}$ 在矩阵 $\boldsymbol{A}$ 列空间对应的那条直线上，则方程组有无数组解；如果分布在直线外，则方程组无解。

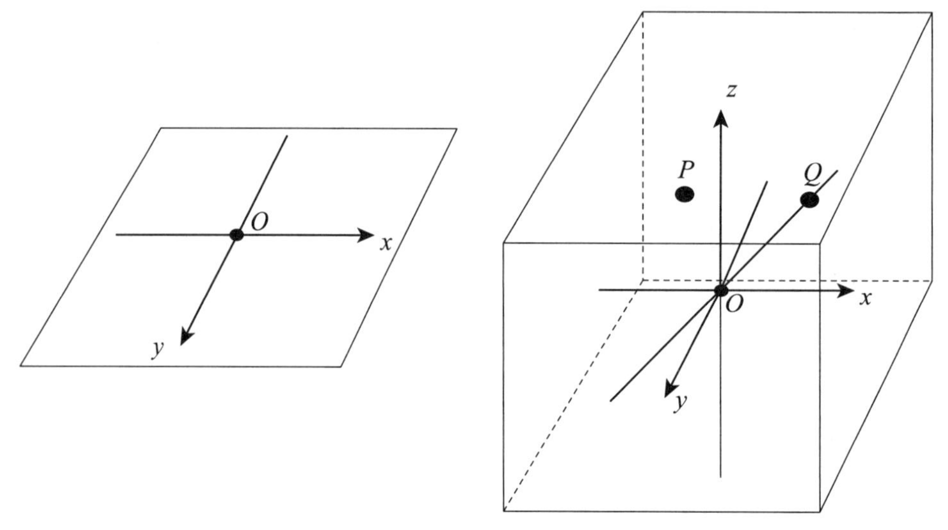

图 2.9　$r < m$ 且 $r < n$ 的情况

2.4.3　从空间的角度理解：解的表达方式

当方程组有唯一解时，它的解就是一个向量$\boldsymbol{x} = \begin{bmatrix} x_1 \\ x_2 \\ x_3 \\ \vdots \\ x_n \end{bmatrix}$，这是方程组解的唯一表达方式。

但是，如果方程组有无数组解，显然我们无法将其全部罗列出来，具体应该如何表达呢？我们还是从解的集合意义出发来仔细分析。

当方程组有无数个解时，实质上所有的解向量 $\boldsymbol{x}$ 就构成了一个解的空间。我们的目标就是要找到这个解空间的描述方式，具体思路如下。

首先，任意找一个满足方程组的解，也就是解空间中的一个任意点，称其为特殊解：$\boldsymbol{x}_p$，显然此时满足 $\boldsymbol{A}\boldsymbol{x}_p = \boldsymbol{b}$。

然后，采取一种间接的方式，转而去考虑矩阵 $\boldsymbol{A}$ 的零空间。根据定义可知，零空间中的任意点 $\boldsymbol{x}_s$ 都必须满足 $\boldsymbol{A}\boldsymbol{x}_s = \boldsymbol{0}$ 成立，那么，将其与特解 $\boldsymbol{x}_p$ 的表达式进行合并，此时就有 $\boldsymbol{A}\boldsymbol{x}_p + \boldsymbol{A}\boldsymbol{x}_s = \boldsymbol{b} + \boldsymbol{0} \Rightarrow \boldsymbol{A}(\boldsymbol{x}_p + \boldsymbol{x}_s) = \boldsymbol{b}$。

这个表达式很重要，意味着解空间中任意一个解向量与零空间中任意一个向量相加的结果也是解向量，用向量相加的几何意义来描述就是：零空间中的某个向量沿着这个特解向量 $\boldsymbol{x}_p$ 进行移动，移动后的结果即是另外一个解向量。以此类推，可以得出的是，如果将整个零空间沿着这个特殊解向量 $\boldsymbol{x}_p$ 进行移动，其最终的结果就是我们要找的解空间。

因此，随即我们需要转而去寻找零空间的描述方式，那么这时我们就回到了之前的思路上去了，即找到零空间的一组基 $\boldsymbol{e}_1, \boldsymbol{e}_2, \cdots, \boldsymbol{e}_{m-r}$，利用这组基的线性组合去描述我们要找的零空间 $\boldsymbol{x}_n = c_1\boldsymbol{e}_1 + c_2\boldsymbol{e}_2 + \cdots + c_{m-r}\boldsymbol{e}_{m-r}$。

最后，将零空间 $\boldsymbol{x}_n$ 沿着方程组的特解 $\boldsymbol{x}_p$ 进行移动，得到了最终方程组解的表达式：$\boldsymbol{x} = \boldsymbol{x}_p + \boldsymbol{x}_n = \boldsymbol{x}_p + c_1\boldsymbol{e}_1 + c_2\boldsymbol{e}_2 + \cdots + c_{m-r}\boldsymbol{e}_{m-r}$，目标达成。

需要补充说明的是，当矩阵 $\boldsymbol{A}$ 是一个满秩方阵时，依据定义它的零空间就是一个唯一的零向量，因此从侧面说明了方程组只有唯一解的原因，这样就可以把唯一解作为方程组无数种解的一种特殊情况来看待了。

2.4.4 实例说明

下面举一个实例，实践一下上面描述的思路：

$$\begin{cases} x_1 + 2x_2 + 3x_3 + 4x_4 = 6 \\ x_1 + 3x_2 + 5x_3 + 7x_4 = 8 \end{cases}$$

将其转化为矩阵相乘的形式：

$$\begin{bmatrix} 1 & 2 & 3 & 4 \\ 1 & 3 & 5 & 7 \end{bmatrix} \begin{bmatrix} x_1 \\ x_2 \\ x_3 \\ x_4 \end{bmatrix} = \begin{bmatrix} 6 \\ 8 \end{bmatrix}$$

从系数矩阵 $\boldsymbol{A} = \begin{bmatrix} 1 & 2 & 3 & 4 \\ 1 & 3 & 5 & 7 \end{bmatrix}$ 可以得出，$r = 2$，$m = 2$，$n = 4$，这属于 $r = m < n$ 的情况，因此这个方程有无数个解。按照之前介绍过的解题步骤，先来找出一个满足方程组成立的特殊解 $\boldsymbol{x}_p$：为了简单起见，直接令 $x_3 = x_4 = 0$，这样就很容易地求出了另外两个成分：$x_1 = 2$，$x_2 = 2$。因此就找到了一个特殊解 $\boldsymbol{x}_p = \begin{bmatrix} 2 \\ 2 \\ 0 \\ 0 \end{bmatrix}$。

接下来再来求一下零空间 $N(\boldsymbol{A})$ 的表达式，通过维数定理可以求出零空间的维度为 $n - r = 4 - 2 = 2$，因此只需找到满足 $\begin{bmatrix} 1 & 2 & 3 & 4 \\ 1 & 3 & 5 & 7 \end{bmatrix} \begin{bmatrix} x_1 \\ x_2 \\ x_3 \\ x_4 \end{bmatrix} = \begin{bmatrix} 0 \\ 0 \end{bmatrix}$ 成立的两个线性无关的解向量作为基向量即可。

对于方程 $\begin{bmatrix}1 & 2 & 3 & 4\\1 & 3 & 5 & 7\end{bmatrix}\begin{bmatrix}x_1\\x_2\\x_3\\x_4\end{bmatrix}=\begin{bmatrix}0\\0\end{bmatrix}$，求得两个线性无关的解向量 $\boldsymbol{e}_1=\begin{bmatrix}-1\\0\\3\\-2\end{bmatrix}$，$\boldsymbol{e}_2=\begin{bmatrix}-2\\3\\0\\-1\end{bmatrix}$。因此，零空间的表示方法为 $x_n=c_1\boldsymbol{e}_1+c_2\boldsymbol{e}_2=c_1\begin{bmatrix}-1\\0\\3\\-2\end{bmatrix}+c_2\begin{bmatrix}-2\\3\\0\\-1\end{bmatrix}$。

最后，通过合并特解 $\boldsymbol{x}_p$ 和零空间 $\boldsymbol{x}_n$，得到了方程组解空间的表达式为 $\boldsymbol{x}=\boldsymbol{x}_p+\boldsymbol{x}_n=\begin{bmatrix}2\\2\\0\\0\end{bmatrix}+c_1\begin{bmatrix}-1\\0\\3\\-2\end{bmatrix}+c_2\begin{bmatrix}-2\\3\\0\\-1\end{bmatrix}$。当然，表达式的写法往往各有不同，但实质上都对应着同一个空间。

2.4.5 利用 Python 语言求解线性方程组

下面利用 Python 语言来求解以下线性方程组的解。虽然我们在介绍方程组求解原理时，采用了很多的步骤，但如果用程序来解方程组的话，一行代码就能搞定。

$$\begin{cases}x_1+2x_2+3x_3=14\\x_1-x_2+4x_3=11\\2x_1+3x_2-x_3=5\end{cases}$$

代码如下：

```
import numpy as np
from scipy import linalg
A = np.array([[1, 2, 3],
              [1, -1, 4],
              [2, 3, -1]])
y = np.array([14, 11, 5])
x = linalg.solve(A, y)
print(x)
```

运行结果：

```
[ 1. 2. 3.]
```

通过利用 Python 语言对方程组进行求解，得到了方程组的解为 $x=\begin{bmatrix}1\\2\\3\end{bmatrix}$。

第 3 章

近似与拟合：真相最近处

在工作和生活中，我们常常发现并不是每一个问题都有一个精确的解，数学问题也存在这种情况。例如，我们之前讲过的线性方程组的问题，它可能有解，但也很有可能无解。又如，空间中的一组点，可能根本就无法找到一条直线精确地穿过它们。

此时，我们可能找不到事物的真相，但我们可以尽量让自己站在离真相最近的地方去观察这个问题。换句话说，就是去尽量寻找到问题的近似解。本章就从投影的概念入手，把这个有点哲学化意味的问题转换成一个几何模型和一组数学公式来讨论分析。通过对本章的学习，你会站在空间的维度上更深入地理解距离、近似这些抽象的概念，并且更深刻地了解最小二乘法的来龙去脉。也许你已经了解了这个方法，但是学习了本章，相信你会有新的收获和体验。

本章主要涉及的知识点

- **从投影的角度去理解和定义最近距离**
- **描述向直线和平面的投影过程**
- **介绍向 n 维子空间投影的通用方法**
- **介绍最小二乘法的原理**
- **运用最小二乘法解决无解方程组的近似解和线性拟合的实际问题**
- **运用施密特正交化的方法寻找任意空间的一组标准正交向量**

3.1 投影，寻找距离最近的向量

在第 2 章中学习了如何基于空间的概念去判断线性方程组解的存在性，以及具体如何求线性方程组的解。对于一个方程组而言，有解固然好，无解之时，我们该如何处理？其实，由于一些实际原因，无解的问题在实际工程中往往更为普遍。

直观来看，我们会想，既然没有精确解，那我们是不是应该去寻找距离目标最近的近似解？这个思考方向无疑是正确的。那么，空间中如何定义距离？又该怎么衡量最近？在本节中，我们会从最简单的一维直线入手，探讨对于空间中的任意目标点，如何在直线上寻找与之距离最近的点，并最终将问题和解决方法拓展到任意的 R^m 空间的子空间上。

3.1.1 两个需要近似处理的问题

下面先引入两个问题，作为近似与拟合专题的切入点。

第一个问题依然是关于线性方程组解的问题。

在 2.4 节中，我们从空间映射的角度入手，详细分析了线性方程组的解问题，阐述了在何种情况下有解，并且如何来描述整个解的空间。那么接下来，再来看看下面这个方程组：

$$\begin{cases} 2x+y=4 \\ x+2y=3 \\ x+4y=9 \end{cases}$$

在解这个方程组时，会发现这个方程组无解，无解的原因是因为向量$\begin{bmatrix} 4 \\ 3 \\ 9 \end{bmatrix}$不在矩阵$\begin{bmatrix} 2 & 1 \\ 1 & 2 \\ 1 & 4 \end{bmatrix}$的列空间中。但是，我们不能仅仅只停留在满足于无解这个基本结论中。

因为，在实际的工程领域中会经常出现这种情况，那么在没有精确解的情况下，又该如何尽可能地找到一组近似解$\begin{bmatrix} x \\ y \end{bmatrix}$，使方程组左侧得到的结果离右侧的目标尽可能距离最近？

第二个问题是关于直线拟合的问题。

我们知道，如果在平面上任取两个点，一定能够找到一条通过它们的直线。但是如果有 3 个点、4 个点甚至更多，还能保证一定能够找到一条直线同时穿过它们吗？

例如，在 R^2 平面上选取 3 个点，它们的坐标分别为 (0, 1)，(1, 4) 和 (2, 3)，试问能否找到一条直线同时通过这 3 个点？答案是不行。类比上面的第一个问题，当没有完全精确的解决方案时，能否退而求其次找到一个最接近的方案，即能否找到一条直线，距离这 3 个点的距离最近？

3.1.2 从投影的角度谈“最近”

在上面所提到的两个例子中，我们的确都没有办法获取准确的解。于是，我们退而求其次，希望能够找到距离结果最近的近似解来解决问题。那么，我们该如何定义和描述这个“距离最近”呢？

下面先来看这个问题：在空间当中有一条穿过原点的直线，并且这条直线沿着向量 $\boldsymbol{a}$ 的方向。在空间中还有一个点 b，不过它不在这条直线上，那么如何在这条直线上找到一个点，使得这个点距离点 b 最近？

解决方法是通过点 b 向已知直线作一条垂线，这样就能获得我们想要的最短距离，其中要寻找的点就是垂线与直线的交点，如图 3.1 所示。

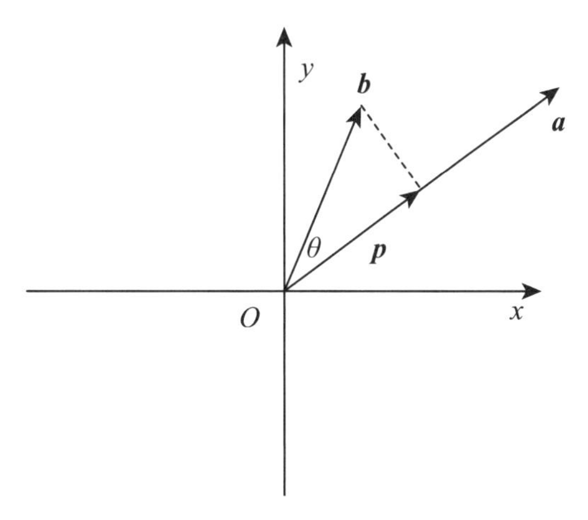

图 3.1　寻找距离直线最近的距离

从图 3.1 中可以发现，向量 $\boldsymbol{b}$ 和向量 $\boldsymbol{a}$ 的夹角是 θ，因此，通过点 b 到直线的最近距离可以表示为 $|\boldsymbol{b}|\sin\theta$。还需要注意到向量 $\boldsymbol{p}$，它是从原点出发到垂足的向量，是向量 $\boldsymbol{b}$ 在向量 $\boldsymbol{a}$ 上的投影。而对于向量 $\boldsymbol{e}=\boldsymbol{b}-\boldsymbol{p}$，我们称为误差向量，它的长度就是我们要寻找的最近距离。

当然，也可以用向量点积的方式得到投影向量 $\boldsymbol{p}$ 的长度，然后再进一步通过代数运算的方法得到向量 $\boldsymbol{p}$ 的坐标表示。但是，这里谈的是直线的情况，一维空间的计算是非常简单的，如果进一步对问题进行拓展，去讨论向量在二维平面、三维空间甚至是更高维空间中的投影问题，那么依靠这种方法就不太合适了。所以，在这里需要借助矩阵工具来描述这个投影的过程，即需要一种通用的计算方法。

3.1.3 利用矩阵描述向一维直线的投影

首先需要分析如何利用矩阵描述向量 $\boldsymbol{b}$ 向一条直线上进行投影的过程。如果将向量 $\boldsymbol{a}$ 作为这条直线的基向量，那么向量 $\boldsymbol{p}$ 就可以用向量 $\boldsymbol{a}$ 来进行表示，记作 $\boldsymbol{p}=\hat{x}\boldsymbol{a}$（$\hat{x}$ 是一个标量），接下来的目标就是去求取标量系数 $\hat{x}$、投影向量 $\boldsymbol{p}$ 和投影矩阵 $\boldsymbol{P}$。

在这里仍然需要牢牢地把握住一个核心要点，那就是误差向量 $\boldsymbol{e}$ 和基向量 $\boldsymbol{a}$ 之间的垂直关系，

因此就有等式 $\boldsymbol{a}\cdot\boldsymbol{e}=\mathbf{0}$ 成立，再进一步对其进行展开，得到下面的等式关系。

$$\boldsymbol{a}\cdot\boldsymbol{e}=\mathbf{0}\Rightarrow\boldsymbol{a}\cdot(\boldsymbol{b}-\boldsymbol{p})=\mathbf{0}\Rightarrow\boldsymbol{a}\cdot(\boldsymbol{b}-\hat{x}\boldsymbol{a})=\mathbf{0}$$

此时，再做一点简单的运算：

$$\boldsymbol{a}\cdot\boldsymbol{b}-\hat{x}\boldsymbol{a}\cdot\boldsymbol{a}=\mathbf{0}\Rightarrow\hat{x}=\frac{\boldsymbol{a}\cdot\boldsymbol{b}}{\boldsymbol{a}\cdot\boldsymbol{a}}$$

我们知道，$\boldsymbol{a}\cdot\boldsymbol{b}=\boldsymbol{a}^{\mathrm{T}}\boldsymbol{b}$，因此最终就求出了标量系数 $\hat{x}$ 的表达式为 $\hat{x}=\dfrac{\boldsymbol{a}^{\mathrm{T}}\boldsymbol{b}}{\boldsymbol{a}^{\mathrm{T}}\boldsymbol{a}}$。

投影向量也能够顺势得出：$\boldsymbol{p}=\hat{x}\boldsymbol{a}=\dfrac{\boldsymbol{a}^{\mathrm{T}}\boldsymbol{b}}{\boldsymbol{a}^{\mathrm{T}}\boldsymbol{a}}\boldsymbol{a}$。

最后，求将向量 $\boldsymbol{b}$ 变换到其投影向量 $\boldsymbol{p}$ 的投影变换矩阵 $\boldsymbol{P}$。这里有一个小技巧，由于 $\boldsymbol{p}=\hat{x}\boldsymbol{a}$ 是标量与向量的乘法，因此交换一下位置后的 $\boldsymbol{p}=\boldsymbol{a}\hat{x}$ 同样能够成立，于是就有了等式：$\boldsymbol{p}=\boldsymbol{a}\hat{x}=\boldsymbol{a}\dfrac{\boldsymbol{a}^{\mathrm{T}}\boldsymbol{b}}{\boldsymbol{a}^{\mathrm{T}}\boldsymbol{a}}=\dfrac{\boldsymbol{a}\boldsymbol{a}^{\mathrm{T}}}{\boldsymbol{a}^{\mathrm{T}}\boldsymbol{a}}\boldsymbol{b}$。

由此得到了投影矩阵 $\boldsymbol{P}=\dfrac{\boldsymbol{a}\boldsymbol{a}^{\mathrm{T}}}{\boldsymbol{a}^{\mathrm{T}}\boldsymbol{a}}$。

最终求得了这 3 个值：

$$\begin{cases}\hat{x}=\dfrac{\boldsymbol{a}^{\mathrm{T}}\boldsymbol{b}}{\boldsymbol{a}^{\mathrm{T}}\boldsymbol{a}}\\ \boldsymbol{p}=\dfrac{\boldsymbol{a}^{\mathrm{T}}\boldsymbol{b}}{\boldsymbol{a}^{\mathrm{T}}\boldsymbol{a}}\boldsymbol{a}\\ \boldsymbol{P}=\dfrac{\boldsymbol{a}\boldsymbol{a}^{\mathrm{T}}}{\boldsymbol{a}^{\mathrm{T}}\boldsymbol{a}}\end{cases}$$

下面举一个简单的一维直线投影例子来实际运用一下上面的公式。已知向量 $\boldsymbol{a}=\begin{bmatrix}1\\2\\3\end{bmatrix}$，利用公式来寻找向量 $\boldsymbol{b}=\begin{bmatrix}1\\1\\1\end{bmatrix}$ 在该向量上的投影向量 $\boldsymbol{p}$，以及任意向量在向量 $\boldsymbol{a}$ 上的投影矩阵 $\boldsymbol{P}$。

首先，求一下投影向量 $\boldsymbol{p}$，按照公式，整个计算过程非常容易：

$$\hat{x}=\frac{\boldsymbol{a}^{\mathrm{T}}\boldsymbol{b}}{\boldsymbol{a}^{\mathrm{T}}\boldsymbol{a}}=\frac{\begin{bmatrix}1&2&3\end{bmatrix}\begin{bmatrix}1\\1\\1\end{bmatrix}}{\begin{bmatrix}1&2&3\end{bmatrix}\begin{bmatrix}1\\2\\3\end{bmatrix}}=\frac{3}{7}$$

因此求取了向量 $\boldsymbol{p}$：

$$\boldsymbol{p}=\hat{x}\boldsymbol{a}=\frac{3}{7}\begin{bmatrix}1\\2\\3\end{bmatrix}$$

然后，求在向量 $\boldsymbol{a}$ 上投影的矩阵 $\boldsymbol{P}$：

直接代入公式可得：

$$\boldsymbol{P}=\frac{\boldsymbol{a}\boldsymbol{a}^{\mathrm{T}}}{\boldsymbol{a}^{\mathrm{T}}\boldsymbol{a}}=\frac{\begin{bmatrix}1\\2\\3\end{bmatrix}\begin{bmatrix}1&2&3\end{bmatrix}}{\begin{bmatrix}1&2&3\end{bmatrix}\begin{bmatrix}1\\2\\3\end{bmatrix}}=\frac{1}{14}\begin{bmatrix}1&2&3\\2&4&6\\3&6&9\end{bmatrix}$$

最后，对前后两次运算的结果进行检验：

$$\boldsymbol{p}=\boldsymbol{P}\boldsymbol{b}=\frac{1}{14}\begin{bmatrix}1&2&3\\2&4&6\\3&6&9\end{bmatrix}\begin{bmatrix}1\\1\\1\end{bmatrix}=\frac{1}{14}\begin{bmatrix}6\\12\\18\end{bmatrix}=\frac{3}{7}\begin{bmatrix}1\\2\\3\end{bmatrix}$$

经过验算可以发现，前后两次计算得到的向量 $\boldsymbol{p}$ 结果一致，我们的计算过程是准确无误的。

3.1.4 向二维平面投影

接下来，我们将投影问题由直线拓展到二维平面。需要注意的是，这个二维平面不仅仅局限于 R^2 平面，而是空间中任意一个穿过原点的二维平面，假设这个二维平面是 R^m 的一个子空间。如果空间中同样有一个向量 $\boldsymbol{b}$，想在这个二维平面上寻找一个与之距离最近的向量，那么同理，正常思路也是去寻找向量 $\boldsymbol{b}$ 在二维平面上的投影向量 $\boldsymbol{p}$，如图 3.2 所示。

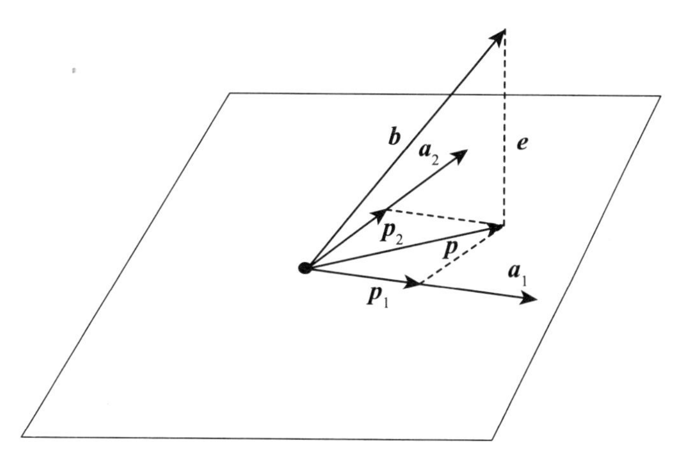

图 3.2 寻找二维平面上的投影向量

应该如何去寻找二维平面上的投影向量 $\boldsymbol{p}$ 及投影矩阵 $\boldsymbol{P}$ 呢？同样地，需要作向量 $\boldsymbol{b}$ 到二维平面的垂线。

由几何知识可知，一条直线如果与一个平面垂直，则它就与该平面上的所有向量都垂直。我们牢牢抓住这一点，转而去选取二维平面上线性无关的两个向量 $\boldsymbol{a}_1$，$\boldsymbol{a}_2$ 作为这个二维平面的一组基向量（因为假设这个二维平面是 R^m 的子空间，所以，向量 $\boldsymbol{a}_1$ 和向量 $\boldsymbol{a}_2$ 是 m 维的列向量）。由于平面上所有的向量都可以写成这组基向量 $\boldsymbol{a}_1$ 和 $\boldsymbol{a}_2$ 的线性组合形式，那么，只要保证误差向量 $\boldsymbol{e}$ 与向量 $\boldsymbol{a}_1$ 和向量 $\boldsymbol{a}_2$ 分别垂直，就能够保证向量 $\boldsymbol{e}$ 与整个平面垂直，而向量 $\boldsymbol{p}$ 就是向量 $\boldsymbol{b}$ 在平面上的投影向量。

在处理的过程中，需要从直线投影所需的一个向量垂直表达式拓展到二维平面投影的两个向量垂直表达式，这里从两个式子入手，即 $\boldsymbol{a}_1 \cdot \boldsymbol{e} = \boldsymbol{0}$ 和 $\boldsymbol{a}_2 \cdot \boldsymbol{e} = \boldsymbol{0}$，其中，$\boldsymbol{e} = \boldsymbol{b} - \boldsymbol{p}$。

由于投影向量 $\boldsymbol{p}$ 也在这个二维平面上，因此自然而然也是基向量 $\boldsymbol{a}_1$ 和 $\boldsymbol{a}_2$ 的某种线性组合，记作 $\boldsymbol{p} = \boldsymbol{p}_1 + \boldsymbol{p}_2 = \hat{x}_1\boldsymbol{a}_1 + \hat{x}_2\boldsymbol{a}_2$。实质上如果用矩阵来进一步概括的话，可以把向量 $\boldsymbol{a}_1$ 和向量 $\boldsymbol{a}_2$ 作为矩阵 $\boldsymbol{A}$ 的列向量，即记作 $\boldsymbol{A} = [\boldsymbol{a}_1 \ \ \boldsymbol{a}_2]$，$\hat{\boldsymbol{x}} = \begin{bmatrix} \hat{x}_1 \\ \hat{x}_2 \end{bmatrix}$，因此投影向量 $\boldsymbol{p}$ 可以被概括为 $\boldsymbol{p} = \boldsymbol{A}\hat{\boldsymbol{x}}$。

那么，结合 $\boldsymbol{a}_1 \cdot \boldsymbol{e} = \boldsymbol{0}$ 和 $\boldsymbol{a}_2 \cdot \boldsymbol{e} = \boldsymbol{0}$ 这两个向量垂直的等式进一步代入得：

$$\boldsymbol{a}_1 \cdot \boldsymbol{e} = \boldsymbol{0} \Rightarrow \boldsymbol{a}_1 \cdot (\boldsymbol{b} - \boldsymbol{p}) \Rightarrow \boldsymbol{a}_1^{\mathrm{T}}(\boldsymbol{b} - \boldsymbol{A}\hat{\boldsymbol{x}}) = \boldsymbol{0}$$

同理，对应的也有 $\boldsymbol{a}_2^{\mathrm{T}}(\boldsymbol{b} - \boldsymbol{A}\hat{\boldsymbol{x}}) = \boldsymbol{0}$，把这两个等式结合到一个矩阵乘法里，就有了 $\begin{bmatrix} \boldsymbol{a}_1^{\mathrm{T}} \\ \boldsymbol{a}_2^{\mathrm{T}} \end{bmatrix}(\boldsymbol{b} - \boldsymbol{A}\hat{\boldsymbol{x}}) = \boldsymbol{0}$ 的形式。

此时，如果之前曾经令矩阵 $\boldsymbol{A} = [\boldsymbol{a}_1 \ \ \boldsymbol{a}_2]$，那么就有转置矩阵 $\boldsymbol{A}^{\mathrm{T}} = \begin{bmatrix} \boldsymbol{a}_1^{\mathrm{T}} \\ \boldsymbol{a}_2^{\mathrm{T}} \end{bmatrix}$。

由此，就得到了这个关键的等式，即 $\boldsymbol{A}^{\mathrm{T}}(\boldsymbol{b} - \boldsymbol{A}\hat{\boldsymbol{x}}) = \boldsymbol{0} \Rightarrow \boldsymbol{A}^{\mathrm{T}}\boldsymbol{A}\hat{\boldsymbol{x}} = \boldsymbol{A}^{\mathrm{T}}\boldsymbol{b}$，进一步处理如下。

假设这个二维平面是 R^m 空间中的一个子空间，那么向量 $\boldsymbol{a}_1$ 和向量 $\boldsymbol{a}_2$ 都是 m 维的列向量（显然 $m \geqslant 2$），因此矩阵 $\boldsymbol{A}$ 就是一个规模为 $m \times 2$ 且两列线性无关的矩阵。因此，由矩阵乘法 $\boldsymbol{A}^{\mathrm{T}}\boldsymbol{A}$ 所得到的结果就是一个二阶可逆方阵。二阶方阵肯定是毫无疑问的，至于说为什么这个矩阵满足可逆性，将会在文末补充证明过程，在这里先使用这个结论继续往下走。

因此，最终就有了 $\hat{\boldsymbol{x}}$ 的表达式：$\hat{\boldsymbol{x}} = (\boldsymbol{A}^{\mathrm{T}}\boldsymbol{A})^{-1}\boldsymbol{A}^{\mathrm{T}}\boldsymbol{b}$，这里要着重强调的是，单独的矩阵 $\boldsymbol{A}$ 和 $\boldsymbol{A}^{\mathrm{T}}$ 首先连方阵都不一定能保证，所以不能对它们单独讨论可逆性。一定要将可逆操作施加在 $\boldsymbol{A}^{\mathrm{T}}\boldsymbol{A}$ 的整体计算结果上。

由此可知，投影向量 $\boldsymbol{p}$ 的表示方法为 $\boldsymbol{p} = \boldsymbol{A}\hat{\boldsymbol{x}} = \boldsymbol{A}(\boldsymbol{A}^{\mathrm{T}}\boldsymbol{A})^{-1}\boldsymbol{A}^{\mathrm{T}}\boldsymbol{b}$。

从投影矩阵 $\boldsymbol{P}$ 的角度来看，有 $\boldsymbol{p} = \boldsymbol{P}\boldsymbol{b}$，因此，$\boldsymbol{P} = \boldsymbol{A}\hat{\boldsymbol{x}} = \boldsymbol{A}(\boldsymbol{A}^{\mathrm{T}}\boldsymbol{A})^{-1}\boldsymbol{A}^{\mathrm{T}}$，从维度来判断，它是一个

m 阶的方阵。

最后把求得的结果列在一起总结为

$$\begin{cases}\hat{\boldsymbol{x}}=(\boldsymbol{A}^{\mathrm{T}}\boldsymbol{A})^{-1}\boldsymbol{A}^{\mathrm{T}}\boldsymbol{b}\\ \boldsymbol{p}=\boldsymbol{A}(\boldsymbol{A}^{\mathrm{T}}\boldsymbol{A})^{-1}\boldsymbol{A}^{\mathrm{T}}\boldsymbol{b}\\ \boldsymbol{P}=\boldsymbol{A}(\boldsymbol{A}^{\mathrm{T}}\boldsymbol{A})^{-1}\boldsymbol{A}^{\mathrm{T}}\end{cases}$$

有了上面的这一组公式，再举一个简单的例子来实际应用一下。

假设在空间中有一个向量$\boldsymbol{b}=\begin{bmatrix}3\\0\\0\end{bmatrix}$，而二维投影平面的基向量分别是向量$\begin{bmatrix}1\\2\\3\end{bmatrix}$和向量$\begin{bmatrix}0\\1\\1\end{bmatrix}$，试求投影向量 $\boldsymbol{p}$ 和投影矩阵 $\boldsymbol{P}$。

首先，按照解题的计算步骤，将二维平面的两个基向量$\begin{bmatrix}1\\2\\3\end{bmatrix}$和$\begin{bmatrix}0\\1\\1\end{bmatrix}$作为矩阵 $\boldsymbol{A}$ 的两列，记作 $\boldsymbol{A}=\begin{bmatrix}1&0\\2&1\\3&1\end{bmatrix}$，其中，$\boldsymbol{A}^{\mathrm{T}}\boldsymbol{A}=\begin{bmatrix}1&2&3\\0&1&1\end{bmatrix}\begin{bmatrix}1&0\\2&1\\3&1\end{bmatrix}=\begin{bmatrix}14&5\\5&2\end{bmatrix}$。

然后，计算 $\boldsymbol{A}^{\mathrm{T}}\boldsymbol{A}$ 的逆矩阵：

$$(\boldsymbol{A}^{\mathrm{T}}\boldsymbol{A})^{-1}=\begin{bmatrix}14&5\\5&2\end{bmatrix}^{-1}=\frac{1}{3}\begin{bmatrix}2&-5\\-5&14\end{bmatrix}$$

最后，通过计算结果，求取投影矩阵 $\boldsymbol{P}$：

$$\boldsymbol{P}=\boldsymbol{A}\hat{\boldsymbol{x}}=\boldsymbol{A}(\boldsymbol{A}^{\mathrm{T}}\boldsymbol{A})^{-1}\boldsymbol{A}^{\mathrm{T}}=\frac{1}{3}\begin{bmatrix}1&0\\2&1\\3&1\end{bmatrix}\begin{bmatrix}2&-5\\-5&14\end{bmatrix}\begin{bmatrix}1&2&3\\0&1&1\end{bmatrix}=\frac{1}{3}\begin{bmatrix}2&-1&1\\-1&2&1\\1&1&2\end{bmatrix}$$

得到投影矩阵后，投影向量 $\boldsymbol{p}$ 为

$$\boldsymbol{p}=\boldsymbol{P}\boldsymbol{b}=\frac{1}{3}\begin{bmatrix}2&-1&1\\-1&2&1\\1&1&2\end{bmatrix}\begin{bmatrix}3\\0\\0\end{bmatrix}=\begin{bmatrix}2\\-1\\1\end{bmatrix}$$

3.1.5　一般化：向 n 维子空间投影

有了向二维平面投影的推导过程，再将它拓展到向 R^m 空间中的 n 维子空间投影的一般化问题，就非常简单了。解决这个问题的核心突破口仍然是原始向量 $\boldsymbol{b}$ 与投影向量 $\boldsymbol{p}$ 的向量之差（即误差向量 $\boldsymbol{e}=\boldsymbol{b}-\boldsymbol{p}$）与这个 n 维子空间的垂直关系。

然后，问题就转化为在这个 n 维子空间中寻找 n 个线性无关的向量 $\boldsymbol{a}_1, \boldsymbol{a}_2, \boldsymbol{a}_3, \cdots, \boldsymbol{a}_n$ 作为这个子空间的一组基向量，然后使得误差向量 $\boldsymbol{e}$ 与这一组基向量分别垂直。这和二维平面讨论的情况可以说是一模一样，只不过是基向量的个数增加了。

首先，满足：

$$\begin{cases} \boldsymbol{a}_1 \cdot \boldsymbol{e} = \boldsymbol{0} \\ \boldsymbol{a}_2 \cdot \boldsymbol{e} = \boldsymbol{0} \\ \boldsymbol{a}_3 \cdot \boldsymbol{e} = \boldsymbol{0} \\ \quad \vdots \\ \boldsymbol{a}_n \cdot \boldsymbol{e} = \boldsymbol{0} \end{cases}$$

然后，投影向量 $\boldsymbol{p}$ 依旧被表示为这组基向量的线性组合形式：

$$\boldsymbol{p} = \hat{x}_1\boldsymbol{a}_1 + \hat{x}_2\boldsymbol{a}_2 + \hat{x}_3\boldsymbol{a}_3 + \cdots + \hat{x}_n\boldsymbol{a}_n$$

下面还是将这一组空间的基向量 $\boldsymbol{a}_1, \boldsymbol{a}_2, \boldsymbol{a}_3, \cdots, \boldsymbol{a}_n$ 构造成矩阵 $\boldsymbol{A}$ 的各列，矩阵 $\boldsymbol{A}$ 表示为 $\boldsymbol{A} = [\boldsymbol{a}_1 \quad \boldsymbol{a}_2 \quad \cdots \quad \boldsymbol{a}_n]$，系数向量为 $\hat{\boldsymbol{x}} = \begin{bmatrix} \hat{x}_1 \\ \hat{x}_2 \\ \vdots \\ \hat{x}_n \end{bmatrix}$，投影向量 $\boldsymbol{p}$ 依旧表示为 $\boldsymbol{p} = \boldsymbol{A}\hat{\boldsymbol{x}}$，同样有 $\boldsymbol{e} = \boldsymbol{b} - \boldsymbol{p} = \boldsymbol{b} - \boldsymbol{A}\hat{\boldsymbol{x}}$。

最后，把 n 个基向量 $\boldsymbol{a}_k$ 与误差向量 $\boldsymbol{e}$ 垂直的表达式 $\boldsymbol{a}_k \cdot \boldsymbol{e} = \boldsymbol{0} \Rightarrow \boldsymbol{a}_k^{\mathrm{T}}(\boldsymbol{b} - \boldsymbol{A}\hat{\boldsymbol{x}})$ 统一起来表示，就有 $\begin{bmatrix} \boldsymbol{a}_1^{\mathrm{T}} \\ \boldsymbol{a}_2^{\mathrm{T}} \\ \vdots \\ \boldsymbol{a}_n^{\mathrm{T}} \end{bmatrix}(\boldsymbol{b} - \boldsymbol{A}\hat{\boldsymbol{x}}) = \boldsymbol{0}$，之后的推导过程和前面一样，即 $\boldsymbol{A}^{\mathrm{T}}(\boldsymbol{b} - \boldsymbol{A}\hat{\boldsymbol{x}}) = \boldsymbol{0} \Rightarrow \boldsymbol{A}^{\mathrm{T}}\boldsymbol{A}\hat{\boldsymbol{x}} = \boldsymbol{A}^{\mathrm{T}}\boldsymbol{b}$。此时，矩阵 $\boldsymbol{A}$ 是一个 $m \times n$ 规模的矩阵，由于矩阵 $\boldsymbol{A}$ 的各列表示的是 R^m 空间中 n 维子空间的一组基，因此必然有 $m \geqslant n$ 的不等关系成立，所以同样有结论：$\boldsymbol{A}^{\mathrm{T}}\boldsymbol{A}$ 是一个 n 阶的可逆方阵。

最终，R^m 空间中 n 维子空间的投影计算结果和二维平面中的投影结果一样（其实二维平面就是 n 维子空间的一种特殊情况），直接按二维空间的计算方法得到结果为

$$\begin{cases} \hat{\boldsymbol{x}} = (\boldsymbol{A}^{\mathrm{T}}\boldsymbol{A})^{-1}\boldsymbol{A}^{\mathrm{T}}\boldsymbol{b} \\ \boldsymbol{p} = \boldsymbol{A}(\boldsymbol{A}^{\mathrm{T}}\boldsymbol{A})^{-1}\boldsymbol{A}^{\mathrm{T}}\boldsymbol{b} \\ \boldsymbol{P} = \boldsymbol{A}(\boldsymbol{A}^{\mathrm{T}}\boldsymbol{A})^{-1}\boldsymbol{A}^{\mathrm{T}} \end{cases}$$

3.1.6 补充讨论一下 $\boldsymbol{A}^{\mathrm{T}}\boldsymbol{A}$ 的可逆性

简单地证明一下 $\boldsymbol{A}^{\mathrm{T}}\boldsymbol{A}$ 计算结果的可逆性。由于在本节讨论的问题中，矩阵 $\boldsymbol{A}$ 的各列满足线性无关，因此 $\boldsymbol{A}$ 是一个列满秩矩阵，其零空间 $N(\boldsymbol{A})$ 就是一个零向量。如果能够证明 $\boldsymbol{A}^{\mathrm{T}}\boldsymbol{A}$ 的零空间和矩阵 $\boldsymbol{A}$ 的零空间一致，那么就能知道 $\boldsymbol{A}^{\mathrm{T}}\boldsymbol{A}$ 也是一个满秩方阵，即满足可逆条件。

下面先看 $\boldsymbol{A} \Rightarrow \boldsymbol{A}^{\mathrm{T}}\boldsymbol{A}$ 这个推导方向，如果 $\boldsymbol{Ax}=\boldsymbol{0}$，那么等式 $\boldsymbol{A}^{\mathrm{T}}(\boldsymbol{Ax})=\boldsymbol{0}$ 必然成立，稍作变换，就有 $(\boldsymbol{A}^{\mathrm{T}}\boldsymbol{A})\boldsymbol{x}=\boldsymbol{0}$。

再看 $\boldsymbol{A}^{\mathrm{T}}\boldsymbol{A} \Rightarrow \boldsymbol{A}$ 这个推导方向，如果等式 $(\boldsymbol{A}^{\mathrm{T}}\boldsymbol{A})\boldsymbol{x}=\boldsymbol{0}$ 成立，两边同时乘以 $\boldsymbol{x}^{\mathrm{T}}$，那么就有 $\boldsymbol{x}^{\mathrm{T}}\boldsymbol{A}^{\mathrm{T}}\boldsymbol{Ax}=\boldsymbol{0}$，稍微处理一下可得 $(\boldsymbol{Ax})^{\mathrm{T}}\boldsymbol{Ax}=\boldsymbol{0}$，由此得出 $\boldsymbol{Ax}=\boldsymbol{0}$。

由此就完整地证明了结论：如果矩阵 $\boldsymbol{A}$ 是一个列满秩矩阵，那么 $\boldsymbol{A}^{\mathrm{T}}\boldsymbol{A}$ 是一个可逆方阵。$\boldsymbol{A}^{\mathrm{T}}\boldsymbol{A}$ 这个结果形式非常重要，它的一些重要性质将在后面的内容里多次得到应用，并且我们还会在 5.1 节中专门对其展开深入分析。

3.1.7 回顾本章开篇的两个问题

在本节中，我们针对本章开篇提到的两个无解的问题，定义了“最近”的概念，并且讨论了如何通过子空间的投影去寻找“最近”的向量。当然看到这里，还不能完全解决这两个问题，下面继续讲解。

3.2 深入剖析最小二乘法的本质

在 3.1 节中，提出了线性方程组无解和直线拟合这两个实际的问题，并最终指出了问题的解决方向，即在问题的精确解不存在的情况下，可以通过求距离目标最近的近似解来最大限度地解决问题，并且定义了在这个问题背景下最近距离的有关概念，告诉了读者如何利用矩阵投影的方法来寻找任意点到指定子空间的投影及最近距离。这其实也是实际工程中比较常用的思考途径和解决方法。

在本节中，我们会继续运用这一思想方法，深入地剖析最小二乘法这个解决近似问题的有力武器，基于矩阵 4 个子空间所具有的正交、互补的优良性质，在投影问题通用公式的基础上，最终实际解决方程近似解的求解及空间多点直线拟合的问题。

3.2.1 互补的子空间

我们知道，在一个 R^m 空间中有一个向量 $\boldsymbol{b}$，可以选取 m 个线性无关的向量 $\boldsymbol{a}_1, \boldsymbol{a}_2, \boldsymbol{a}_3, \cdots, \boldsymbol{a}_m$ 作为 R^m 空间中的一组基向量，将向量 $\boldsymbol{b}$ 向每个基向量上进行投影，就能够得到 m 个投影向量：$\boldsymbol{p}_1, \boldsymbol{p}_2, \boldsymbol{p}_3, \cdots, \boldsymbol{p}_m$，并且它们满足：$\boldsymbol{b}=\boldsymbol{p}_1+\boldsymbol{p}_2+\boldsymbol{p}_3+\cdots+\boldsymbol{p}_m$，即通过空间中所有投影轴上的投影向量能够重构向量 $\boldsymbol{b}$ 的完整信息。

下面举一个 R^3 空间的例子来说明问题。选取其中 3 个线性无关的向量 $\boldsymbol{a}_1$，$\boldsymbol{a}_2$，$\boldsymbol{a}_3$ 构成一组基，

向量 $\boldsymbol{b}$ 在各个基向量上的投影分别为 $\boldsymbol{p}_1$，$\boldsymbol{p}_2$，$\boldsymbol{p}_3$。如果此时把向量 $\boldsymbol{a}_1$ 和向量 $\boldsymbol{a}_2$ 看作是一个二维子空间中的基向量，那么向量 $\boldsymbol{b}$ 向这个平面上的投影就可以表示为在向量 $\boldsymbol{a}_1$ 和向量 $\boldsymbol{a}_2$ 上的投影向量之和 $\boldsymbol{p}_1+\boldsymbol{p}_2$。此时，向量 $\boldsymbol{a}_1$ 和向量 $\boldsymbol{a}_2$ 所张成平面上的投影联合向量 $\boldsymbol{a}_3$ 上的投影，同样能构建出整个向量 $\boldsymbol{b}$。

因此，在 R^3 空间中，基向量 $\boldsymbol{a}_1$ 和 $\boldsymbol{a}_2$ 张成的二维子空间和由向量 $\boldsymbol{a}_3$ 构成的一维子空间之间是互补的关系。概括地说，互补的子空间一方面由不同的基向量所张成，另一方面它们的维数之和为整个 R^m 空间的维数。空间中的任意一个向量 $\boldsymbol{b}$，其在互补子空间上的投影向量之和，就是向量自身。

3.2.2 正交的子空间

子空间 V 和子空间 W 满足正交关系成立的条件是：子空间 V 中任意一个向量 $\boldsymbol{v}$ 和子空间 W 中任意一个向量 $\boldsymbol{w}$ 都垂直。

为了更明确地解释这个概念，先来看图 3.3。

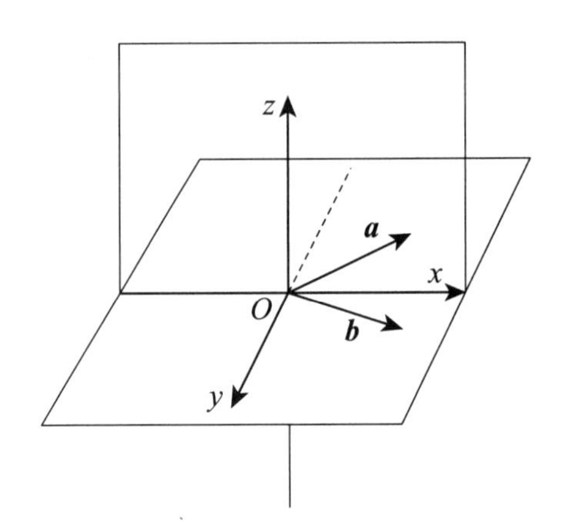

图 3.3 寻找图中的正交子空间

其实从视觉直观上看，xOz 和 xOy 这两个子空间是相互垂直的，但是实际上并不是。对照定义检查一下，这两个子空间中的任意向量两两之间并不一定满足垂直关系，如向量 $\boldsymbol{a}$ 和向量 $\boldsymbol{b}$，这两个向量就不垂直。

其实最明显的一个矛盾之处在于：位于 x 轴正方向上的向量同时存在于这两个子空间中，那么依据定义它应该与自己垂直，但是这显然是不可能的。因此，从这个例子中可以得到一个结论：同时位于相互正交的两个子空间上的向量只可能是零向量，因为只有零向量才和自身保持垂直。

从上面的分析中可以得知，在图 3.3 中，和子空间 xOy 正交的子空间只能是 z 轴这个一维子空间了。

3.2.3 相互正交补的子空间

R^m 空间中的两个互补的子空间，如果满足相互正交的关系，则它们满足正交补的关系，它们的空间维数之和应该为 m。在图 3.3 中，z 轴和 xOy 子空间就是满足正交补关系的两个子空间，但是像 x 轴和 z 轴，它们仅仅是正交，但并不满足互补的关系。

回顾一下 3.1 节中，在一个子空间中寻找与目标向量 $\boldsymbol{b}$ 距离最近的投影向量 $\boldsymbol{p}$，前提就是误差向量 $\boldsymbol{e}=\boldsymbol{b}-\boldsymbol{p}$ 与投影向量 $\boldsymbol{p}$ 相互垂直。由于 $\boldsymbol{b}=\boldsymbol{e}+\boldsymbol{p}$ 且满足 $\boldsymbol{e}\cdot\boldsymbol{p}=\boldsymbol{0}$，因此向量 $\boldsymbol{p}$ 所在的子空间和向量 $\boldsymbol{e}$ 所在的子空间在 R^m 中就构成了正交补的关系。

那么，如何寻找这样的正交补子空间呢？我们从矩阵的 4 个子空间入手，$m\times n$ 规模的矩阵 $\boldsymbol{A}$，首先所有满足 $\boldsymbol{Ax}=\boldsymbol{0}$ 等式成立的向量 $\boldsymbol{x}$ 构成了矩阵 $\boldsymbol{A}$ 的零空间 $N(\boldsymbol{A})$。对于这个式子，展开来看就是：$\boldsymbol{Ax}=\begin{bmatrix}\text{row}_1\\\text{row}_2\\\text{row}_3\\\vdots\\\text{row}_m\end{bmatrix}\boldsymbol{x}=\begin{bmatrix}0\\0\\0\\\vdots\\0\end{bmatrix}$，即满足任意的 $\text{row}_k\cdot\boldsymbol{x}=\boldsymbol{0}$ 成立，这表明任意一个行向量与任意一个零向量垂直，因此行空间和零空间是正交子空间。同时，我们在前面讲过，这两个子空间的维数之和为 n，因此矩阵 $\boldsymbol{A}$ 的行空间和零空间在 R^n 空间中满足正交补的关系。

直接利用上面的结论可知：转置矩阵 $\boldsymbol{A}^{\mathrm{T}}$ 的行空间和零空间当然也是相互正交的，因此，矩阵 $\boldsymbol{A}$ 的列空间和左零空间在 R^m 中同样满足正交补的关系。

通过上面的思考过程，我们找到了这两组满足正交补关系的子空间，从而知道了在哪投影。

3.2.4 处理无解方程组的近似解

沿着前文讨论的思路，首先处理无解方程组的近似解问题。回顾一下 3.1.1 节的方程组：

$$\begin{cases}2x+y=4\\x+2y=3\\x+4y=9\end{cases}$$

把方程组写成矩阵相乘的形式$\begin{bmatrix}2&1\\1&2\\1&4\end{bmatrix}\begin{bmatrix}x\\y\end{bmatrix}=\begin{bmatrix}4\\3\\9\end{bmatrix}$，其中，令矩阵 $\boldsymbol{A}=\begin{bmatrix}2&1\\1&2\\1&4\end{bmatrix}$，向量 $\boldsymbol{b}=\begin{bmatrix}4\\3\\9\end{bmatrix}$。

我们知道，矩阵 $\boldsymbol{A}$ 的列向量的线性组合构成了它的列空间，如果要求方程组有解，则必须满足向量 $\boldsymbol{b}$ 在矩阵 $\boldsymbol{A}$ 的列空间上。而此时，向量 $\boldsymbol{b}$ 并不在矩阵 $\boldsymbol{A}$ 的列空间上，因而方程组无解。

那么，就应该在矩阵 $\boldsymbol{A}$ 的列空间上寻找一个距离向量 $\boldsymbol{b}$ 最近的向量，用它来表示方程组的近似解。因此，线性方程组近似解的问题就被转化为了熟悉的“向量向二维子空间投影的问题”了。转化后的等价问题描述如下。

将向量 $\boldsymbol{b}$ 向矩阵 $\boldsymbol{A}$ 的列空间进行投影，获得投影向量 $\boldsymbol{p}$。而误差向量 $\boldsymbol{e}$ 则正是向量 $\boldsymbol{b}$ 向列空间的正交补子空间——左零空间上的投影。向量$\hat{\boldsymbol{x}}$则是我们最终想要获取的近似解向量$\begin{bmatrix}x\\y\end{bmatrix}$。

因此，直接套用 3.1 节中的公式：$\hat{\boldsymbol{x}}=(\boldsymbol{A}^{\mathrm{T}}\boldsymbol{A})^{-1}\boldsymbol{A}^{\mathrm{T}}\boldsymbol{b}$，代入具体的数值，就能得到线性方程组的近似解向量：$\hat{\boldsymbol{x}}=\begin{bmatrix}x\\y\end{bmatrix}=\begin{bmatrix}0.84\\1.87\end{bmatrix}$。即这个方程组的近似解为$\begin{cases}x=0.84\\y=1.87\end{cases}$。

从最终结果出发再讨论一下近似的概念，把近似解带回到原方程中，就得到了一个三维列向量：$\boldsymbol{A}\hat{\boldsymbol{x}}=\begin{bmatrix}2&1\\1&2\\1&4\end{bmatrix}\begin{bmatrix}0.84\\1.87\end{bmatrix}=\begin{bmatrix}3.55\\4.58\\8.32\end{bmatrix}$，我们称 $x=0.84$，$y=1.87$ 为线性方程组的近似解，正是因为由此得到的三维向量$\begin{bmatrix}3.55\\4.58\\8.32\end{bmatrix}$是列空间中距离原向量 $\boldsymbol{b}=\begin{bmatrix}4\\3\\9\end{bmatrix}$距离最近的一个向量。

下面利用 Python 语言来检验一下计算结果。

代码如下：

```
import numpy as np
from scipy import linalg
A = np.array([[2, 1],
              [1, 2],
              [1, 4]])
b = np.array([[4],
              [3],
              [9]])
A_T_A = np.dot(A.T,A)
x = np.dot(np.dot(linalg.inv(A_T_A),A.T),b)
print(x)
```

运行结果：

```
[[ 0.83870968]
 [ 1.87096774]]
```

这里得到的结果和我们文中的分析结果一致。在这个过程中涉及了矩阵转置、矩阵乘法、矩阵求逆等基本运算，这些在前面各章节中都详细讲解过，在这里进行的是一个综合应用。

补充说明一点，n 维空间中的向量 $\boldsymbol{x}$ 和向量 $\boldsymbol{y}$ 的距离，定义为

$$|\boldsymbol{x}-\boldsymbol{y}|=\sqrt{(x_1-y_1)^2+(x_2-y_2)^2+\cdots+(x_n-y_n)^2}$$

3.2.5 最小二乘法线性拟合

3.2.4 节介绍的用来求取无解线性方程组近似解的方法就是最小二乘法，最小二乘这几个字到底是什么意思？我们下面就用这个方法去解决 3.1.1 节中的第二个问题。

在平面上选取 3 个点：(0, 1)，(1, 4)，(2, 3)，找一条最接近这 3 个点的直线。设直线的方程为 $y=cx+d$，代入这 3 个点的坐标有：

$$\begin{cases}1=0c+d\\4=1c+d\\3=2c+d\end{cases}$$

显然，通过观察发现：变量 c 和 d 是无解的，那么令矩阵 $\boldsymbol{A}=\begin{bmatrix}0&1\\1&1\\2&1\end{bmatrix}$，向量 $\boldsymbol{b}=\begin{bmatrix}1\\4\\3\end{bmatrix}$，将方程组转化为 $\boldsymbol{A}\begin{bmatrix}c\\d\end{bmatrix}=\boldsymbol{b}$ 的矩阵乘法形式。直接套用公式求结果：

$$\begin{bmatrix}c\\d\end{bmatrix}=(\boldsymbol{A}^{\mathrm{T}}\boldsymbol{A})^{-1}\boldsymbol{A}^{\mathrm{T}}\boldsymbol{b}=\begin{bmatrix}1\\5/3\end{bmatrix}$$

通过求取变量 c 和 d 的近似解，得到了最接近 (0, 1)，(1, 4)，(2, 3) 这 3 个点（也就是拟合了这 3 个点）的直线解析式为 $y=x+\frac{5}{3}$。拟合后的直线与拟合点之间的关系，如图 3.4 所示。

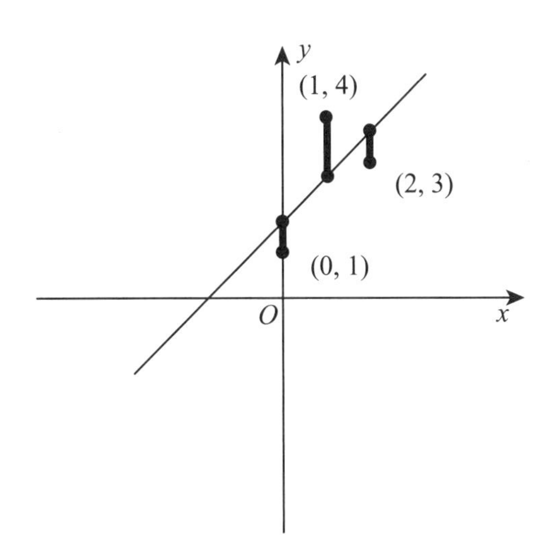

图 3.4　最小二乘法线性拟合

从图 3.4 中可以看出，用一条直线拟合了这 3 个不在同一条直线上的点。到这里，我们的思考过程其实并没有结束，还有一个重要的地方相信读者也都发现了，即在图 3.4 中每一个点都向直线引了一条竖直的直线。

我们还是回到“最近”的定义上来讨论，“最近”是指投影向量 $\boldsymbol{p}$ 与向量 $\boldsymbol{b}$ 的距离最近。依照定义来看，投影向量 $\boldsymbol{p}$ 实际代表的含义为 $\boldsymbol{p}=\boldsymbol{A}\hat{\boldsymbol{x}}=\begin{bmatrix}0&1\\1&1\\2&1\end{bmatrix}\begin{bmatrix}c\\d\end{bmatrix}=\begin{bmatrix}0c+d\\1c+d\\2c+d\end{bmatrix}=\begin{bmatrix}5/3\\8/3\\11/3\end{bmatrix}$，向量 $\boldsymbol{p}$ 的三个成分指的是什么？

投影向量 $\boldsymbol{p}$ 的 3 个成分实质上就是对应横坐标分别为 0，1，2 时，位于直线上的 3 个点的纵坐标，而对于向量 $\boldsymbol{b}=\begin{bmatrix}1\\4\\3\end{bmatrix}$，它的 3 个成分则分别为 3 个待拟合的原始点的纵坐标。

此时，最小二乘法的目标就是使得误差向量 e 的模长最小，这个最优化的目标就被表示为 $|\boldsymbol{e}|=|\boldsymbol{b}-\boldsymbol{p}|=\sqrt{(b_1-p_1)^2+(b_2-p_2)^2+(b_3-p_3)^2}$，在图 3.4 中所代表的几何意义就是使得 3 段竖直线长度的平方和开根号后取到最小值。

最后再来回顾一下两个要点。

（1）绘制一条距离 3 个点最近的直线，判定的指标是 3 个点到直线的竖直线，而不是直观上最容易想到的垂直线。

（2）最小二乘法就是最小平方的意思，我们的优化目标就是去求解 3 条竖直线长度的平方和开根号后的最小值。

3.3 施密特正交化：寻找最佳投影基

在本章的前面两节中，通过向指定子空间进行投影，探索到了如何寻找“最近距离”的有效途径，通过理论分析和推导，成功得出了一组描述投影向量 $\boldsymbol{p}$ 和投影矩阵 $\boldsymbol{P}$ 的计算公式，并针对无解线性方程组的近似解问题及空间上多点的线性拟合问题，提炼出了最小二乘法这个通用工具。

但是读者可能会发现，这一组一般化的公式 $\boldsymbol{p}=\boldsymbol{A}\hat{\boldsymbol{x}}=\boldsymbol{A}(\boldsymbol{A}^{\mathrm{T}}\boldsymbol{A})^{-1}\boldsymbol{A}^{\mathrm{T}}\boldsymbol{b}$，其计算过程其实并不简单，尤其是当我们不借助编程工具时会更容易发现它的繁杂。由此，在本节中会专门介绍如何找到一个满足特定要求的矩阵 $\boldsymbol{A}$，来对运算过程进行简化的有效方法，而这里的核心思路就是通过施密特正交化方法找到投影子空间的一组标准正交基。

3.3.1 简化投影计算：从 $\boldsymbol{A}^{\mathrm{T}}\boldsymbol{A}$ 表达式入手

通过掌握 3.1 和 3.2 两节所讲述的内容，我们已经可以利用公式 $\boldsymbol{p}=\boldsymbol{A}\hat{\boldsymbol{x}}=\boldsymbol{A}(\boldsymbol{A}^{\mathrm{T}}\boldsymbol{A})^{-1}\boldsymbol{A}^{\mathrm{T}}\boldsymbol{b}$ 将空间中的任意一个向量向任意一个子空间进行投影，并最终得到其投影向量 $\boldsymbol{p}$。其中，矩阵 $\boldsymbol{A}$ 的各列就对应着子空间的一组基向量。

但是，通过 3.2 节中的一些实例，我们会发现在进行计算时，尤其是不借助程序工具而是采用手算的方式时，这个过程就显得非常冗长、复杂，尤其是在计算 $(\boldsymbol{A}^{\mathrm{T}}\boldsymbol{A})^{-1}$ 这个表达式的过程中，涉及矩阵乘法和矩阵取逆的操作。那么，究竟应该从哪里入手去简化这个计算过程呢？

直觉告诉我们，如果矩阵 $\boldsymbol{A}^{\mathrm{T}}\boldsymbol{A}$ 相乘的结果是一个单位矩阵 $\boldsymbol{I}$ 就好了，由于单位矩阵 $\boldsymbol{I}$ 满足 $\boldsymbol{I}^{-1}=\boldsymbol{I}$ 等式成立，因此投影向量 $\boldsymbol{p}$ 的表达式就可以变得特别简单：$\boldsymbol{p}=\boldsymbol{A}\boldsymbol{I}^{-1}\boldsymbol{A}^{\mathrm{T}}\boldsymbol{b}=\boldsymbol{A}\boldsymbol{A}^{\mathrm{T}}\boldsymbol{b}$。

3.3.2 标准正交向量

首先，令矩阵 $\boldsymbol{A}=[\boldsymbol{q}_1\quad \boldsymbol{q}_2\quad \cdots\quad \boldsymbol{q}_n]$，其中，各个列向量 $\boldsymbol{q}_1,\boldsymbol{q}_2,\boldsymbol{q}_3,\cdots,\boldsymbol{q}_n$ 彼此之间满足线性无关，因此就可以构成子空间的一组基。

$$\boldsymbol{A}^{\mathrm{T}}\boldsymbol{A}=\begin{bmatrix}\boldsymbol{q}_1^{\mathrm{T}}\\ \boldsymbol{q}_2^{\mathrm{T}}\\ \boldsymbol{q}_3^{\mathrm{T}}\\ \vdots\\ \boldsymbol{q}_n^{\mathrm{T}}\end{bmatrix}[\boldsymbol{q}_1\quad \boldsymbol{q}_2\quad \boldsymbol{q}_3\quad \cdots\quad \boldsymbol{q}_n]=\begin{bmatrix}\boldsymbol{q}_1^{\mathrm{T}}\boldsymbol{q}_1 & \boldsymbol{q}_1^{\mathrm{T}}\boldsymbol{q}_2 & \boldsymbol{q}_1^{\mathrm{T}}\boldsymbol{q}_3 & \cdots & \boldsymbol{q}_1^{\mathrm{T}}\boldsymbol{q}_n\\ \boldsymbol{q}_2^{\mathrm{T}}\boldsymbol{q}_1 & \boldsymbol{q}_2^{\mathrm{T}}\boldsymbol{q}_2 & \boldsymbol{q}_2^{\mathrm{T}}\boldsymbol{q}_3 & \cdots & \boldsymbol{q}_2^{\mathrm{T}}\boldsymbol{q}_n\\ \boldsymbol{q}_3^{\mathrm{T}}\boldsymbol{q}_1 & \boldsymbol{q}_3^{\mathrm{T}}\boldsymbol{q}_2 & \boldsymbol{q}_3^{\mathrm{T}}\boldsymbol{q}_3 & \cdots & \boldsymbol{q}_3^{\mathrm{T}}\boldsymbol{q}_n\\ \vdots & \vdots & \vdots & \ddots & \vdots\\ \boldsymbol{q}_n^{\mathrm{T}}\boldsymbol{q}_1 & \boldsymbol{q}_n^{\mathrm{T}}\boldsymbol{q}_2 & \boldsymbol{q}_n^{\mathrm{T}}\boldsymbol{q}_3 & \cdots & \boldsymbol{q}_n^{\mathrm{T}}\boldsymbol{q}_n\end{bmatrix}$$

从运算结果的表达式中不难发现，如果想要得到 $\boldsymbol{A}^{\mathrm{T}}\boldsymbol{A}=\boldsymbol{I}$ 的最终结果，则选取的这一组列向量 $\boldsymbol{q}_1,\boldsymbol{q}_2,\boldsymbol{q}_3,\cdots,\boldsymbol{q}_n$ 必须满足以下两个条件。

（1）在结果矩阵中，矩阵对角线上的元素必须都为 1，即当 $i=j$ 时，$\boldsymbol{q}_i^{\mathrm{T}}\boldsymbol{q}_j=1$。

（2）在结果矩阵中，矩阵非对角线上的元素必须都为 0，即当 $i\neq j$ 时，$\boldsymbol{q}_i^{\mathrm{T}}\boldsymbol{q}_j=0$。

更直白地说，这一组列向量 $\boldsymbol{q}_1,\boldsymbol{q}_2,\boldsymbol{q}_3,\cdots,\boldsymbol{q}_n$ 彼此之间的点积为 0，意味着向量之间彼此正交；而向量与自身的点积为 1，则意味着每一个向量的模长都为 1，这一组列向量均为单位向量。我们称这一组向量 $\boldsymbol{q}_1,\boldsymbol{q}_2,\boldsymbol{q}_3,\cdots,\boldsymbol{q}_n$ 是标准正交的。

那么，由这一组标准正交向量 $\boldsymbol{q}_1,\boldsymbol{q}_2,\boldsymbol{q}_3,\cdots,\boldsymbol{q}_n$ 构成各列的矩阵，一般用一个专门的字母 $\boldsymbol{Q}$ 来表示，此时矩阵 $\boldsymbol{Q}$ 就满足 $\boldsymbol{Q}^{\mathrm{T}}\boldsymbol{Q}=\boldsymbol{I}$ 等式关系成立。着重强调一下，满足 $\boldsymbol{Q}^{\mathrm{T}}\boldsymbol{Q}=\boldsymbol{I}$ 这个等式成立的矩阵 $\boldsymbol{Q}$ 不要求是一个方阵。

不过如果当矩阵 $\boldsymbol{Q}$ 是一个方阵时，那么情况则更为特殊一些，此时我们称方阵 $\boldsymbol{Q}$ 为正交矩阵，并且方阵 $\boldsymbol{Q}$ 满足可逆性。这时的方阵 $\boldsymbol{Q}$ 具备一个有趣的性质，那就是：$\boldsymbol{Q}^{\mathrm{T}}\boldsymbol{Q}=\boldsymbol{I}\Rightarrow\boldsymbol{Q}^{\mathrm{T}}=\boldsymbol{Q}^{-1}$，即正交矩阵的逆矩阵等于自身的转置矩阵。$\boldsymbol{Q}^{\mathrm{T}}=\boldsymbol{Q}^{-1}$ 这个等式非常重要，在后面的章节中将会派上大用场。

3.3.3 向标准正交向量上投影

有了上面的一系列推导介绍，显然我们再进行向量投影计算时，就应该首先去考虑使用标准正交向量 $\boldsymbol{q}_1,\boldsymbol{q}_2,\boldsymbol{q}_3,\cdots,\boldsymbol{q}_n$ 来作为投影子空间的基向量。在这种情况下，用正交矩阵 $\boldsymbol{Q}$ 来代替一般矩阵 $\boldsymbol{A}$，同时由于 $\boldsymbol{Q}^{\mathrm{T}}\boldsymbol{Q}=\boldsymbol{I}$ 的原因，之前推导出的投影向量 $\boldsymbol{p}$ 和投影向量 $\boldsymbol{P}$ 的表达式都得以简化：

$$\hat{\boldsymbol{x}}=(\boldsymbol{Q}^{\mathrm{T}}\boldsymbol{Q})^{-1}\boldsymbol{Q}^{\mathrm{T}}\boldsymbol{b}=\boldsymbol{Q}^{\mathrm{T}}\boldsymbol{b}$$

$$p = Q\hat{x} = Q(Q^TQ)^{-1}Q^Tb = QQ^Tb$$

$$P = QQ^T$$

正是由于采用了标准正交向量 $q_1, q_2, q_3, \cdots, q_n$ 来描述投影子空间，因此得到了如此清爽简洁的结果。那么，要想找到指定子空间上的这一组标准正交向量，我们可以使用接下来要介绍的施密特正交化方法。

3.3.4 施密特正交化

施密特正交化方法就是用来解决上面提到的这个问题：如何将 n 维子空间中的任意一组基向量变换成标准正交向量。为了让读者更快地领悟到方法的核心要点，我们选择在一个三维空间 R^3 中进行举例说明，任意选取 3 个线性无关的向量：a，b，c，探索如何在它们的基础上最终通过运算获得一组标准正交向量 q_1，q_2，q_3 来作为三维空间 R^3 中更优的一组新基。

具体思路是：首先从 a，b，c 3 个向量中，通过运算变换得出 3 个彼此正交的向量 q_a，q_b，q_c，然后再分别将其转化成模长为 1 的单位向量，由此得到最终的结果—— 一组标准正交向量。

那么，我们首先就从向量 a 入手处理，向量 q_a 就设置为与向量 a 相等，即满足 $q_a = a$。因此就有$q_1 = \dfrac{q_a}{|q_a|}$。

再来看看向量 q_b，向量 q_b 要求与向量 q_a 满足正交关系。利用 3.1 节的知识可知：向量 b 与其自身在向量 q_a 上的投影之差，就正交于向量 q_a，这里的方法我们很熟悉，直接套用公式 $q_b = b - \dfrac{q_a^Tb}{q_a^Tq_a}q_a$即可，然后再将向量 q_b 的模长变为 1，即有$q_2 = \dfrac{q_b}{|q_b|}$。

最后再来看向量q_c，向量q_c要求同时与向量q_a和向量q_b满足正交关系，那我们就来利用向量c。向量 c 减去其在向量 q_a 和 q_b 张成空间上的投影所得到的结果，就能满足同时正交于向量 q_a 和 q_b。

也就是说，向量 c 减去其在向量 q_a 和 q_b 的投影之和，就能求得向量 q_c，即 $q_c = c - \dfrac{q_a^Tc}{q_a^Tq_a}q_a - \dfrac{q_b^Tc}{q_b^Tq_b}q_b$，再将其变为单位向量，就有$q_3 = \dfrac{q_c}{|q_c|}$。

如图 3.5 所示，描述了利用三维空间 R^3 中的 3 个线性无关向量求解出 3 个彼此正交向量的过程，也就是施密特正交化的过程。

最终，如果将其扩展到一般化的问题，即求解任意标准正交向量的计算问题，本质上就是一个不断迭代的过程，每一个向量减去其在已经求解出的所有正交向量上的投影，就得到了一个新的正交向量，最终将得到的每一个正交向量除以自己的模长，就得到了一组标准正交向量。

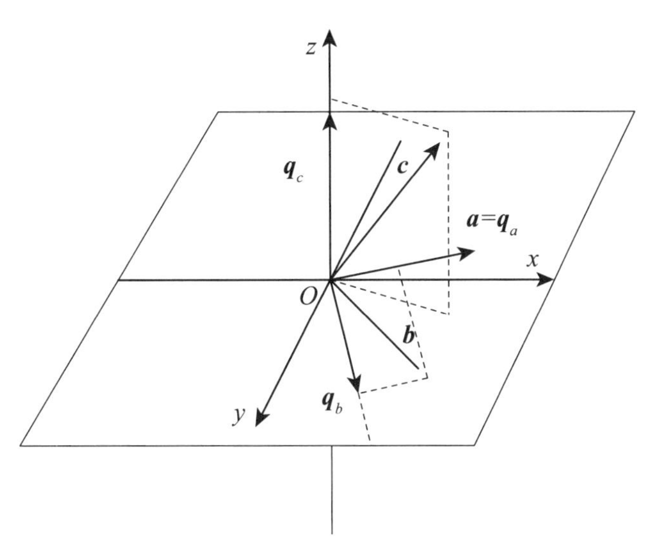

图 3.5　正交向量的求解过程

3.3.5　举例说明

下面来举一个实例，在三维空间 R^3 中有 3 个向量：向量 $\boldsymbol{a}=\begin{bmatrix}1\\-1\\0\end{bmatrix}$，向量 $\boldsymbol{b}=\begin{bmatrix}1\\0\\-1\end{bmatrix}$，向量 $\boldsymbol{c}=\begin{bmatrix}1\\-1\\1\end{bmatrix}$，依据这 3 个已知的一般向量来求解出 R^3 空间中的一组标准正交向量。

按照上面的方法，先依次求解出一组正交向量。

（1）直接令向量 $\boldsymbol{q}_a$ 等于向量 $\boldsymbol{a}$。

$$\boldsymbol{q}_a=\boldsymbol{a}=\begin{bmatrix}1\\-1\\0\end{bmatrix}$$

（2）向量 $\boldsymbol{b}$ 减去其在向量 $\boldsymbol{q}_a$ 上的投影，得到第二个垂直向量。

$$\boldsymbol{q}_b=\boldsymbol{b}-\frac{\boldsymbol{q}_a^{\mathrm{T}}\boldsymbol{b}}{\boldsymbol{q}_a^{\mathrm{T}}\boldsymbol{q}_a}\boldsymbol{q}_a=\begin{bmatrix}1\\0\\-1\end{bmatrix}-\frac{1}{2}\begin{bmatrix}1\\-1\\0\end{bmatrix}=\frac{1}{2}\begin{bmatrix}1\\1\\-2\end{bmatrix}$$

（3）向量 $\boldsymbol{c}$ 减去其在向量 $\boldsymbol{q}_a$ 和向量 $\boldsymbol{q}_b$ 上的投影，得到第三个垂直向量。

$$\boldsymbol{q}_c=\boldsymbol{c}-\frac{\boldsymbol{q}_a^{\mathrm{T}}\boldsymbol{c}}{\boldsymbol{q}_a^{\mathrm{T}}\boldsymbol{q}_a}\boldsymbol{q}_a-\frac{\boldsymbol{q}_b^{\mathrm{T}}\boldsymbol{c}}{\boldsymbol{q}_b^{\mathrm{T}}\boldsymbol{q}_b}\boldsymbol{q}_b=\frac{1}{3}\begin{bmatrix}1\\1\\1\end{bmatrix}$$

最后，将求得的向量 $\boldsymbol{q}_a$，$\boldsymbol{q}_b$，$\boldsymbol{q}_c$ 标准化，得到一组标准正交的向量 $\boldsymbol{q}_1$，$\boldsymbol{q}_2$，$\boldsymbol{q}_3$，显然它们的模

长均为 1，即

$$\begin{cases} q_1 = \dfrac{1}{\sqrt{2}}\begin{bmatrix}1\\-1\\0\end{bmatrix} \\ q_2 = \dfrac{1}{\sqrt{6}}\begin{bmatrix}1\\1\\-2\end{bmatrix} \\ q_3 = \dfrac{1}{\sqrt{3}}\begin{bmatrix}1\\1\\1\end{bmatrix} \end{cases}$$

在本章的开头，介绍了两个实际的工程问题：一个是如何求取无解方程组的近似解，另一个是如何用直线去拟合空间中的一组不共线的点。这两个问题都有一个共同之处，那就是它们都是在无法求得精确解的条件下去展开阐述的，而最终都是运用最小二乘法解决了实际问题。

在这两个实际问题中，问题都被抽象成了对矩阵乘法 $\boldsymbol{Ax}=\boldsymbol{b}$ 的分析探讨，该式子无解的本质就是由于在矩阵 $\boldsymbol{A}$ 的目标空间中，向量 $\boldsymbol{b}$ 不在矩阵 $\boldsymbol{A}$ 的列空间上，因此在原空间中找不到对应的解向量 $\boldsymbol{x}$。

由此，我们的处理方法就是在矩阵 $\boldsymbol{A}$ 的列空间中去寻找与向量 $\boldsymbol{b}$ 距离最近的向量，从而近似地求最接近的解。

这里的核心方法就是让向量 $\boldsymbol{b}$ 向子空间（这里是矩阵 $\boldsymbol{A}$ 的列空间）中进行投影。我们已经讲解了任意向量向指定子空间进行投影的原理和方法，推导出了相关的通用公式，并且通过观察公式的结构知道了一个用于简化运算的方法，即选取一组标准正交向量作为描述这个子空间的一组基。从公式中可以很容易地看出，整个运算的过程被大大地简化了。

本节我们解决的问题是如何快速地成功获取任意子空间中的一组标准正交向量。通过施密特正交化的方法，就能将子空间中的任意一组线性无关的向量转换成一组标准正交向量。

第 4 章

相似与特征：最佳观察角

当开始接触矩阵的“相似”“特征”等概念时，会发现自己越来越靠近更深层次的核心内容了。这不仅仅是因为知识点更加综合、更加具有挑战性，更是因为我们开始接触一些新视野和新思维的建立。

如果说在第 1 章里所介绍的坐标与基底重点是展现矩阵和向量的静态特性，那么本章则是站在动态变换的角度来阐释矩阵的本质特征。我们知道，矩阵可以用来表示向量空间位置的变换，那么在这一系列不同的变换表示当中，究竟哪些可以被称为相似变换？怎么基于相似变换找到描述空间变换的最简形式？而这一切变换当中的不变之处又是什么呢？本章将为读者一一解开这些谜团。

本章主要涉及的知识点

- 介绍相似矩阵和相似变换的概念
- 介绍相似矩阵之间的转换方法
- 探索相似矩阵中的最简矩阵：对角矩阵
- 介绍矩阵对角化的原理和方法
- 介绍特征向量和特征值的几何特性
- 介绍特征向量和特征值的 Python 求解方法

4.1 相似变换：不同的视角，同一个变换

在前文中，我们了解到对于空间中的同一个向量，如果选取的基底不同，则最终向量的坐标表示是不同的。不过，这是从静态的角度去看待问题，那么相对应的还应该存在一个动态的视角，这个“动态”指的就是矩阵所表示的向量在空间中的位置变换。

同样地，对于空间中向量的同一个位置变换，如果选取的基底不同，则用来进行表示的矩阵也是截然不同的，这些矩阵被称为相似矩阵。那么，这些矩阵之间应该如何进行相互转换？如何在其中获取描述空间转换的最佳矩阵？这些都是本节要重点解决的问题。

4.1.1 重要回顾：坐标值取决于基底

在本节的开头，需要再次提及一个之前反复强调的核心概念：对于一个指定的向量而言，它在空间中的位置是绝对的，而它的坐标值却是相对的。向量坐标的取值依托于空间中所选取的基底。更直白地说，对于同一个向量，如果选取的基底不同，其所对应的坐标值就不同。

下面从图 4.1 中回顾一下上述概念。

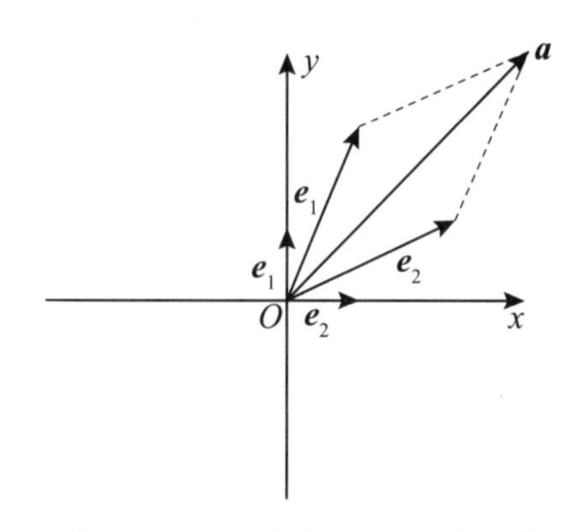

图 4.1　用不同的基描述同一个向量

从图 4.1 中可以看到，向量 $\boldsymbol{a}$ 在空间中的位置是固定的，如果使用一组默认基底 $(\boldsymbol{e}_1, \boldsymbol{e}_2)$，即用 $\left(\begin{bmatrix}1\\0\end{bmatrix},\begin{bmatrix}0\\1\end{bmatrix}\right)$ 来对它进行表示，则向量 $\boldsymbol{a}$ 可以表示为 $\boldsymbol{a}=3\begin{bmatrix}1\\0\end{bmatrix}+3\begin{bmatrix}0\\1\end{bmatrix}$，那么意味着在基底 $(\boldsymbol{e}_1, \boldsymbol{e}_2)$ 下，向量 $\boldsymbol{a}$ 的坐标为 $\begin{bmatrix}3\\3\end{bmatrix}$。

但是如果更换一组基底呢？在这里，我们使用两个新的向量 $(\boldsymbol{e}_1', \boldsymbol{e}_2')$ 作为空间中的新基底，这两个基向量在 $(\boldsymbol{e}_1, \boldsymbol{e}_2)$ 为基底的情况下，其坐标分别为 $\begin{bmatrix}2\\1\end{bmatrix}$ 和 $\begin{bmatrix}1\\2\end{bmatrix}$。那么通过计算可知，向量 $\boldsymbol{a}$ 在以

(e_1', e_2') 为基底的情况下，则被表示为 $a = 1\begin{bmatrix}2\\1\end{bmatrix}+1\begin{bmatrix}1\\2\end{bmatrix}$ 的形式，其新的坐标即为 $\begin{bmatrix}1\\1\end{bmatrix}$。从图 4.1 中也可以很清晰地看出里面的直观数量关系。

另外，也可以用一个生活中的例子来通俗地总结一下：

对于一个物体而言，它是客观存在的（类比：某个指定向量在空间中的绝对位置）。但是，如果我们看待它的角度变了（类比：空间中所选取的不同基底），那么，从我们的特定视角看过去，它所呈现的效果就改变了（类比：不同基底下对应的不同坐标值）。例如，桌上放着一个圆柱体，如果我们站得远，则会觉得物体看上去很小；如果站得近，则会觉得物体看上去很大；如果以斜向下 45° 的视角看，则它看上去还是一个立体；如果从正上方往下看，则会感觉这就是一个圆形。

4.1.2 描述线性变换的矩阵也取决于基底

对于一个静态的向量，选取的基底不同，用于表示静态向量的坐标值就不同。那么，动态的向量变换过程是怎样的呢?

我们知道，一个向量可以从某个空间中的位置 $\boldsymbol{P}$ 移动到位置 $\boldsymbol{Q}$，这里可以用一个特定的矩阵来表示向量空间位置的改变过程。如果选取的基底不同，同一个运动在不同基底下，显然对应的矩阵表示也应该是不同的。

下面还是用前面用过的向量来举例，如图 4.2 所示。

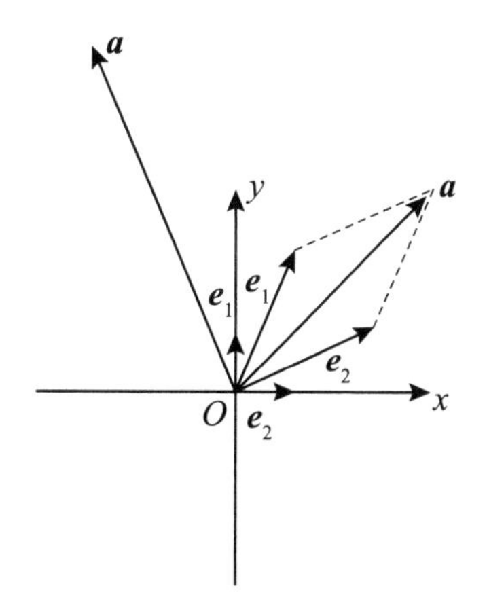

图 4.2　不同基底描述下的线性变换

在这个二维空间 R^2 中，向量从位置 $\boldsymbol{a}$ 变换到位置 $\boldsymbol{a}'$。在默认基底 $\left(\begin{bmatrix}1\\0\end{bmatrix},\begin{bmatrix}0\\1\end{bmatrix}\right)$ 的描述下，向量变换前后的位置坐标从 $\begin{bmatrix}3\\3\end{bmatrix}$ 变成了 $\begin{bmatrix}-3\\6\end{bmatrix}$，对应于这个线性变换，它的描述矩阵为 $\begin{bmatrix}1 & -2\\1 & 1\end{bmatrix}$。

但是，如果采用新的一组基底，即在基底$\left(\begin{bmatrix}2\\1\end{bmatrix},\begin{bmatrix}1\\2\end{bmatrix}\right)$对上述过程进行描述，则向量坐标的转换就变为了$\begin{bmatrix}1\\1\end{bmatrix}\Rightarrow\begin{bmatrix}-4\\5\end{bmatrix}$（计算过程可以参考前面的讲解介绍）。那么不难发现，在默认基底$\left(\begin{bmatrix}1\\0\end{bmatrix},\begin{bmatrix}0\\1\end{bmatrix}\right)$下的变换矩阵$\begin{bmatrix}1&-2\\1&1\end{bmatrix}$显然就无法表示新基底下的坐标变换了，因为通过计算可以观察出：$\begin{bmatrix}1&-2\\1&1\end{bmatrix}\begin{bmatrix}1\\1\end{bmatrix}\neq\begin{bmatrix}-4\\5\end{bmatrix}$。

通过这个实例可以发现，对于同一个向量的空间位置改变，由于我们所选取的基底不同，因此表征其线性变换的矩阵就不同。

下面再举一个生活中的小例子。假如，一辆车从点 A 向点 B 行驶，如果此时我在点 A 面向车尾站立，在我看来，车是离我远去的，越来越远；而如果你在这时是在点 B 面向车头站立，在你看来，车是越来越近的。其实，车还是那辆车，也还是那样行驶，只是你和我所站的位置不同，视角不同，因此感受到的运动状态就是不同的。

4.1.3 相似矩阵和相似变换的概念

针对指定向量的同一个空间变换，用来在不同基底下进行描述的不同矩阵，彼此之间称为相似矩阵。相似矩阵所表示的线性变换，彼此之间称为相似变换。

下面就来详细地推导一下上面的过程。

4.1.4 利用基底变换推导相似矩阵间的关系式

在基底 $(\boldsymbol{e}_1, \boldsymbol{e}_2)$ 下，坐标为 x 的向量通过矩阵 $\boldsymbol{A}$ 完成了线性变换的过程，线性变换后的向量坐标为 $\boldsymbol{x}'$，也可以通过矩阵 $\boldsymbol{P}$，将向量变换到新基底 $(\boldsymbol{e}_1', \boldsymbol{e}_2')$ 下的坐标表示，即用新的基底下的坐标来表示向量，记作 $\boldsymbol{Px}$。

这时在新的基底下，用来表示上面同一个空间变换的则是另一个矩阵 $\boldsymbol{B}$，即在新基底 $(\boldsymbol{e}_1', \boldsymbol{e}_2')$ 下变换后的目标坐标为 $\boldsymbol{BPx}$。最终我们还是需要在原始基底的坐标系下讨论和比较问题，因此需要再次把坐标从新基底 $(\boldsymbol{e}_1', \boldsymbol{e}_2')$ 变回到原始基底 $(\boldsymbol{e}_1, \boldsymbol{e}_2)$ 下。这显然是一个逆变换过程，即通过左乘一个逆矩阵 $\boldsymbol{P}^{-1}$ 来完成，因此和最初直接用矩阵 $\boldsymbol{A}$ 进行变换可以说是殊途同归。

描述上述变换过程的矩阵是：$\boldsymbol{A}=\boldsymbol{P}^{-1}\boldsymbol{BP}$，其中，矩阵 $\boldsymbol{A}$ 和矩阵 $\boldsymbol{B}$ 就是我们所说的相似矩阵，它们分别表示了同一个向量在两个不同基底 $(\boldsymbol{e}_1, \boldsymbol{e}_2)$ 和 $(\boldsymbol{e}_1', \boldsymbol{e}_2')$ 下的相似变换过程。

那么具体这个矩阵 $\boldsymbol{P}$ 该如何进行表示，或者说它是如何得到的？下面来分析一下这个变换过程，即向量在空间中发生一次线性变换，由原来的空间位置 $\boldsymbol{M}$ 变换到目标空间位置 $\boldsymbol{N}$。本质上非常简单，如图 4.3 所示。

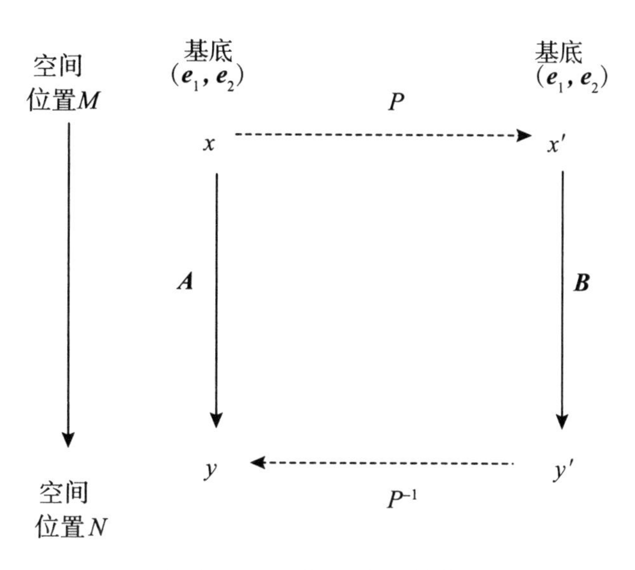

图 4.3　相似矩阵间的转换关系

假设讨论的前提是：在默认基底 $(\boldsymbol{e}_1, \boldsymbol{e}_2)$ 的表示下，向量在矩阵 $\boldsymbol{A}$ 的作用下由坐标 $\boldsymbol{x}$ 变为坐标 $\boldsymbol{y}$；而在新的基底 $(\boldsymbol{e}_1', \boldsymbol{e}_2')$ 的表示下，向量在矩阵 $\boldsymbol{B}$ 的作用下由坐标 $\boldsymbol{x}'$ 变为坐标 $\boldsymbol{y}'$，同时坐标之间的关系满足等式：$\boldsymbol{x}' = \boldsymbol{P}\boldsymbol{x}$。

在原始默认基底 $(\boldsymbol{e}_1, \boldsymbol{e}_2)$ 的表示下，向量被表示为 $a\boldsymbol{e}_i + b\boldsymbol{e}_j$ 的形式，其坐标为 $\boldsymbol{x} = \begin{bmatrix} a \\ b \end{bmatrix}$；而在新基底 $(\boldsymbol{e}_1', \boldsymbol{e}_2')$ 下坐标该如何表示呢？

假设两组基底的线性关系为 $\begin{cases} \boldsymbol{e}_i = c\boldsymbol{e}_i' + d\boldsymbol{e}_j' \\ \boldsymbol{e}_j = f\boldsymbol{e}_i' + g\boldsymbol{e}_j' \end{cases}$，明确了这层关系，就可以很容易的做一个基底变换，即在新的基底 $(\boldsymbol{e}_1', \boldsymbol{e}_2')$ 的表示下，向量被表示为 $a\boldsymbol{e}_i + b\boldsymbol{e}_j = a(c\boldsymbol{e}'_i + d\boldsymbol{e}'_j) + b(f\boldsymbol{e}'_i + g\boldsymbol{e}'_j) = (ac + bf)\boldsymbol{e}'_i + (ad + bg)\boldsymbol{e}'_j$，其坐标为 $\boldsymbol{x}' = \begin{bmatrix} ac+bf \\ ad+bg \end{bmatrix}$，仔细观察一下这个向量的表达式，不难发现坐标可以分解成一个矩阵和一个向量相乘的形式：$\boldsymbol{x}' = \begin{bmatrix} c & f \\ d & g \end{bmatrix}\begin{bmatrix} a \\ b \end{bmatrix}$，而恰好这个被分解出来的向量 $\begin{bmatrix} a \\ b \end{bmatrix}$ 就是原始基底下的坐标 $\boldsymbol{x}$。在此基础上就把式子化简为 $\boldsymbol{x}' = \begin{bmatrix} c & f \\ d & g \end{bmatrix}\boldsymbol{x}$。此时，转换矩阵 $\boldsymbol{P}$ 就为 $\boldsymbol{P} = \begin{bmatrix} c & f \\ d & g \end{bmatrix}$。而矩阵 $\boldsymbol{P}$ 中各个元素的取值与两组基底之间的线性关系系数是完全一一对应的。

综上所述，对于空间位置里的同一个向量，选取不同的基底进行表示，其坐标值就是不同的。对于空间中的同一个位置变换，在不同的基底下，用于描述的矩阵也是不相同的，而这些不同矩阵所描述的线性变换是相似的，它们也被称为相似矩阵，这些矩阵之间的代数关系和其对应基底之间的数量转换关系经过计算发现是完全对应的。

4.1.5 寻找相似矩阵中的最佳矩阵

这样一来，就可以利用 $\boldsymbol{A}=\boldsymbol{P}^{-1}\boldsymbol{BP}$ 这个重要的等式来建立起任意两个相似矩阵之间的代数转换关系。那么，明确了这其中的几何意义和处理方法后，我们就会想，其中的实际用处在哪呢？

相信读者都读过一句唐诗："横看成岭侧成峰，远近高低各不同。"站在不同的角度看庐山，人们看到的景象是不同的。那么，对于一个描述向量空间变换的矩阵而言，是否应该选择一个合适的基底，使我们可以用一个最佳矩阵来描述某一个向量空间变换呢？

显然，沿着这个方向去思考是对的。但是问题又来了，到底什么矩阵可以称得上是最佳矩阵呢？

答案是对角矩阵。下面就来回顾一下之前介绍过的对角矩阵 $\boldsymbol{A}=\begin{bmatrix} a_1 & & & & \\ & a_2 & & & \\ & & a_3 & & \\ & & & \ddots & \\ & & & & a_n \end{bmatrix}$，对角矩阵有以下两大优势。

一是，一个 n 维列向量在 n 阶对角矩阵的作用下，其线性变换的方式仅仅反映在各个维度轴向上的长度拉伸，而不对应着平移或旋转变换，即 $\boldsymbol{Ax}=\begin{bmatrix} a_1 & & & & \\ & a_2 & & & \\ & & a_3 & & \\ & & & \ddots & \\ & & & & a_n \end{bmatrix}\begin{bmatrix} x_1 \\ x_2 \\ x_3 \\ \vdots \\ x_n \end{bmatrix}=\begin{bmatrix} a_1x_1 \\ a_2x_2 \\ a_3x_3 \\ \vdots \\ a_nx_n \end{bmatrix}$，从计算的过程中就可以发现，这种线性变换所对应的操作简单、清晰。

二是，对角矩阵的优势之处还体现在连续的线性变换上，连续的线性变换用矩阵的乘法来表示，即

$$\boldsymbol{AA}=\begin{bmatrix} a_1 & & & & \\ & a_2 & & & \\ & & a_3 & & \\ & & & \ddots & \\ & & & & a_n \end{bmatrix}\begin{bmatrix} a_1 & & & & \\ & a_2 & & & \\ & & a_3 & & \\ & & & \ddots & \\ & & & & a_n \end{bmatrix}=\begin{bmatrix} a_1^2 & & & & \\ & a_2^2 & & & \\ & & a_3^2 & & \\ & & & \ddots & \\ & & & & a_n^2 \end{bmatrix}$$

因此推而广之则有

$$\boldsymbol{A}^n=\begin{bmatrix} a_1 & & & & \\ & a_2 & & & \\ & & a_3 & & \\ & & & \ddots & \\ & & & & a_n \end{bmatrix}^n=\begin{bmatrix} a_1^n & & & & \\ & a_2^n & & & \\ & & a_3^n & & \\ & & & \ddots & \\ & & & & a_n^n \end{bmatrix}$$

由此可以看出，对角矩阵拥有如此漂亮的结构和优越的性质，反映出的是一种非常简便的线性变换方式。

因此，在实际使用过程中，可以尝试把普通的非对角矩阵转换为与其相似的对角矩阵来进行计算处理，从而简化线性变换过程，或者更进一步，可以利用这种手法提取主要的特征成分。

4.1.6 对角矩阵的构造方法

对于一个一般的方阵，应该尝试利用本节所讲的知识，去寻找一个可逆矩阵 $\boldsymbol{P}$，使得转换后的结果为 $\boldsymbol{P}^{-1}\boldsymbol{A}\boldsymbol{P}=\boldsymbol{\Lambda}$，满足 $\boldsymbol{\Lambda}=\begin{bmatrix} a_1 & & & & \\ & a_2 & & & \\ & & a_3 & & \\ & & & \ddots & \\ & & & & a_n \end{bmatrix}$ 是一个对角矩阵，这样就完成了我们的对角化方法，寻得了我们所期待的最佳矩阵。

但是应该如何去构造这个关键的矩阵 $\boldsymbol{P}$，以及如何找到矩阵 $\boldsymbol{A}$ 所对应的相似对角矩阵 $\boldsymbol{\Lambda}$ 呢？这一问题将在 4.2 节中进行详细讲解。

相似矩阵和相似变换的理解基础是空间中基底的相关概念，同时这也是后续对角化、特征分解的核心要素，读者需要牢固掌握这些相关的概念，并仔细、反复琢磨，以求理解问题的本质。

4.2 对角化：寻找最简明的相似矩阵

在 4.1 节中，介绍了对角矩阵的优良性质。因此，在向量的线性变换中，如果能够利用矩阵的相似变换，将表示线性变换的矩阵转换为一个相似对角矩阵，则在新的基底表示下，线性变换的过程就能够大大简化，由原本的长度和方向均会发生变化变成仅仅在基向量方向上做长度的伸缩变换。

在 4.1 节文末留下了一个问题，即如何将一般的方阵 $\boldsymbol{A}$ 经过相似变换转换成一个对角矩阵 $\boldsymbol{\Lambda}$。我们在本节中着重解决这个问题。我们将首先介绍矩阵的特征值和特征向量的有关特性，并说明可以利用矩阵的特征向量来构造转换矩阵 $\boldsymbol{P}$，由此将一个一般方阵成功地转换为对角矩阵。通过对本节内容的学习，读者能够明确这个问题中所蕴含的几何意义，并在此基础上深刻理解变换的思路和方法。

4.2.1 构造对角化转换矩阵 $\boldsymbol{P}$ 的思路

下面就来讨论一下 4.1 节文末遗留的那个重要问题：既然知道对角矩阵是具有最佳性质的相似矩阵，并且可以通过 $\boldsymbol{P}^{-1}\boldsymbol{A}\boldsymbol{P}$ 的矩阵乘法形式得到矩阵 $\boldsymbol{A}$ 的相似对角矩阵，那么这个转换矩阵 $\boldsymbol{P}$ 该如何构造？

很简单，直接从 $\boldsymbol{P}^{-1}\boldsymbol{AP}$ 这个式子入手。

首先，矩阵 $\boldsymbol{P}$ 和矩阵 $\boldsymbol{A}$ 一样，均为 n 阶方阵。为了方便分析和描述，可以把它写成一组列向量并排排列的形式：$\boldsymbol{P}=[\boldsymbol{p}_1\quad \boldsymbol{p}_2\quad \boldsymbol{p}_3\quad \cdots\quad \boldsymbol{p}_n]$，即 n 个 n 维列向量横向进行排列。有了这个表达的基础，就可以开始接下来的推导了。

针对表达式 $\boldsymbol{P}^{-1}\boldsymbol{AP}=\boldsymbol{\Lambda}$ 进行操作：等式两边同时左乘矩阵 $\boldsymbol{P}$，则能得到新的表达式 $\boldsymbol{AP}=\boldsymbol{P\Lambda}$，进一步利用完整的矩阵、向量形式对等式 $\boldsymbol{AP}=\boldsymbol{P\Lambda}$ 进行展开，即

$$\boldsymbol{A}[\boldsymbol{p}_1\quad \boldsymbol{p}_2\quad \boldsymbol{p}_3\quad \cdots\quad \boldsymbol{p}_n]=[\boldsymbol{p}_1\quad \boldsymbol{p}_2\quad \boldsymbol{p}_3\quad \cdots\quad \boldsymbol{p}_n]\begin{bmatrix}\lambda_1 & & & & \\ & \lambda_2 & & & \\ & & \lambda_3 & & \\ & & & \ddots & \\ & & & & \lambda_n\end{bmatrix}$$

最终有 $[\boldsymbol{Ap}_1\quad \boldsymbol{Ap}_2\quad \boldsymbol{Ap}_3\quad \cdots\quad \boldsymbol{Ap}_n]=[\lambda_1\boldsymbol{p}_1\quad \lambda_2\boldsymbol{p}_2\quad \lambda_3\boldsymbol{p}_3\quad \cdots\quad \lambda_n\boldsymbol{p}_n]$。为了使上面这个等式能够成立，就必须让左右两边的向量在每个对应位置上的元素都分别相等，即满足：

$$\begin{cases}\boldsymbol{Ap}_1=\lambda_1\boldsymbol{p}_1\\ \boldsymbol{Ap}_2=\lambda_2\boldsymbol{p}_2\\ \boldsymbol{Ap}_3=\lambda_3\boldsymbol{p}_3\\ \quad\vdots\\ \boldsymbol{Ap}_n=\lambda_n\boldsymbol{p}_n\end{cases}$$

此时，要处理的问题就进一步具体化了。

第一步：我们需要找到满足上述等式的这一组向量，即 $\boldsymbol{p}_1, \boldsymbol{p}_2, \boldsymbol{p}_3, \cdots, \boldsymbol{p}_n$。找到后，将其横向排列，这样就构成了转换矩阵 $\boldsymbol{P}=[\boldsymbol{p}_1\quad \boldsymbol{p}_2\quad \boldsymbol{p}_3\quad \cdots\quad \boldsymbol{p}_n]$。

第二步：把与向量 $\boldsymbol{p}_1, \boldsymbol{p}_2, \boldsymbol{p}_3, \cdots, \boldsymbol{p}_n$ 分别对应的值 $\lambda_1, \lambda_2, \lambda_3, \cdots, \lambda_n$ 依照顺序沿着对角线进行排列，就构成了与矩阵 $\boldsymbol{A}$ 相似的对角矩阵$\boldsymbol{\Lambda}=\begin{bmatrix}\lambda_1 & & & & \\ & \lambda_2 & & & \\ & & \lambda_3 & & \\ & & & \ddots & \\ & & & & \lambda_n\end{bmatrix}$。

4.2.2 引入特征向量和特征值

满足前文中介绍的等式关系：$\boldsymbol{Ap}=\lambda\boldsymbol{p}$ 的非零列向量 $\boldsymbol{p}_i$ 和与之对应的标量值 λ_i，我们分别将其称为方阵 $\boldsymbol{A}$ 的特征向量和特征值。这一组称谓中都含有“特征”二字，这是因为这一类向量和值都属于该方阵 $\boldsymbol{A}$ 的固有属性。

一般而言，对于一个向量 $\boldsymbol{x}$，在矩阵 $\boldsymbol{A}$ 的作用下发生线性变换 $\boldsymbol{Ax}=\boldsymbol{b}$，变换后，向量 $\boldsymbol{x}$ 的方向和长度都会随之发生变化，如果矩阵 $\boldsymbol{A}$ 不是一个方阵，那么连向量的维度都会发生改变。而与之

不同的是：从 $\boldsymbol{A p}=\lambda \boldsymbol{p}$ 这个式子中却能够观察出一个更为特殊的现象，即在方阵 $\boldsymbol{A}$ 的变换作用下，特征向量 $\boldsymbol{p}$ 的线性变换就是在其向量方向上进行 λ 倍的伸缩变换。更直白地说，在这个变换的过程中，仅仅就只有向量的长度发生了改变，但是向量的方向却并未发生变化。具备了这种特殊性的向量，就能够被冠之以“特征”二字。

接下来再观察一下对角化的等式：$\boldsymbol{P}^{-1}\boldsymbol{A p}=\boldsymbol{\Lambda}$，看看是否能够发现其他更多的重要特性。

首先，从等式中直接可以看出，由特征向量 $\boldsymbol{p}_1, \boldsymbol{p}_2, \boldsymbol{p}_3, \cdots, \boldsymbol{p}_n$ 构成的矩阵 $\boldsymbol{P}$ 要求必须是可逆的，也就是说，方阵 $\boldsymbol{A}$ 的特征向量必须满足线性无关，这样矩阵 $\boldsymbol{A}$ 才能进行对角化。

其次，把等式 $\boldsymbol{A p}=\lambda \boldsymbol{p}$ 的右侧移到左侧，则有等式：$(\boldsymbol{A}-\lambda \boldsymbol{I})\boldsymbol{p}=0$，用前面介绍过的知识去描述就是，向量 $\boldsymbol{p}$ 位于矩阵 $\boldsymbol{A}-\lambda \boldsymbol{I}$ 的零空间中，由于向量 $\boldsymbol{p}$ 有非零向量的前提条件，因此矩阵 $\boldsymbol{A}-\lambda \boldsymbol{I}$ 是一个不可逆矩阵。

4.2.3 几何意义

对于一个指定的向量 $\boldsymbol{v}$，如果使用默认的基底 $(\boldsymbol{e}_1, \boldsymbol{e}_2, \boldsymbol{e}_3, \cdots, \boldsymbol{e}_n)$ 对其进行表示，向量 $\boldsymbol{v}$ 即被表示为 $\boldsymbol{v}=x_1\boldsymbol{e}_1+x_2\boldsymbol{e}_2+x_3\boldsymbol{e}_3+\cdots+x_n\boldsymbol{e}_n$。使用方阵 $\boldsymbol{A}$ 对其进行线性变换，那么正如我们在前面的内容中所介绍的，这一组默认的基底就会变成一组新的目标向量。一般情况下，原始的基向量和转换后的目标向量是不共线的。

此时，对该向量更换一组基底进行重新表示，采用方阵 $\boldsymbol{A}$ 的一组特征向量 $(\boldsymbol{p}_1, \boldsymbol{p}_2, \boldsymbol{p}_3, \cdots, \boldsymbol{p}_n)$ 作为其新的基底，则该向量被表示为 $\boldsymbol{v}=y_1\boldsymbol{p}_1+y_2\boldsymbol{p}_2+y_3\boldsymbol{p}_3+\cdots+y_n\boldsymbol{p}_n$，在新的基底下，其新的坐标即为 $\begin{bmatrix} y_1 \\ y_2 \\ y_3 \\ \vdots \\ y_n \end{bmatrix}$，在此基础上利用方阵 $\boldsymbol{A}$ 对其进行线性变换，则有 $\boldsymbol{A v}=\boldsymbol{A}(y_1\boldsymbol{p}_1+y_2\boldsymbol{p}_2+y_3\boldsymbol{p}_3+\cdots+y_n\boldsymbol{p}_n)$。

基于等式 $\boldsymbol{A}(y_1\boldsymbol{p}_1+y_2\boldsymbol{p}_2+y_3\boldsymbol{p}_3+\cdots+y_n\boldsymbol{p}_n)=\boldsymbol{A}y_1\boldsymbol{p}_1+\boldsymbol{A}y_2\boldsymbol{p}_2+\boldsymbol{A}y_3\boldsymbol{p}_3+\cdots+\boldsymbol{A}y_n\boldsymbol{p}_n$，再用上前面讲过的特征定义式：$\boldsymbol{A p}=\lambda \boldsymbol{p}$，对其进行替换则有

$$\boldsymbol{A}y_1\boldsymbol{p}_1+\boldsymbol{A}y_2\boldsymbol{p}_2+\boldsymbol{A}y_3\boldsymbol{p}_3+\cdots+\boldsymbol{A}y_n\boldsymbol{p}_n=\lambda_1 y_1\boldsymbol{p}_1+\lambda_2 y_2\boldsymbol{p}_2+\lambda_3 y_3\boldsymbol{p}_3+\cdots+\lambda_n y_n\boldsymbol{p}_n$$

这个等式的推导结果可以说是非常漂亮的，利用基底 $(\boldsymbol{p}_1, \boldsymbol{p}_2, \boldsymbol{p}_3, \cdots, \boldsymbol{p}_n)$ 所表示的向量 $\boldsymbol{v}$，经过矩阵 $\boldsymbol{A}$ 的线性转换后，其基底在保持不变的前提下，向量的坐标由 $\begin{bmatrix} y_1 \\ y_2 \\ y_3 \\ \vdots \\ y_n \end{bmatrix}$ 变为 $\begin{bmatrix} \lambda_1 y_1 \\ \lambda_2 y_2 \\ \lambda_3 y_3 \\ \vdots \\ \lambda_n y_n \end{bmatrix}$ 的形式。

最后再来概况一下其几何含义。对一个特定向量施加矩阵 $\boldsymbol{A}$ 所描述的线性变换，如果使用矩

阵 $\boldsymbol{A}$ 的特征向量 $(\boldsymbol{p}_1, \boldsymbol{p}_2, \boldsymbol{p}_3, \cdots, \boldsymbol{p}_n)$ 作为空间的基底来对该向量进行坐标表示，则该空间变换即可简化为各个维度的坐标值在其基向量的方向上对应伸缩 λ_i 倍。

4.2.4 用基变换的方法再次推导对角化过程

利用基底变换的方法，再来分析一下对角化的具体过程，先来看一个三维空间的例子。

在这个例子中，假设矩阵 $\boldsymbol{A}$ 的 3 个特征向量依次表示为 $\boldsymbol{p}_1=\begin{bmatrix}p_{11}\\p_{21}\\p_{31}\end{bmatrix}$，$\boldsymbol{p}_2=\begin{bmatrix}p_{12}\\p_{22}\\p_{32}\end{bmatrix}$，$\boldsymbol{p}_3=\begin{bmatrix}p_{13}\\p_{23}\\p_{33}\end{bmatrix}$，使用默认的基底 $(\boldsymbol{e}_1, \boldsymbol{e}_2, \boldsymbol{e}_3)$ 和由特征向量 $(\boldsymbol{p}_1, \boldsymbol{p}_2, \boldsymbol{p}_3)$ 构成的基底分别对同一向量进行表示，即有 $x_1\boldsymbol{e}_1+x_2\boldsymbol{e}_2+x_3\boldsymbol{e}_3=y_1\boldsymbol{p}_1+y_2\boldsymbol{p}_2+y_3\boldsymbol{p}_3$。

利用基向量将这个等式做进一步的代入操作，即

$$x_1\begin{bmatrix}1\\0\\0\end{bmatrix}+x_2\begin{bmatrix}0\\1\\0\end{bmatrix}+x_3\begin{bmatrix}0\\0\\1\end{bmatrix}=y_1\begin{bmatrix}p_{11}\\p_{21}\\p_{31}\end{bmatrix}+y_2\begin{bmatrix}p_{12}\\p_{22}\\p_{32}\end{bmatrix}+y_3\begin{bmatrix}p_{13}\\p_{23}\\p_{33}\end{bmatrix}$$

再对式子进行展开：

$$\begin{cases}x_1=p_{11}y_1+p_{12}y_2+p_{13}y_3\\x_2=p_{21}y_1+p_{22}y_2+p_{23}y_3\\x_3=p_{31}y_1+p_{32}y_2+p_{33}y_3\end{cases}$$

很明显，这一组等式可以用矩阵乘法对其进行表示：

$$\begin{bmatrix}x_1\\x_2\\x_3\end{bmatrix}=\begin{bmatrix}p_{11}&p_{12}&p_{13}\\p_{21}&p_{22}&p_{23}\\p_{31}&p_{32}&p_{33}\end{bmatrix}\begin{bmatrix}y_1\\y_2\\y_3\end{bmatrix}\Rightarrow \boldsymbol{x}=\boldsymbol{P}\boldsymbol{y}$$

取逆，则有 $\boldsymbol{y}=\boldsymbol{P}^{-1}\boldsymbol{x}$。

有了 $\boldsymbol{y}=\boldsymbol{P}^{-1}\boldsymbol{x}$ 这个转换等式，就可以继续往下分析：

因此，对于向量在空间中的位置改变，在以 $(\boldsymbol{e}_1, \boldsymbol{e}_2, \boldsymbol{e}_3, \cdots, \boldsymbol{e}_n)$ 为基底进行的坐标表示下，我们的变换矩阵为 $\boldsymbol{A}$，而在基底 $(\boldsymbol{p}_1, \boldsymbol{p}_2, \boldsymbol{p}_3, \cdots, \boldsymbol{p}_n)$ 下，变换矩阵则为 $\boldsymbol{\Lambda}$。

那么，首先从基底 $(\boldsymbol{e}_1, \boldsymbol{e}_2, \boldsymbol{e}_3, \cdots, \boldsymbol{e}_n)$ 变换到基底 $(\boldsymbol{p}_1, \boldsymbol{p}_2, \boldsymbol{p}_3, \cdots, \boldsymbol{p}_n)$ 下，向量的坐标值就由 x 变为 $\boldsymbol{P}^{-1}\boldsymbol{x}$，接着就能利用左乘矩阵 $\boldsymbol{\Lambda}$ 进行线性变换过程，即 $\boldsymbol{\Lambda}\boldsymbol{P}^{-1}\boldsymbol{x}$。线性变换结束后，需要重新回到原始基底 $(\boldsymbol{e}_1, \boldsymbol{e}_2, \cdots, \boldsymbol{e}_n)$ 下进行坐标表示，所以我们再做一次逆变换，即 $\boldsymbol{P}\boldsymbol{\Lambda}\boldsymbol{P}^{-1}\boldsymbol{x}$，按照这种方式所进行的整个变换过程其实和 $\boldsymbol{A}\boldsymbol{x}$ 是殊途同归的，因此才有了 $\boldsymbol{A}=\boldsymbol{P}\boldsymbol{\Lambda}\boldsymbol{P}^{-1}$。

说到这里，对于对角化里所涉及的正反等式：$\boldsymbol{A}=\boldsymbol{P}\boldsymbol{\Lambda}\boldsymbol{P}^{-1}$，$\boldsymbol{\Lambda}=\boldsymbol{P}^{-1}\boldsymbol{A}\boldsymbol{P}$，其本质意义就十分清晰了。

那么对于一个指定的方阵 $\boldsymbol{A}$，如何具体的求取其特征向量和特征值，从而求得对角矩阵 $\boldsymbol{\Lambda}$，具体方法将在 4.3 节中专门介绍。

4.3 关键要素：特征向量与特征值

有了本章前面两节的理论铺垫和运算推导，我们对矩阵相似性和对角化等核心概念有了深入的了解，明白了通过求取一个矩阵的相似对角矩阵可以获得良好的性质，并且了解到矩阵对角化方法最终的落脚点是求矩阵的特征值和特征向量。

在本节中，将会系统地梳理特征向量和特征值的相关重要特性，并且重点针对特征向量的线性相关性展开讨论，同时还会介绍如何利用 Python 语言求解特征值和特征向量，让读者摆脱冗杂的笔算过程，直接快速掌握工具方法。

4.3.1 几何意义回顾

我们简要地回顾一下 $\boldsymbol{Ap}=\lambda\boldsymbol{p}$，这个有关矩阵特征向量和特征值的核心表达式，从空间几何意义的角度来理解，对于一个方阵 $\boldsymbol{A}$，若向量 $\boldsymbol{p}$ 是它的特征向量，标量值 λ 是对应的特征值，则意味着向量 $\boldsymbol{p}$ 在方阵 $\boldsymbol{A}$ 的作用下，它的空间变换就是其长度沿着向量的方向进行 λ 倍的伸缩。

核心表达式 $\boldsymbol{Ap}=\lambda\boldsymbol{p}$ 的几何意义简单、明晰。一般来说，一个向量在某个矩阵的作用下，其空间变换反映为长度和方向的改变，即旋转、平移和拉伸变换，有些情况下甚至连向量的维度都会发生变化。而这里的特殊之处就在于：矩阵作用于它的特征向量，仅仅只有长度发生了改变。

4.3.2 基本几何性质

结合矩阵特征向量和特征值的几何意义，很容易地就能分析出一些结论。下面针对性地讨论一些特殊情况。

情况一：矩阵特征值为 0 的情况。

如果一个方阵 $\boldsymbol{A}$ 的某个特征值为 $\lambda_i=0$，那么当该矩阵作用在其对应的特征向量 $\boldsymbol{p}$ 上时，依照定义就有 $\boldsymbol{Ap}=0\boldsymbol{p}=\boldsymbol{0}$。这就意味着，该矩阵的零空间中包含非零向量 $\boldsymbol{p}$，该矩阵表示的是空间压缩变换。依据之前学习过的有关知识可知，这就是一个不可逆的矩阵，即奇异矩阵。

情况二：对角矩阵的情况。

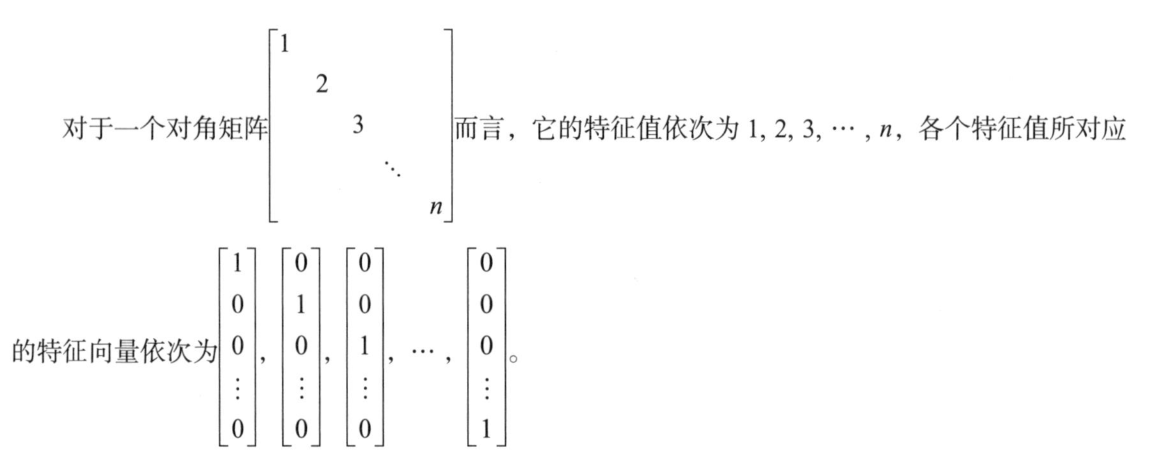

对于一个对角矩阵$\begin{bmatrix}1 & & & & \\ & 2 & & & \\ & & 3 & & \\ & & & \ddots & \\ & & & & n\end{bmatrix}$而言，它的特征值依次为 1, 2, 3, ⋯ , n，各个特征值所对应的特征向量依次为$\begin{bmatrix}1\\0\\0\\\vdots\\0\end{bmatrix}$, $\begin{bmatrix}0\\1\\0\\\vdots\\0\end{bmatrix}$, $\begin{bmatrix}0\\0\\1\\\vdots\\0\end{bmatrix}$, ⋯ , $\begin{bmatrix}0\\0\\0\\\vdots\\1\end{bmatrix}$。

情况三：相似矩阵的情况。

如果矩阵 $\boldsymbol{A}$ 的特征向量为 $\boldsymbol{p}$，特征值为 λ，那么矩阵 $\boldsymbol{A}$ 的相似矩阵 $\boldsymbol{S}^{-1}\boldsymbol{AS}$ 的特征值保持不变，特征值仍为 λ，而它的特征向量将发生变化，变为 $\boldsymbol{S}^{-1}\boldsymbol{p}$。这个性质的验证过程非常简单，即

$$(\boldsymbol{S}^{-1}\boldsymbol{AS})(\boldsymbol{S}^{-1}\boldsymbol{p}) = \boldsymbol{S}^{-1}\boldsymbol{ASS}^{-1}\boldsymbol{p} = \boldsymbol{S}^{-1}\boldsymbol{Ap} = \boldsymbol{S}^{-1}\lambda\boldsymbol{p} = \lambda(\boldsymbol{S}^{-1}\boldsymbol{p})$$

4.3.3 特征向量的线性无关性讨论

如果一个 n 阶方阵 $\boldsymbol{A}$ 有 n 个两两不相同的特征值：$\lambda_1, \lambda_2, \lambda_3, \cdots, \lambda_n$，那么这些特征值所对应的一组特征向量 $\boldsymbol{p}_1, \boldsymbol{p}_2, \boldsymbol{p}_3, \cdots, \boldsymbol{p}_n$，具备彼此之间线性无关的特性。可以用反证法进行简单的证明。

首先，假设 $\lambda_1 \neq \lambda_2$ 这个前提条件，而其所对应的特征向量 $\boldsymbol{p}_1$ 和特征向量 $\boldsymbol{p}_2$ 满足线性相关的关系，即 $\boldsymbol{p}_1 = a\boldsymbol{p}_2$。那么，依据特征向量的性质做进一步的展开，就有等式 $\boldsymbol{Ap}_1 = a\boldsymbol{Ap}_2 = a\lambda_2\boldsymbol{p}_2 = \lambda_2\boldsymbol{p}_1$ 成立。同时我们知道，由于满足 $\boldsymbol{Ap}_1 = \lambda\boldsymbol{p}_1$，因此进行等式替换最终就应该有 $\lambda_1\boldsymbol{p}_1 = \lambda_2\boldsymbol{p}_2$ 的等式关系成立。由于向量 $\boldsymbol{p}_1 \neq 0$，则必须要求满足 $\lambda_1 = \lambda_2$，而这个相等关系，显然与最开始的假设 $\lambda_1 \neq \lambda_2$ 是矛盾的，因此利用反证法就证明了上述结论。

但是，我们不仅要讨论两个向量的简单情况，还应该把问题拓展到多个向量的线性无关问题上来进一步讨论。

下面举 3 个向量的例子来说明问题。仍然是假设满足前提条件 $\lambda_1 \neq \lambda_2 \neq \lambda_3$，而却有对应的 3 个特征向量线性相关，即满足 $\boldsymbol{p}_1 = \alpha\boldsymbol{p}_2 + \beta\boldsymbol{p}_3$ 等式关系成立，其中，$\alpha, \beta \neq 0$（即向量 $\boldsymbol{p}_1$ 和 $\boldsymbol{p}_2$ 之间及向量 $\boldsymbol{p}_1$ 和 $\boldsymbol{p}_3$ 之间是线性无关的）。

针对等式 $\boldsymbol{p}_1 = \alpha\boldsymbol{p}_2 + \beta\boldsymbol{p}_3$，将等式两边同时左乘矩阵 $\boldsymbol{A}$：$\boldsymbol{Ap}_1 = \boldsymbol{A}(\alpha\boldsymbol{p}_2 + \beta\boldsymbol{p}_3) = \alpha\boldsymbol{Ap}_2 + \beta\boldsymbol{Ap}_3$。

其次，还是利用特征向量公式 $\boldsymbol{Ap} = \lambda\boldsymbol{p}$，进一步代入进行处理，则有 $\lambda_1\boldsymbol{p}_1 = \lambda_2\alpha\boldsymbol{p}_2 + \lambda_3\beta\boldsymbol{p}_3$，代入等式 $\alpha\boldsymbol{p}_2 = \boldsymbol{p}_1 - \beta\boldsymbol{p}_3$ 进行替换，最终可以整理得到一个结果等式：$(\lambda_1 - \lambda_2)\boldsymbol{p}_1 + (\lambda_2 - \lambda_3)\beta\boldsymbol{p}_3 = 0$。在这里，由于向量 $\boldsymbol{p}_1$ 和向量 $\boldsymbol{p}_3$ 是线性无关的，如果要满足等式成立，则必须要求 $\lambda_1 = \lambda_2$，$\lambda_2 = \lambda_3$。显然，这个推导出来的结论也与假设 $\lambda_1 \neq \lambda_2 \neq \lambda_3$ 矛盾，同理证毕。

接着上面的推理，如果 n 阶方阵 $\boldsymbol{A}$ 有 n 个特征值：$\lambda_1, \lambda_2, \lambda_3, \cdots, \lambda_n$，且其两两之间满足不等关系 $\lambda_1 \neq \lambda_2 \neq \lambda_3 \neq \cdots \neq \lambda_n$，那么其对应的特征向量 $\boldsymbol{p}_1, \boldsymbol{p}_2, \boldsymbol{p}_3, \cdots, \boldsymbol{p}_n$ 依次排列所组成的方阵 $\boldsymbol{P}$ 就是可逆矩阵。依据 4.2 节所讲的内容，通过 $\boldsymbol{P}^{-1}\boldsymbol{A}\boldsymbol{p} = \boldsymbol{\Lambda}$ 可以将矩阵 $\boldsymbol{P}$ 对角化。其中，对角矩阵

$$\boldsymbol{\Lambda} = \begin{bmatrix} \lambda_1 & & & & \\ & \lambda_2 & & & \\ & & \lambda_3 & & \\ & & & \ddots & \\ & & & & \lambda_n \end{bmatrix}。$$

由此可以得知，对于一个矩阵而言，两两不同的特征值肯定对应着一组线性无关的特征向量；反之，却不能说相同的两个特征值所对应的特征向量就一定满足线性相关的关系。

例如，n 阶单位对角矩阵 $\boldsymbol{I}_n = \begin{bmatrix} 1 & & & & \\ & 1 & & & \\ & & 1 & & \\ & & & \ddots & \\ & & & & 1 \end{bmatrix}$，其所有特征值都是 1，但是 n 个特征向量却彼此之间满足线性无关，对应分别为 $\begin{bmatrix} 1 \\ 0 \\ 0 \\ \vdots \\ 0 \end{bmatrix}, \begin{bmatrix} 0 \\ 1 \\ 0 \\ \vdots \\ 0 \end{bmatrix}, \begin{bmatrix} 0 \\ 0 \\ 1 \\ \vdots \\ 0 \end{bmatrix}, \cdots, \begin{bmatrix} 0 \\ 0 \\ 0 \\ \vdots \\ 1 \end{bmatrix}$，结论一目了然。

4.3.4 特征值与特征向量的 Python 求解方法

通过前面的内容介绍，我们已经熟悉了特征向量和特征值的一些几何特性。下面利用 Python 语言对其进行求解。求解的过程很简单，有以下几种情况。

首先，讨论特征值不相等的情况。

先看一个简单的二阶方阵 $\boldsymbol{A} = \begin{bmatrix} 2 & 1 \\ 1 & 2 \end{bmatrix}$，利用 Python 语言来求其特征值和特征向量。

代码如下：

```
import numpy as np
from scipy import linalg
A = np.array([[2, 1],
              [1, 2]])
evalue, evector = linalg.eig(A)
print(evalue)
print(evector)
```

运行结果：

```
[ 3.+0.j 1.+0.j]
[[ 0.70710678 -0.70710678]
 [ 0.70710678  0.70710678]]
```

程序返回的特征值是用变量 evalue 来表示的，分别是 3 和 1。而变量 evector 所表示的是由特征向量组成的特征矩阵，在这个矩阵中，每一列都是与特征值依序对应的特征向量。因此特征值 3 所对应的特征向量为$\begin{bmatrix}0.7071\\0.7071\end{bmatrix}$，而特征值 1 所对应的特征向量为$\begin{bmatrix}-0.7071\\0.7071\end{bmatrix}$。

补充说明一点，按照一般教材里的特征方程定义法，笔算求得的特征向量是向量$\begin{bmatrix}1\\1\end{bmatrix}$和向量$\begin{bmatrix}-1\\1\end{bmatrix}$，看上去和程序计算出来的结果有所不同，但其实本质上是一样的。Python 计算出来的结果，数字上似乎不太好看，究其原因，实质上是因为将结果处理成模长为 1 的单位向量了。

再看一个三阶对角矩阵$\boldsymbol{A}=\begin{bmatrix}1&0&0\\0&2&0\\0&0&5\end{bmatrix}$，还是利用同样的方法来求其特征值和特征向量。

代码如下：

```
import numpy as np
from scipy import linalg
A = np.array([[1, 0, 0],
              [0, 2, 0],
              [0, 0, 5]])
evalue, evector = linalg.eig(A)
print(evalue)
print(evector)
```

运行结果：

```
[ 1.+0.j 2.+0.j 5.+0.j]
[[ 1. 0. 0.]
 [ 0. 1. 0.]
 [ 0. 0. 1.]]
```

从结果中可以看出，它的 3 个特征值分别为 1，2，5，对应的特征向量分别为$\begin{bmatrix}1\\0\\0\end{bmatrix}$，$\begin{bmatrix}0\\1\\0\end{bmatrix}$，$\begin{bmatrix}0\\0\\1\end{bmatrix}$。

这两个例子中都没有特殊情况，它们的特征值两两不相等，因此其对应的特征向量满足线性无关，组成的特征矩阵可逆。

其次，讨论特征值相同的情况。

先看一个“幸运”的情况：矩阵$\boldsymbol{A}=\begin{bmatrix}1&6&0\\2&2&0\\0&0&5\end{bmatrix}$。

代码如下：

```
import numpy as np
from scipy import linalg
A = np.array([[1, 6, 0],
              [2, 2, 0],
              [0, 0, 5]])
evalue, evector = linalg.eig(A)
print(evalue)
print(evector)
```

运行结果：

```
[-2.+0.j 5.+0.j 5.+0.j]
[[-0.89442719     -0.83205029    0.]
 [ 0.4472136      -0.5547002     0.]
 [ 0.              0.            1.]]
```

从程序得出的结果中可以看出，矩阵 $\boldsymbol{A}$ 有一个二重特征值 5 和另一个特征值 −2，但是幸运的是，对于二重特征值 5，可以找到两个线性无关的特征向量$\begin{bmatrix}-0.8321\\-0.5547\\0\end{bmatrix}$和$\begin{bmatrix}0\\0\\1\end{bmatrix}$。与此同时，对于另一个非重复的特征值 −2，经过程序运算可以得出其所对应的特征向量为$\begin{bmatrix}-0.8944\\0.4472\\0\end{bmatrix}$（显然，这 3 个特征向量也最终被处理为模长为 1 的单位向量）。因此，依然可以找到 3 个线性无关的特征向量，组成一个可逆的特征矩阵，依照定理，该矩阵也可以进行对角化。

再来看看“不幸”的情况：正如在上一段中所介绍的，这个拥有二重特征根的矩阵 $\boldsymbol{A}=\begin{bmatrix}1&6&0\\2&2&0\\0&0&5\end{bmatrix}$，拥有 3 个线性无关的特征向量，即$\begin{bmatrix}-0.8321\\-0.5547\\0\end{bmatrix}$，$\begin{bmatrix}0\\0\\1\end{bmatrix}$，$\begin{bmatrix}-0.8944\\0.4472\\0\end{bmatrix}$，由此称为“幸运”，换言之，对应的还有“不幸”的情况。“不幸”的情况就是求出来的特征向量线性相关，矩阵无法进行对角化。

下面来看这个例子，$\boldsymbol{A}=\begin{bmatrix}6&-2&1\\0&4&0\\0&0&6\end{bmatrix}$，同样利用 Python 代码进行处理，观察实验结果。

代码如下：

```
import numpy as np
from scipy import linalg
A = np.array([[6, -2, 1],
              [0, 4, 0],
              [0, 0, 6]])
evalue, evector = linalg.eig(A)
print(evalue)
print(evector)
```

运行结果：

```
[ 6.+0.j 4.+0.j 6.+0.j]
[[ 1.00000000e+00 7.07106781e-01 -1.00000000e+00]
 [ 0.00000000e+00 7.07106781e-01  0.00000000e+00]
 [ 0.00000000e+00 0.00000000e+00  1.33226763e-15]]
```

通过观察程序的运行结果可以发现，同样地，这个矩阵也含有二重特征值 6，但是因为这个二重特征值所对应的两个特征向量 $\begin{bmatrix}1\\0\\0\end{bmatrix}$ 和 $\begin{bmatrix}-1\\0\\1.33\mathrm{e}-15\end{bmatrix}$ 是线性相关的（机器运算的结果，可视作 $1.33\mathrm{e}-15\approx 0$）。所以，由这组线性相关的特征向量所组成的特征矩阵是不可逆的，自然矩阵 $\boldsymbol{A}$ 就无法按照之前介绍的方法进行对角化了。

此时，面对这种情形，需要通过其他方式，将其化作与对角矩阵非常接近的 Jordan 标准型，有兴趣的读者可以自行查阅其他有关资料，在这里就不过多地展开了。

综上所述，对于一个 n 阶方阵 $\boldsymbol{A}$，包括多重特征值在内，一共有 n 个特征值。对于任意特征值，如果对应的线性无关的特征向量与其重数相同，换句话说，即该矩阵 $\boldsymbol{A}$ 一共有 n 个线性无关的特征向量，那么由矩阵 $\boldsymbol{A}$ 的特征向量所组成的特征矩阵就是可逆矩阵，矩阵 $\boldsymbol{A}$ 就可以被对角化。

第 5 章

降维与压缩：抓住主成分

作为全书知识脉络的交汇点，本章的核心内容是讲解如何对数据进行降维处理和特征分析。毕竟，更低的数据维度会使处理代价更小，但是具体怎么降维这确实不是一个简单的问题。

本章将从矩阵分析入手，深入剖析特征值分解（EVD）和奇异值分解（SVD）的理论基础和推演过程，并对对称矩阵、数据分布的度量等重要基础概念进行铺垫。随后，将在特征值分解和奇异值分解这两大理论的基础上，详细论述提取数据主成分的思想方法，并利用 Python 语言进行数据降维和压缩的实践操作。

本章主要涉及的知识点

- 介绍对称矩阵在数据压缩与降维的处理过程中所扮演的重要角色
- 介绍对称矩阵的一系列重要性质
- 从期望、方差和协方差这些概念入手介绍度量数据分布的基本方法
- 介绍特征值分解的原理和步骤
- 介绍如何利用特征值分解的方法对数据进行主成分分析
- 介绍数据降维的一种更通用方法：奇异值分解，阐述其理论基础和推导过程
- 介绍如何利用奇异值分解的方法对数据进行降维处理
- 介绍如何将矩阵近似地表示为几个矩阵相加的形式

5.1 最重要的矩阵：对称矩阵

在对数据进行降维与压缩的运算处理过程中，有一类矩阵扮演了极其重要的角色，即对称矩阵。在线性代数的理论与实践中，我们将对称矩阵称为“最重要的”矩阵丝毫不显夸张。

对称矩阵除了“自身与转置后的结果相等”这个最浅显、基本的性质外，还拥有许多重要的高级特性。在对角化的运算讨论中，我们会发现实数对称矩阵一定能够对角化，并且能够得到一组标准正交的特征向量。同时，任意一个矩阵 $\boldsymbol{A}$ 同其自身的转置矩阵 $\boldsymbol{A}^{\mathrm{T}}$ 相乘都能得到一个对称矩阵，在本节中就将重点关注 $\boldsymbol{A}\boldsymbol{A}^{\mathrm{T}}$ 这类对称矩阵并细致地讨论它的特征值所具有的重要性质，这些基础知识将会为后续内容的学习打下坚实的基础。

5.1.1 对称矩阵基本特性回顾

首先，简要地回顾一下在前面章节中所介绍过的关于对称矩阵的一些重要基本特性。

如果一个矩阵 $\boldsymbol{S}$ 的所有数据项都满足 $S_{ij}=S_{ji}$，那么这个矩阵就被称为对称矩阵。通俗地说，一个对称矩阵通过转置操作得到的结果仍然是其自身，即满足：$\boldsymbol{S}=\boldsymbol{S}^{\mathrm{T}}$ 的运算要求。我们从这里面还可以推断出对阵矩阵 $\boldsymbol{S}$ 所蕴含的一个前提条件：它必须是一个方阵。

我们还讲过，有一种获取对称矩阵的简单方法：一个矩阵乘以其自身的转置矩阵，即 $\boldsymbol{A}\boldsymbol{A}^{\mathrm{T}}$，所得到的运算结果必然是一个对称矩阵。关于这个结论的证明方法也非常简单，即

$$(\boldsymbol{A}\boldsymbol{A}^{\mathrm{T}})^{\mathrm{T}}=(\boldsymbol{A}^{\mathrm{T}})^{\mathrm{T}}\boldsymbol{A}^{\mathrm{T}}=\boldsymbol{A}\boldsymbol{A}^{\mathrm{T}}$$

这个等式满足关于矩阵对称的基本定义。

5.1.2 实对称矩阵一定可以对角化

在这里只讨论实数范围内的对称矩阵问题。

在第 4 章中我们讲过，对于一个任意的方阵，如果其特征值两两不同，那么特征值所对应的特征向量彼此之间满足线性无关，这个方阵可以被对角化。如果方阵有相同的特征值，它很可能存在线性相关的特征向量，那么如果发生了这种情况，该方阵就不能被对角化了。

但是，这种情况在对称矩阵身上是不会发生的。需要牢记的是，对于任意一个实数对称矩阵而言，它都一定可以被对角化。换句话说，对于一个对称矩阵，无论它的特征值是否重复，它的特征向量都一定满足线性无关。

在这里，具体的证明过程不再展开，有兴趣的读者可以查阅相关的资料。

5.1.3 特征向量标准正交

任意一个实对称矩阵都可以获得一组标准正交的特征向量。这可以说是对称矩阵中一个最好的性质了，在这里用一个简单的方法来描述一下这个性质及其推导证明过程。

实对称矩阵 $\boldsymbol{S}$ 一定能够被对角化，可以被写成 $\boldsymbol{S}=\boldsymbol{X\Lambda X}^{-1}$ 的形式，其中，对角矩阵 $\boldsymbol{\Lambda}$ 的各元素一定均由实数构成，并且最为关键的一点是任何一个对称矩阵分解得到的特征向量矩阵都可以是标准正交矩阵。

我们可以简单地看一个等式推导过程。

首先对矩阵 $\boldsymbol{S}$ 进行矩阵分解，得到 $\boldsymbol{S}=\boldsymbol{X\Lambda X}^{-1}$。由于矩阵 $\boldsymbol{S}$ 是一个对称矩阵，因此满足 $\boldsymbol{S}=\boldsymbol{S}^{\mathrm{T}}$ 的关系，于是有 $\boldsymbol{X\Lambda X}^{-1}=(\boldsymbol{X\Lambda X}^{-1})^{\mathrm{T}}=(\boldsymbol{X}^{-1})^{\mathrm{T}}\boldsymbol{\Lambda X}^{\mathrm{T}}$。

那么，想要使得上面的等式相等，就需要满足对应位置上的元素相等，即 $\boldsymbol{X}^{-1}=\boldsymbol{X}^{\mathrm{T}}$。对此再进一步，就可以将其整理成 $\boldsymbol{X}^{\mathrm{T}}\boldsymbol{X}=\boldsymbol{I}$ 的形式。这恰恰说明了，此时获取的特征向量之间是满足标准正交关系的，可以将 $\boldsymbol{X}$ 换记作正交矩阵的符号 $\boldsymbol{Q}$；同时结合 $\boldsymbol{Q}^{-1}=\boldsymbol{Q}^{\mathrm{T}}$ 这个基本特性，就可以把实对称矩阵的对角化过程变换成更好的形式，写作 $\boldsymbol{S}=\boldsymbol{Q\Lambda Q}^{-1}=\boldsymbol{Q\Lambda Q}^{\mathrm{T}}$。

5.1.4 对称矩阵的分解形式

将对称矩阵 $\boldsymbol{S}$ 分解成标准正交的特征向量只是其中的一种形式而已，由定义式 $\boldsymbol{Sx}=\lambda\boldsymbol{x}$ 可以得知，特征向量是一个方向上的向量集合，不一定非得满足长度为 1 的要求，但是我们仍然可以通过直觉感受到一个事实，那就是一旦把特征向量都设置为单位向量，那么在实践的过程中会收获很多便利。

此时，我们知道了对称矩阵 $\boldsymbol{S}$ 一定可以得到由一组标准正交特征向量所构成的特征矩阵 $\boldsymbol{Q}$，即矩阵 $\boldsymbol{Q}$ 可以表示为 $[\boldsymbol{q}_1\quad \boldsymbol{q}_2\quad \boldsymbol{q}_3\quad \cdots\quad \boldsymbol{q}_n]$ 的形式。进一步将等式 $\boldsymbol{S}=\boldsymbol{Q\Lambda Q}^{\mathrm{T}}$ 进行展开，可以得到

$$\boldsymbol{S}=[\boldsymbol{q}_1\quad \boldsymbol{q}_2\quad \boldsymbol{q}_3\quad \cdots\quad \boldsymbol{q}_n]\begin{bmatrix}\lambda_1 & & & & \\ & \lambda_2 & & & \\ & & \lambda_3 & & \\ & & & \ddots & \\ & & & & \lambda_n\end{bmatrix}\begin{bmatrix}\boldsymbol{q}_1^{\mathrm{T}}\\ \boldsymbol{q}_2^{\mathrm{T}}\\ \boldsymbol{q}_3^{\mathrm{T}}\\ \vdots\\ \boldsymbol{q}_n^{\mathrm{T}}\end{bmatrix}$$ 的完整相乘形式。

这个式子是非常重要的，接下来进一步对其做展开运算，将矩阵 $\boldsymbol{S}$ 写成一组矩阵相加的形式：$\boldsymbol{S}=\lambda_1\boldsymbol{q}_1\boldsymbol{q}_1^{\mathrm{T}}+\lambda_2\boldsymbol{q}_2\boldsymbol{q}_2^{\mathrm{T}}+\lambda_3\boldsymbol{q}_3\boldsymbol{q}_3^{\mathrm{T}}+\cdots+\lambda_n\boldsymbol{q}_n\boldsymbol{q}_n^{\mathrm{T}}$。

在这一组标准正交向量当中，每一个 $\boldsymbol{q}_i\boldsymbol{q}_i^{\mathrm{T}}$ 相乘所得到的结果项都是一个秩为 1 并且与矩阵 $\boldsymbol{S}$ 维数相等的方阵。同时它还满足方阵与方阵之间相乘的结果为 $\boldsymbol{0}$ 这个性质，也可以广义的理解为方阵之间满足“正交”。

最终，任意一个 n 阶对称矩阵 $\boldsymbol{S}$ 都可以分解成 n 个秩 1 方阵乘以各自权重系数 λ_i 然后相加的结果。

5.1.5 $\boldsymbol{AA}^{\mathrm{T}}$ 与 $\boldsymbol{A}^{\mathrm{T}}\boldsymbol{A}$ 的秩

在本书前面的章节中，介绍过这样一个结论，对于任意一个 $m \times n$ 形状的矩阵 $\boldsymbol{A}$，它的列向量中线性无关向量的个数等于其行向量中线性无关向量的个数。

换句话说，也就是任意矩阵的行秩等于列秩，即满足：$r(\boldsymbol{A}) = r(\boldsymbol{A}^{\mathrm{T}})$。这个结论可以从线性方程组消元化简的角度去思考，这样读者就会很容易理解了。

下面介绍矩阵 $\boldsymbol{A}$ 和 $\boldsymbol{A}^{\mathrm{T}}\boldsymbol{A}$ 的秩之间的关系。

从零空间的角度入手去理解这个问题，即如果方程 $\boldsymbol{Ax} = \boldsymbol{0}$ 和方程 $\boldsymbol{A}^{\mathrm{T}}\boldsymbol{Ax} = \boldsymbol{0}$ 是同解方程，那么它们就拥有相同的零空间，由于 $\boldsymbol{A}$ 和 $\boldsymbol{A}^{\mathrm{T}}\boldsymbol{A}$ 这两个矩阵的列的个数相等，都为 n，因此，就可以推断出它们的列空间的维数相同，均为 $n - N(\boldsymbol{A})$。换句话说，也就能够推出二者的秩相等。

接下来就按照这个思路去进行推进。

首先，如果满足方程 $\boldsymbol{Ax} = \boldsymbol{0}$ 成立，方程两边同时乘以转置矩阵 $\boldsymbol{A}^{\mathrm{T}}$，很明显，等式 $\boldsymbol{A}^{\mathrm{T}}\boldsymbol{Ax} = \boldsymbol{0}$ 同样能够成立。因此，可以说如果 $\boldsymbol{x}$ 是方程 $\boldsymbol{Ax} = \boldsymbol{0}$ 的解，则能推出 x 也一定是方程 $\boldsymbol{A}^{\mathrm{T}}\boldsymbol{Ax} = \boldsymbol{0}$ 的解。

相反，如果方程 $\boldsymbol{A}^{\mathrm{T}}\boldsymbol{Ax} = \boldsymbol{0}$ 成立，将方程两边同时乘以向量 $\boldsymbol{x}^{\mathrm{T}}$，即方程 $\boldsymbol{x}^{\mathrm{T}}\boldsymbol{A}^{\mathrm{T}}\boldsymbol{Ax} = \boldsymbol{0}$ 当然也一定能够成立，对这个等式稍微整理一下，就可以得到 $(\boldsymbol{Ax})^{\mathrm{T}}(\boldsymbol{Ax}) = \boldsymbol{0}$ 这个更加简洁的形式，从中可以看出一定能够满足 $\boldsymbol{Ax} = \boldsymbol{0}$ 成立。此时，可以说如果 $\boldsymbol{x}$ 是方程 $\boldsymbol{A}^{\mathrm{T}}\boldsymbol{Ax} = \boldsymbol{0}$ 的解，那么它一定也是方程 $\boldsymbol{Ax} = \boldsymbol{0}$ 的解。

于是，方程 $\boldsymbol{Ax} = \boldsymbol{0}$ 和方程 $\boldsymbol{A}^{\mathrm{T}}\boldsymbol{Ax} = \boldsymbol{0}$ 是一对同解的方程，矩阵 $\boldsymbol{A}$ 和矩阵 $\boldsymbol{A}^{\mathrm{T}}\boldsymbol{A}$ 这两个矩阵拥有相同的零空间，因此就解释清楚了矩阵 $\boldsymbol{A}$ 和 $\boldsymbol{A}^{\mathrm{T}}\boldsymbol{A}$ 秩相等的问题。

同样地，由此不难发现也一定有矩阵 $\boldsymbol{A}^{\mathrm{T}}$ 和矩阵 $\boldsymbol{AA}^{\mathrm{T}}$ 的秩相等。那么，在 $r(\boldsymbol{A}) = r(\boldsymbol{A}^{\mathrm{T}})$ 这个相等关系的纽带连接下，就有了以下这个结论：

$$r(\boldsymbol{AA}^{\mathrm{T}}) = r(\boldsymbol{A}^{\mathrm{T}}) = r(\boldsymbol{A}) = r(\boldsymbol{A}^{\mathrm{T}}\boldsymbol{A})$$

从等式中可以看出，它们的秩都是相等的。

5.1.6 $\boldsymbol{A}^{\mathrm{T}}\boldsymbol{A}$ 对称矩阵的正定性描述

下面聚焦一下对称矩阵特征值的问题，先介绍一组概念：如果一个矩阵的所有特征值都为正，那么我们称其为“正定的”矩阵；如果均为非负（即最小的特征值为 0），相当于结论上稍稍弱了一些，那么我们称其为“半正定的”矩阵；如果它含有负的特征值，那么它是非正定的。

换句话说，对于一个对称矩阵而言，从特征值的正负性角度来看，它一定是正定、半正定或非正定中的一种。

就正定性而言，一般的对称矩阵其实没有太多的特殊性，但是由任意矩阵 $\boldsymbol{A}$ 乘以它的转置矩阵 $\boldsymbol{A}^{\mathrm{T}}$ 得到的对称矩阵 $\boldsymbol{A}^{\mathrm{T}}\boldsymbol{A}$，则具备非常好的特殊性质。即它的特征值一定是非负的，换句话说，它至少是半正定的。

接下来还是从特征向量的定义式 $Sx = \lambda x$ 入手进行分析，将等式两边同时乘以向量 x^T，得到 $x^T Sx = x^T \lambda x = \lambda x^T x$ 这个新等式，由于特征向量必须非零，因此必然存在 $x^T x = |x|^2 > 0$ 的不等关系。换句话说，此时等式 $x^T Sx = \lambda x^T x$ 左侧的正负性就决定了右侧 λ 的正负性。

那么，如果要满足正定性（或半正定性）的要求，就一定要满足所有的 λ 都为正（或非负）的要求，等价于 $x^T Sx$ 的计算结果恒为正（或非负），这在 $S = A^T A$ 的条件下能够保证成立吗？将其代入到等式中发现，这个是可以保证成立的，即

$$x^T Sx = x^T A^T Ax = (Ax)^T Ax = |Ax|^2$$

此时，如果矩阵 A 的各列满足线性无关，由于向量 x 是非零的，因此就能够保证所有的 $Ax \neq 0$ 都成立，那么就有 $|Ax|^2 > 0$ 恒成立。此时，对称矩阵 $A^T A$ 所有的特征值都满足 $\lambda_i > 0$，因此矩阵是正定的。

如果矩阵 A 的各列线性相关，那么也就有 $x \neq 0$ 而 $Ax = 0$ 的情况存在。此时，就只能保证 $|Ax|^2 \geqslant 0$（存在等于零的可能性），对称矩阵 $A^T A$ 就存在值为 0 的特征值 λ。因此，此时的矩阵是半正定的。

此时，就可以继续挖掘出结论：实对称矩阵中非零特征值的个数等于该矩阵的秩。这个结论非常明显：因为矩阵 A 与相似对角化后的矩阵 Λ 拥有相同的特征值，同时由相似性可知，这两个矩阵的秩相等，而 Λ 最容易看出非零特征值的个数和秩的相等关系，从而结论得证。

综上所述，对称矩阵 $A^T A$ 的所有特征值都满足非负性，特别地，如果矩阵 A 的列向量满足线性无关，则该矩阵是一个正定矩阵，其特征值均为正。

5.1.7 $A^T A$ 与 AA^T 的特征值

$A^T A$ 和 AA^T 这两个对称矩阵的特征值满足的关系为：$A^T A$ 和 AA^T 拥有完全相同的非零特征值。

下面从两个方向入手进行证明：如果 λ 是矩阵 AA^T 的特征值，那么它也是矩阵 $A^T A$ 的特征值；反之，如果 λ 是矩阵 $A^T A$ 的特征值，那么它同样也是矩阵 AA^T 的特征值。

假设矩阵 A 的维度是 $m \times n$，矩阵 AA^T 的一个非零特征值是 λ，对应的特征向量是 x，那么依据定义有：$AA^T x = \lambda x$，将等式两边同时乘以矩阵 A^T，即满足：$A^T AA^T x = A^T \lambda x$ 的相等关系，稍做整理就可以得到等式 $A^T A(A^T x) = \lambda(A^T x)$，于是可以看出，矩阵 $A^T A$ 的特征值仍然是 λ，对应的特征向量为 $A^T x$。

反过来，其证明过程也非常简单，已知矩阵 $A^T A$ 的特征值 λ 和对应的特征向量 y，依据定义有：$A^T Ay = \lambda y$，将等式两边同时乘以矩阵 A，可以得到 $AA^T Ay = A\lambda y$ 的相等关系，也是对其稍做整理，就有 $AA^T(Ay) = \lambda(Ay)$，这个过程同样说明了，如果 λ 是 $A^T A$ 的特征值，那么它也一定是 AA^T 的特征值。

综上所述，就证明了 A^TA 和 AA^T 这两个对称矩阵拥有完全相同的非零特征值。

5.1.8 对称矩阵的性质总结

在本节中，我们讲解了对称矩阵的诸多重要性质和结论。它们不是零散的概念，而是可以构成一个知识网络。下面给读者串联一下这些知识点。

对于任意的一个 $m \times n$ 形状的矩阵 A，有如下性质。

（1）矩阵 A 和转置矩阵 A^T 相乘的结果 A^TA 和 AA^T 都是对称矩阵。

（2）矩阵 A^TA 和矩阵 AA^T 都能够被对角化，且都可以通过矩阵分解，获得一组标准正交的特征向量。

（3）矩阵 A^TA 和矩阵 AA^T 分别是 n 阶和 m 阶的方阵，一般情况下它们的维度都是不等的，但是它们的秩却一定满足相等关系，即满足：$r(A^TA)=r(AA^T)=r(A)=r(A^T)$ 的相等关系。

（4）对于矩阵 A^TA 而言，它的特征值一定都是非负的，特别地，如果矩阵 A 的列向量满足线性无关，那么它的特征值全部为正，即为正定矩阵。

（5）矩阵 A^TA 和矩阵 AA^T 拥有完全相同的非零特征值，非零特征值的个数与矩阵 A 的秩相等。

熟悉、掌握这 5 个重要结论，将会为本章后面的内容扫清最大的数学障碍，帮助读者更好地掌握相关知识。

5.2 数据分布的度量

在介绍如何对数据进行主成分分析之前，有必要来梳理一下对一组数据的分布进行度量的数学基本方法。

这里我们会使用到期望、方程、协方差这些概率统计的基本概念，同时利用协方差矩阵这种数据表现形式来描述一组随机变量两两之间的相关性情况。本节的内容很基本，但是非常重要。

5.2.1 期望与方差

看到这个标题，读者也许会想这里不是在讲线性代数吗，怎么感觉像是误入了概率统计的课堂?

这里需要专门说明一下，通过本章的内容，我们的最终目标是分析如何提取数据的主成分，如何对手头的数据进行降维处理，以便对后续进一步的分析过程进行简化，而问题的切入点就是数据各个维度之间的关系及数据的整体分布。因此，下面就先梳理一下如何对数据的整体分布情况进行描述。

期望用来衡量的是一组变量 X 取值分布的平均值，一般将其记作 $E[X]$，它反映的是不同数据集的整体水平。例如，在一次期末考试中，一班的平均成绩是 90 分，二班的平均成绩是 85 分，那么从这两个班级成绩的均值来看，就反映出了一班的成绩在总体上是优于二班的。

方差这个概念相信读者也不会感到陌生，方差的定义式为 $V[X] = E[(X - \mu)^2]$，（其中，$\mu = E[X]$，表示的就是期望），它反映的是一组数据的离散程度。通俗地说，对于一组数据而言，其方差越大，数据的分布就越发散；而方差越小，数据的分布就越集中。在一组样本集的方差计算中，采用$\frac{1}{n-1}\sum_{i=1}^{n}(x_i-\mu)^2$来作为样本 X 的方差估计。

这里有一组数据，它描述了 10 名同学的考试成绩，第一列是英语成绩，第二列是数学成绩，第三列是物理成绩，将数据文件保存在和源码相同的路径上，文件名称为 score.csv，数据文件的截图如图 5.1 所示。

	A	B	C
1	78	95	98
2	79	80	77
3	72	65	58
4	85	90	90
5	74	71	75
6	72	56	62
7	70	77	80
8	92	84	79
9	88	100	99
10	81	88	83

图 5.1　考试成绩数据表

下面利用 Python 语言来求解一下英语、数学和物理这 3 门成绩的均值和方差。

代码如下：

```
import numpy as np
eng, mat, phy = np.loadtxt('score.csy', delimiter=',',
                           usecols=(0, 1, 2), unpack=True)
print(eng.mean(), mat.mean(), phy.mean())
print(np.cov(eng), np.cov(mat), np.cov(phy))
```

运行结果：

```
79.1 80.6 80.1
54.98888888888888 188.04444444444442 181.87777777777777
```

从运行结果中可以看出，这 10 名同学的英语、数学、物理 3 门功课的成绩所体现出的一些特征：3 门功课的平均值都差不多，但是方差值却相差非常大，英语成绩的方差要明显小于数学和物理成绩的方差。这说明了这 10 名同学英语成绩的分布相对而言要集中一些，换句话说，每个人的成绩都相差不大，而另外两门理科成绩的分数分布则要分散一些，成绩差距显得相对较大。

5.2.2 协方差与协方差矩阵

一般而言，一个人如果数学成绩好，他的物理成绩大概率也会不错，反之亦然。但是数学成绩与英语成绩却没有很强的相关性，至少不像数学成绩和物理成绩的关联那样密切。

为了具体量化这种现象，引入了协方差这个概念。对于随机变量 X 和 Y，二者的协方差定义为

$$\mathrm{Cov}[X, Y] = E[(X-\mu)(Y-\nu)]$$

其中，μ 和 ν 分别为随机变量 X 和随机变量 Y 的期望。

对比观察一下 5.2.1 节中所讲过的方差公式：$V[X] = E[(X-\mu)^2] = E[(X-\mu)(X-\mu)]$，不难发现，可以将方差看作是协方差的一种特殊形式。

通过上面协方差的定义式，可以用通俗的语言来概况这里面的含义。

当随机变量 X 和随机变量 Y 的协方差为正时，表示当 X 增大时，Y 也倾向于随之增大；而当协方差为负时，表示当 X 增大，Y 却倾向于减小；当协方差为 0 时，表示当 X 增大时，Y 没有明显的增大或减小的倾向，二者是相互独立的。

我们可以引入一个协方差矩阵，将一组随机变量 X_1, X_2, X_3 两两之间的协方差用矩阵的形式进行统一表达，即

$$\begin{bmatrix} V[X_1] & \mathrm{Cov}[X_1, X_2] & \mathrm{Cov}[X_1, X_3] \\ \mathrm{Cov}[X_2, X_1] & V[X_2] & \mathrm{Cov}[X_2, X_3] \\ \mathrm{Cov}[X_3, X_1] & \mathrm{Cov}[X_3, X_2] & V[X_3] \end{bmatrix}$$

下面简单介绍一下协方差矩阵各位置上元素的含义：协方差矩阵中的第 i 行第 j 列的元素 $\mathrm{Cov}[X_i, X_j]$ 表示随机变量 X_i 和 X_j 之间的协方差，而对角线上第 i 行第 i 列的元素 $V[X_i]$ 则表示随机变量 X_i 自身的方差。

从定义中可以看出，协方差 $\mathrm{Cov}[X_i, X_j]$ 和 $\mathrm{Cov}[X_j, X_i]$ 显然是相等的。因此，协方差矩阵是一个对称矩阵，结合 5.1 节中关于对称矩阵性质的分析介绍，我们知道，协方差矩阵也一定会拥有很多优良的性质，这将在后面的应用中派上大用场。

最后，再来实践一下协方差矩阵的求解方法，求一下由英语、数学、物理成绩构成的协方差矩阵。

代码如下：

```
import numpy as np
eng, mat, phy = np.loadtxt('score.csv', delimiter=',',
                           usecols=(0, 1, 2), unpack=True)
S = np.vstack((eng, mat, phy))
print(np.cov(S))
```

运行结果：

```
[[ 54.98888889    70.82222222    56.76666667]
 [ 70.82222222   188.04444444   175.15555556]
 [ 56.76666667   175.15555556   181.87777778]]
```

从求解出来的这个协方差矩阵中可以观察出，数学和物理成绩之间的协方差为 175.16，而英语和数学成绩、英语和物理成绩之间的协方差分别为 70.82 和 56.77，明显小于数学和物理成绩之间的协方差，这也从量化的层面说明了，数学和物理成绩之间的正相关性要更强一些。

在本节中，重点讲解了方差和协方差的概念，方差度量了变量自身的离散程度，而协方差则表征了两组随机变量之间的相关程度。在 5.3 节中，将会从方差和协方差入手来介绍如何对数据进行主成分分析。

5.3 利用特征值分解（EVD）进行主成分分析（PCA）

我们通常会通过观察一系列的特征属性来对我们感兴趣的对象进行分析研究，特征属性越多，越有利于我们细致刻画事物，但同时也会增加后续数据处理的运算量，带来较大的处理负担，我们应该如何平衡好这个问题？主成分分析方法就是一个很好的解决途径。

主成分分析方法的首要目标就是减少研究对象的特征维度，但同时又要尽量减少降维过程中不可避免的信息损失。那么通过协方差矩阵的形态启发及矩阵对角化的理论指引，我们找到了一种解决该问题的有效途径，即利用一组线性无关且维度较少的新特征来代替原始的采样特征，以期达到我们的目的。在本节中，我们就基于该方法详细展示主成分分析的理论和实践。

5.3.1 数据降维的需求背景

在研究工作中，我们常常针对我们关注的研究对象，去收集大量有关它的特征属性，从而对其进行细致的观测和深入的分析。

例如，在对一组城市进行研究时，可以从地区生产总值、面积、年降水量、年平均温度、人口数量、人均寿命、人均工资、人均受教育年份、性别比例、宗教人口、汽车保有量、人均住房面积等维度去收集相关数据。

这里随手一列就是十几个特征属性，其实就算列出 100 个也不足为奇。我们收集的特征属性越多，就越方便我们全方面地对事物进行细致的研究和考量，对深层次的规律进行探寻。

但是，随着样本特征属性数量的增多，需要分析处理的数据量也是直线上升的。在进行样本聚类、回归等数据分析的过程中，样本的数据维度过大，无疑会使得问题的研究变得愈加复杂。同时，我们很容易发现一个现象，那就是样本的特征属性之间还存在着一定的相关性，如地区生产总值与汽车保有量之间、人均工资与人均受教育年份之间、人均寿命之间等。这些指标之间都是存在着某种相关性的，这也增加了问题处理的复杂性。

因此，这种现状让我们感觉到，用这么多彼此相关的特征属性去描述一件事物，一方面非常复杂，另一方面似乎也不是那么必要。我们希望能在原有基础上减少特征属性的数量。

5.3.2 数据降维的目标：特征减少，损失要小

下面就来探究这个问题：如何对样本的特征属性进行降维？目标是什么？

归结起来有以下两点。

第一个目标是特征维度要变小，不能使用那么多的特征属性了。

第二个目标是描述样本的信息损失要尽量少。数据降维，一定伴随着信息的损失，但是如果损失得太多了，数据降维自然也就失去了意义。

5.3.3 主成分分析法降维的思路

有读者可能会想，能不能直接挑选一个特征属性，然后将其去掉，通过这种方法简单地实现数据降维？直觉告诉我们，这似乎是不行的。这种方法最为关键的一点就是没有考虑到特征属性之间彼此紧密耦合的相关关系。这样独立地对各个特征属性进行分析，是很盲目的。

下面举一个非常直观的例子来说明。

假设研究的对象有两个特征属性，分别为 X 和 Y，对 5 个样本进行数据采样的结果如表 5.1 所示。

表 5.1 对 5 个样本进行数据采样的结果表

	样本 1	样本 2	样本 3	样本 4	样本 5
X	2	2	4	8	4
Y	2	6	6	8	8

我们的目标是对其进行降维，只用一维特征来表示每个样本。

首先，将其绘制在二维平面图中进行整体观察，如图 5.2 所示。

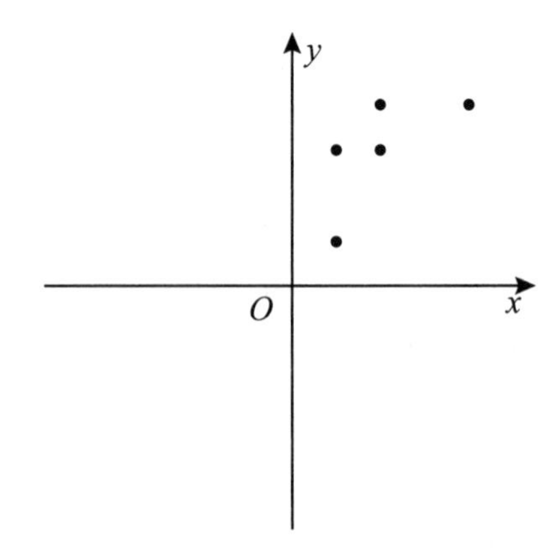

图 5.2 样本的特征数据的分布

在 5 个样本的特征数据分布图中，可以挖掘出几个重要的规律。首先，探究 X 和 Y 这两个特征属性的数据分布和数据相关情况。

代码如下：

```
import numpy as np
x = [2,2,4,8,4]
y = [2,6,6,8,8]
S = np.vstack((x,y))
print(np.cov(S))
```

运行结果：

```
[[ 6. 4.]
 [ 4. 6.]]
```

结合特征变量 X 和 Y 的图象分布及我们的观察发现，5 个样本的特征 X 和特征 Y 呈现出正相关性，数据彼此之间存在着影响。

其次，直接去掉特征 X 或特征 Y 来实现特征降维是不可行的，如果直接去掉特征 X，那么样本 2 和样本 3，以及样本 4 和样本 5，就变得无法区分了。

但是实质上，在降维前的原始数据中，它们显然是有明显区别的。直接去掉特征 Y 也是一样，这种简单粗暴的降维方法显然是不可取的，它忽视了数据中的内在结构关系，并且带来了非常明显的信息损失，如图 5.3 所示。

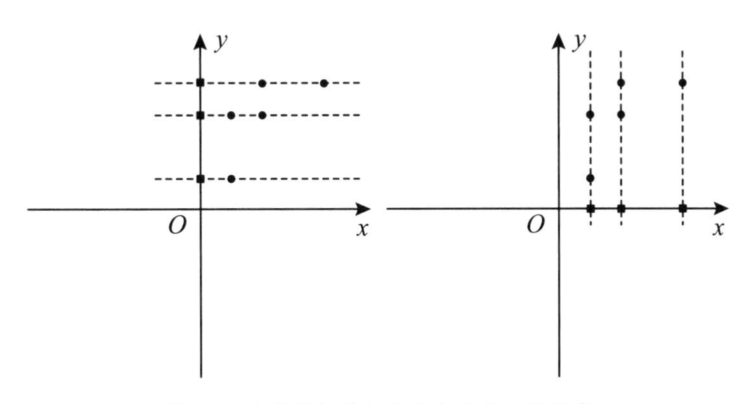

图 5.3　直接进行特征去除会丢失大量信息

我们应该如何调整我们的降维策略？基于上面的现象，直观上而言，思路应该聚焦在两方面：一是，要考虑去除掉特征之间的相关性，想办法创造另一组新的特征来描述样本，并且新的特征必须彼此之间不相关；二是，在新的彼此无关的特征集中，舍弃掉不重要的特征，保留较少的特征，实现数据的特征维度降维，保证尽量少的信息损失。

5.3.4　剖析 PCA：构造彼此无关的新特征

下面先来尝试用两个新的特征来对样本进行描述，那么为了让这两个新特征满足彼此无关的要求，就得让这两个新特征的协方差为 0，构成的协方差矩阵是一个对角矩阵。而目前我们所使用的原始特征 X 和 Y 的协方差不为 0，其协方差矩阵是一个普通的对称矩阵。

实施主成分分析 (PCA) 的具体方法如下。

回顾一下协方差的定义式：

$$\mathrm{Cov}(X,Y)=\frac{1}{n-1}\sum_{i=1}^{n}(x_i-\mu)(y_i-\nu)$$

我们发现，如果变量 X 和变量 Y 的均值为 0，那么协方差的式子就会变得更加简单。

具体方法为：将 X 中的每一个变量都减去它们的均值 μ，同样将 Y 中的每一个变量都减去它们的均值 ν。这样，经过零均值化处理后，特征 X 和特征 Y 的平均值都变为了 0。很显然，这样的处理并不会改变方差与协方差的值，因为数据的离散程度并未发生改变，同时从公式的表达上来看，这个道理也非常清楚。

经过零均值化处理后，X 和 Y 的协方差矩阵就可以写作

$$\begin{bmatrix} V[X] & \mathrm{Cov}[X,Y] \\ \mathrm{Cov}[Y,X] & V[Y] \end{bmatrix}=\begin{bmatrix} \frac{1}{n-1}\sum_{i=1}^{n}x_i^2 & \frac{1}{n-1}\sum_{i=1}^{n}x_iy_i \\ \frac{1}{n-1}\sum_{i=1}^{n}y_ix_i & \frac{1}{n-1}\sum_{i=1}^{n}y_i^2 \end{bmatrix}=\frac{1}{n-1}\begin{bmatrix} \sum_{i=1}^{n}x_i^2 & \sum_{i=1}^{n}x_iy_i \\ \sum_{i=1}^{n}y_ix_i & \sum_{i=1}^{n}y_i^2 \end{bmatrix}$$

接下来，再来看一下 $\begin{bmatrix} \sum_{i=1}^{n}x_i^2 & \sum_{i=1}^{n}x_iy_i \\ \sum_{i=1}^{n}y_ix_i & \sum_{i=1}^{n}y_i^2 \end{bmatrix}$ 这个矩阵。这个矩阵有很强的规律性，不难发现它就是零均值化后的样本矩阵 $\boldsymbol{A}=\begin{bmatrix} x_1 & x_2 & x_3 & \cdots & x_n \\ y_1 & y_2 & y_3 & \cdots & y_n \end{bmatrix}$ 与自身的转置矩阵 $\boldsymbol{A}^{\mathrm{T}}=\begin{bmatrix} x_1 & y_1 \\ x_2 & y_2 \\ x_3 & y_3 \\ \vdots & \vdots \\ x_n & y_n \end{bmatrix}$ 相乘的结果，即协方差矩阵

$$\boldsymbol{C}=\frac{1}{n-1}\boldsymbol{A}\boldsymbol{A}^{\mathrm{T}}\Rightarrow\begin{bmatrix} \sum_{i=1}^{n}x_i^2 & \sum_{i=1}^{n}x_iy_i \\ \sum_{i=1}^{n}y_ix_i & \sum_{i=1}^{n}y_i^2 \end{bmatrix}=\begin{bmatrix} x_1 & x_2 & x_3 & \cdots & x_n \\ y_1 & y_2 & y_3 & \cdots & y_n \end{bmatrix}\begin{bmatrix} x_1 & y_1 \\ x_2 & y_2 \\ x_3 & y_3 \\ \vdots & \vdots \\ x_n & y_n \end{bmatrix}$$

一般而言，在实际情况中 X 和 Y 满足线性无关，所以依据之前介绍的知识，协方差矩阵 $\boldsymbol{C}$ 是对称的、正定的满秩方阵。

接下来，就把各个样本的特征 X 和特征 Y 的取值用另外一组基来进行表示，由于要求在新的基下表示的新特征彼此无关，因此新选择的两个基必须满足彼此正交。

选择一组新的基：$\boldsymbol{p}_1$ 和 $\boldsymbol{p}_2$，它们的模长均为 1，彼此之间满足标准正交，在此条件下，向量

$\boldsymbol{a}=\begin{bmatrix}x_1\\y_1\end{bmatrix}$与向量$\boldsymbol{p}_i$的点积就表示向量$\boldsymbol{a}$在$\boldsymbol{p}_i$方向上的投影，同时由于$\boldsymbol{p}_i$是单位向量，那么点积的结果就代表了基向量$\boldsymbol{p}_i$的坐标。

那么向量$\boldsymbol{a}$在由标准正交向量$\boldsymbol{p}_1$和$\boldsymbol{p}_2$构成的新基底上的坐标即为$\begin{bmatrix}\boldsymbol{p}_1^{\mathrm{T}}\boldsymbol{a}\\\boldsymbol{p}_2^{\mathrm{T}}\boldsymbol{a}\end{bmatrix}$，如果令$\boldsymbol{P}=\begin{bmatrix}\boldsymbol{p}_1^{\mathrm{T}}\\\boldsymbol{p}_2^{\mathrm{T}}\end{bmatrix}$，那么可以进一步将其表示为$\boldsymbol{Pa}$。

梳理一下这里所做的工作：$\boldsymbol{A}=\begin{bmatrix}x_1 & x_2 & x_3 & \cdots & x_n\\y_1 & y_2 & y_3 & \cdots & y_n\end{bmatrix}$，就是$n$个样本的特征$X$和特征$Y$的原始采样值。而$\boldsymbol{PA}=\begin{bmatrix}\boldsymbol{p}_1^{\mathrm{T}}\boldsymbol{a}_1 & \boldsymbol{p}_1^{\mathrm{T}}\boldsymbol{a}_2 & \boldsymbol{p}_1^{\mathrm{T}}\boldsymbol{a}_3 & \cdots & \boldsymbol{p}_1^{\mathrm{T}}\boldsymbol{a}_n\\\boldsymbol{p}_2^{\mathrm{T}}\boldsymbol{a}_1 & \boldsymbol{p}_2^{\mathrm{T}}\boldsymbol{a}_2 & \boldsymbol{p}_2^{\mathrm{T}}\boldsymbol{a}_3 & \cdots & \boldsymbol{p}_2^{\mathrm{T}}\boldsymbol{a}_n\end{bmatrix}$（其中，$\boldsymbol{a}_i=\begin{bmatrix}x_i\\y_i\end{bmatrix}$）。描述的就是这$n$个样本在新构建的特征下的取值。

此时，我们来实现第一个目标：试图让第一个新特征$[\boldsymbol{p}_1^{\mathrm{T}}\boldsymbol{a}_1 \quad \boldsymbol{p}_1^{\mathrm{T}}\boldsymbol{a}_2 \quad \boldsymbol{p}_1^{\mathrm{T}}\boldsymbol{a}_3 \quad \cdots \quad \boldsymbol{p}_1^{\mathrm{T}}\boldsymbol{a}_n]$和第二个新特征$[\boldsymbol{p}_2^{\mathrm{T}}\boldsymbol{a}_1 \quad \boldsymbol{p}_2^{\mathrm{T}}\boldsymbol{a}_2 \quad \boldsymbol{p}_2^{\mathrm{T}}\boldsymbol{a}_3 \quad \cdots \quad \boldsymbol{p}_2^{\mathrm{T}}\boldsymbol{a}_n]$，二者之间满足线性无关。换句话说，就是要求这两个特征的协方差为0，协方差矩阵是一个对角矩阵。

如果从$\boldsymbol{D}=\frac{1}{n-1}\boldsymbol{PA}(\boldsymbol{PA})^{\mathrm{T}}=\frac{1}{n-1}\boldsymbol{PAA}^{\mathrm{T}}\boldsymbol{P}^{\mathrm{T}}=\frac{1}{n-1}\boldsymbol{PCP}^{\mathrm{T}}$这个推导的式子入手，那么就将命题转化成了我们再熟悉不过的问题了：去寻找让协方差矩阵$\boldsymbol{C}$对角化的矩阵$\boldsymbol{P}$。这里还有一个很好的前提条件：协方差矩阵$\boldsymbol{C}$是对称矩阵、正定矩阵，它保证了矩阵一定能够对角化，且特征值全都为正。

我们在5.1节中得到过这样的结论：对称矩阵一定可以得到由一组标准正交特征向量构成的特征矩阵$\boldsymbol{Q}$。矩阵$\boldsymbol{Q}$可以表示为$[\boldsymbol{q}_1 \quad \boldsymbol{q}_2 \quad \boldsymbol{q}_3 \quad \cdots \quad \boldsymbol{q}_n]$，进一步将等式$\boldsymbol{S}=\boldsymbol{Q\Lambda Q}^{\mathrm{T}}$进行整理，得到$\boldsymbol{\Lambda}=\boldsymbol{Q}^{\mathrm{T}}\boldsymbol{SQ}$的形式，对其进行展开最终得到$\boldsymbol{\Lambda}=\begin{bmatrix}\boldsymbol{q}_1^{\mathrm{T}}\\\boldsymbol{q}_2^{\mathrm{T}}\\\boldsymbol{q}_3^{\mathrm{T}}\\\vdots\\\boldsymbol{q}_n^{\mathrm{T}}\end{bmatrix}\boldsymbol{S}[\boldsymbol{q}_1 \quad \boldsymbol{q}_2 \quad \boldsymbol{q}_3 \quad \cdots \quad \boldsymbol{q}_n]$。

将$\boldsymbol{\Lambda}=\boldsymbol{Q}^{\mathrm{T}}\boldsymbol{SQ}$和$\boldsymbol{\Lambda}=\begin{bmatrix}\boldsymbol{q}_1^{\mathrm{T}}\\\boldsymbol{q}_2^{\mathrm{T}}\\\boldsymbol{q}_3^{\mathrm{T}}\\\vdots\\\boldsymbol{q}_n^{\mathrm{T}}\end{bmatrix}\boldsymbol{S}[\boldsymbol{q}_1 \quad \boldsymbol{q}_2 \quad \boldsymbol{q}_3 \quad \cdots \quad \boldsymbol{q}_n]$这两个式子进行类比，就会求解出我们想要的转换矩阵$\boldsymbol{P}$，结果就是$\boldsymbol{P}=\boldsymbol{Q}^{\mathrm{T}}=\begin{bmatrix}\boldsymbol{q}_1^{\mathrm{T}}\\\boldsymbol{q}_2^{\mathrm{T}}\\\boldsymbol{q}_3^{\mathrm{T}}\\\vdots\\\boldsymbol{q}_n^{\mathrm{T}}\end{bmatrix}$，其中，向量$\boldsymbol{q}_1, \boldsymbol{q}_2, \boldsymbol{q}_3, \cdots, \boldsymbol{q}_n$就是协方差矩阵$\boldsymbol{C}$的$n$个标准正交

特征向量。由此，再通过乘法运算 PA，就能计算得出彼此线性无关的新特征。

5.3.5 结合例子实际操作

在这里所举的实例中，我们具体来操作一下。首先进行零均值化的数据处理工作。

代码如下：

```
import numpy as np
x = [2,2,4,8,4]
y = [2,6,6,8,8]
x = x-np.mean(x)
y = y-np.mean(y)
S = np.vstack((x,y))
print(S)
print(np.cov(S))
```

运行结果：

```
[[-2. -2. 0. 4. 0.]
 [-4.  0. 0. 2. 2.]]

[[ 6. 4.]
 [ 4. 6.]]
```

在上面的过程中，我们对原始数据两个特征的采样值进行了零均值化处理，同时也验证了零均值化处理后，协方差矩阵确实不变。

接着处理，代码如下：

```
import numpy as np
from scipy import linalg
C = np.array([[6, 4],
              [4, 6]])
evalue, evector = linalg.eig(C)
print(evalue)
print(evector)
```

运行结果：

```
[ 10.+0.j  2.+0.j]
[[ 0.70710678  -0.70710678]
 [ 0.70710678   0.70710678]]
```

由此，通过求协方差矩阵 C 的特征向量，得到了新选择的两个线性无关的特征投影基，协方差矩阵 $C=\begin{bmatrix}6 & 4\\4 & 6\end{bmatrix}$的特征矩阵为 $Q=\begin{bmatrix}0.707 & -0.707\\0.707 & 0.707\end{bmatrix}$。

结合新得到的两个线性无关的新投影基所在的方向，观察一下经过零均值化处理后的数据分布，如图 5.4 所示。

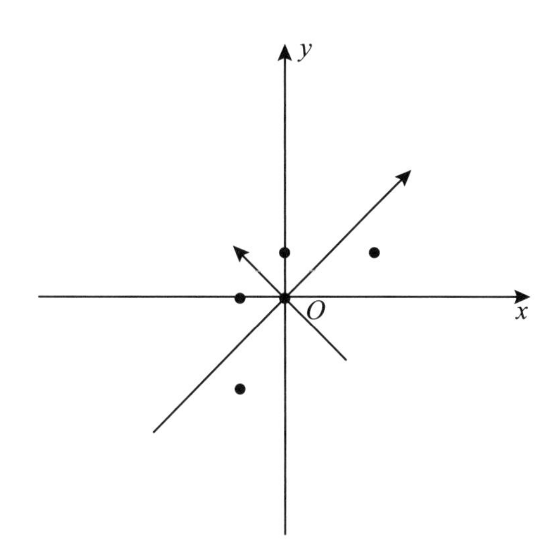

图 5.4　特征向量作为新的投影方向

然后再对对角化矩阵 $\boldsymbol{D}$ 进行求解：

$$\boldsymbol{D}=\frac{1}{n-1}\boldsymbol{Q}^{\mathrm{T}}\boldsymbol{C}\boldsymbol{Q}=\frac{1}{4}\begin{bmatrix}0.707 & 0.707\\-0.707 & 0.707\end{bmatrix}\begin{bmatrix}6 & 4\\4 & 6\end{bmatrix}\begin{bmatrix}0.707 & -0.707\\0.707 & 0.707\end{bmatrix}=\begin{bmatrix}2.5 & 0\\0 & 0.5\end{bmatrix}$$

5.3.6　新得到的特征如何取舍

在上面的一系列操作中，构造出了两个新特征。原始特征的方向分别为 x 轴的正方向和 y 轴的正方向，两个原始特征彼此相关。而新构造的两个特征，方向分别为 $\begin{bmatrix}0.707\\0.707\end{bmatrix}$ 和 $\begin{bmatrix}-0.707\\0.707\end{bmatrix}$，在这两个方向上构造的新特征协方差为 0，满足彼此之间线性无关。

如果将原始特征的采样值变换到两个新选取的投影基上，那么就得到新的一组特征取值。

代码如下：

```
import numpy as np
x = [2,2,4,8,4]
y = [2,6,6,8,8]
x = x-np.mean(x)
y = y-np.mean(y)
A = np.vstack((x,y))
p_1 = [0.707, 0.707]
p_2 = [-0.707, 0.707]
P = np.vstack((p_1,p_2))
print(A)
print(np.dot(P,A))
```

运行结果：

```
[[-2. -2. 0. 4. 0.]
 [-4.  0. 0. 2. 2.]]

[[-4.242 -1.414  0.   4.242 1.414]
 [-1.414  1.414  0.  -1.414 1.414]]
```

上面得到的两个结果，就是在原始特征和新构建特征上分别得到的值。在此基础上再进行特征维度的降维，让二维数据变成一维数据。由于这两个新的特征彼此无关，因此可以放心大胆地保留一个、去掉一个。

具体保留哪一个，我们的判定依据就是方差，方差越大的特征，特征中数据分布的离散程度就越大，特征所包含的信息量就越大；反之，如果特征中数据的方差小，则意味着数据分布集中，表明其包含的信息量就小。我们应选择保留信息量大的那个特征。

这里，$\begin{bmatrix}0.707\\0.707\end{bmatrix}$方向上的特征对应的方差为 2.5，而$\begin{bmatrix}-0.707\\0.707\end{bmatrix}$方向上的特征对应的方差为 0.5。我们决定保留$\begin{bmatrix}0.707\\0.707\end{bmatrix}$方向上的特征取值。

此时就完成了主成分的提取，5 个样本如果用一维数据来描述，最终的取值为 [−4.242 −1.414 0 4.242 1.414]，从而实现了数据的降维。

最终所保留的就是以$\begin{bmatrix}0.707\\0.707\end{bmatrix}$为基向量的坐标值，如图 5.5 所示。

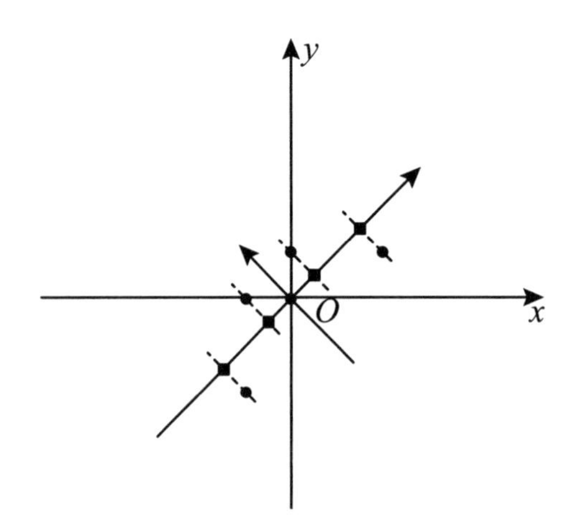

图 5.5 降维后的数据主成分分布

5.3.7 衡量信息的损失

我们怎么衡量数据降维过程中的信息损失？或者反过来说，我们保留了多少信息？这里介绍主

成分贡献率的概念。在上面的例子里，原本一共有两个原始特征，我们保留第一个作为主成分，用方差来衡量主成分贡献率为

$$\frac{\lambda_1}{\lambda_1+\lambda_2}=\frac{2.5}{3}=83.3\%$$

由此可见，在数据降维的过程中，数据压缩率为 50%，但却保留了 83.3% 的信息，效果还是不错的。

5.3.8 推广到 n 个特征的降维

推广到一般情况，如果有 n 个特征，那么如何进行数据降维？这里的思路是完全一样的。

（1）针对采样得到的 m 个观察样本，得到了一个 $n\times m$ 规模大小的样本数据矩阵 $\boldsymbol{A}$。

（2）对每一个特征的取值，进行零均值化处理，如果这些特征不在一个数量级上，那么还应该将其除以标准差 σ。

（3）利用预处理后的矩阵 $\boldsymbol{A}$，求 m 个特征的协方差矩阵：$\boldsymbol{C}=\frac{1}{m-1}\boldsymbol{A}\boldsymbol{A}^{\mathrm{T}}$。

（4）对协方差矩阵进行对角化处理，求得协方差矩阵 $\boldsymbol{C}$ 的 n 个标准正交特征向量，并按照对应的特征值的大小依次排列。

（5）按照事先规定的主成分贡献率，提取满足该数值要求的前 k 个新构造的特征作为主成分，构造成数据压缩矩阵：$\boldsymbol{P}=\begin{bmatrix}\boldsymbol{q}_1^{\mathrm{T}}\\\boldsymbol{q}_2^{\mathrm{T}}\\\boldsymbol{q}_3^{\mathrm{T}}\\\vdots\\\boldsymbol{q}_k^{\mathrm{T}}\end{bmatrix}$。

（6）通过矩阵相乘 $\boldsymbol{PA}$ 实现前 k 个主成分的提取，将数据的 n 维特征压缩到 k 维，实现主成分提取。

5.4 更通用的利器：奇异值分解（SVD）

在 5.3 节中，我们深入学习了如何利用特征值分解的方法对数据进行主成分分析。特征值分解这个方法非常重要，也非常有效，但是同时也存在着一些局限性，即要求矩阵必须是方阵且能够被对角化。那么如果拓展到一般的情况，对于任意形状的矩阵又该如何进行处理呢？

在本节中将介绍一个更为通用的利器：奇异值分解（SVD）。它可以对任意形状的矩阵进行分解，适用性更广。我们将从特征值分解的几何意义入手，从特殊到一般，在空间的背景下引导读者一步一步探索 SVD 方法的推导过程，带着读者透彻理解 SVD 方法的来龙去脉，相信读者学完本节

内容后会有一种豁然开朗的感觉，在运用 SVD 方法进行数据分析时能够更加从容不迫、得心应手。

5.4.1　特征值分解的几何意义

在 5.3 节中，我们讲了通过特征值分解（EVD）的方法对样本的特征提取主成分，从而实现数据的降维。在介绍奇异值分解（SVD）之前，先来挖掘一下特征值分解的几何意义。

我们最开始获得的是一组原始的 $m\times n$ 数据样本矩阵 $\boldsymbol{A}$，其中，m 表示特征的个数；n 表示样本的个数。通过与自身的转置矩阵相乘：$\boldsymbol{AA}^{\mathrm{T}}$ 得到了样本特征的 m 阶协方差矩阵 $\boldsymbol{C}$，然后求取协方差矩阵 $\boldsymbol{C}$ 的一组标准正交特征向量 $\boldsymbol{q}_1, \boldsymbol{q}_2, \boldsymbol{q}_3, \cdots, \boldsymbol{q}_m$ 及对应的特征值 $\lambda_1, \lambda_2, \lambda_3, \cdots, \lambda_m$。

着重强调一下，这里处理的就是协方差矩阵 $\boldsymbol{C}$，对矩阵 $\boldsymbol{C}$ 进行特征值分解，将矩阵分解成了

$$\boldsymbol{C}=\begin{bmatrix}\boldsymbol{q}_1 & \boldsymbol{q}_2 & \boldsymbol{q}_3 & \cdots & \boldsymbol{q}_m\end{bmatrix}\begin{bmatrix}\lambda_1 & & & & \\ & \lambda_2 & & & \\ & & \lambda_3 & & \\ & & & \ddots & \\ & & & & \lambda_m\end{bmatrix}\begin{bmatrix}\boldsymbol{q}_1^{\mathrm{T}} \\ \boldsymbol{q}_2^{\mathrm{T}} \\ \boldsymbol{q}_3^{\mathrm{T}} \\ \vdots \\ \boldsymbol{q}_m^{\mathrm{T}}\end{bmatrix}$$
的形式。

最终，选取前 k 个特征值对应的特征向量，依序构成数据压缩矩阵 $\boldsymbol{P}$ 的各行，通过矩阵相乘 $\boldsymbol{PA}$ 达到数据压缩的目的。

以上是回顾前文的内容，不难发现为了完成矩阵的特征值分解，最关键的还是要回归到 $\boldsymbol{Cq}_i=\lambda_i\boldsymbol{q}_i$ 这个基本性质上来。

那么为什么又专门提到这个结论呢？结合主成分分析的推导过程可知，之所以对协方差矩阵 $\boldsymbol{C}$ 进行特征值分解，是因为在原始空间 R_m 中，原本是用 $\boldsymbol{e}_1, \boldsymbol{e}_2, \boldsymbol{e}_3, \cdots, \boldsymbol{e}_m$ 这组默认基向量来表示空间中的任意一个向量 $\boldsymbol{a}$，当使用基变换，将 $\boldsymbol{a}$ 用 $\boldsymbol{q}_1, \boldsymbol{q}_2, \boldsymbol{q}_3, \cdots, \boldsymbol{q}_m$ 这组标准正交基进行表示后，$\boldsymbol{Ca}$ 的乘法运算就变得相当简单了，只需要在各个基向量的方向上对应伸长 λ_i 倍即可，如图 5.6 所示。

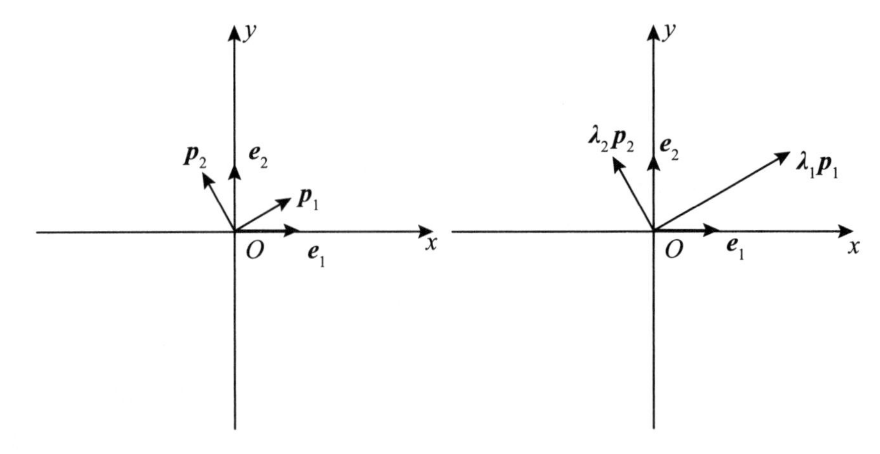

图 5.6　目标空间中特征向量对应伸长 λ_i 倍

实际上我们在之前也对此进行过重点分析，正是因为协方差矩阵具备对称性、正定性，保证了它可以被对角化，并且特征值一定为正，从而使得特征值分解的过程一定能够顺利完成。

因此，利用特征值分解进行主成分分析，核心就是获取协方差矩阵，然后对其进行矩阵分解，获得一组特征值和其对应的方向。

5.4.2 从 $\boldsymbol{Av}=\sigma\boldsymbol{u}$ 入手奇异值分解

但是，如果不进行协方差矩阵 $\boldsymbol{C}$ 的求取，绕开它直接对原始的数据采样矩阵 $\boldsymbol{A}$ 进行矩阵分解，从而进行降维操作，显然是不行的。

特征值分解对矩阵的要求非常严格，首先，要求矩阵必须得是一个方阵；其次，在方阵的基础上，还得满足可对角化的要求。但是原始的 $m\times n$ 数据采样矩阵 $\boldsymbol{A}$ 连方阵这个最基本的条件都不能够满足，根本无法进行特征值分解。

下面介绍一个对于任意 $m\times n$ 形状矩阵更具普遍意义的一般性质。

对于一个形状为 $m\times n$、秩为 r 的矩阵 $\boldsymbol{A}$，这里暂且假设 $m>n$，于是就有 $r\leqslant n<m$ 的不等关系存在。在 R^n 空间中一定可以找到一组标准正交向量 $\boldsymbol{v}_1,\boldsymbol{v}_2,\boldsymbol{v}_3,\cdots,\boldsymbol{v}_n$，在 R^m 空间中一定可以找到另一组标准正交向量 $\boldsymbol{v}_1,\boldsymbol{v}_2,\boldsymbol{v}_3,\cdots,\boldsymbol{v}_m$，使之满足 n 组相等关系，即 $\boldsymbol{Av}_i=\sigma_i\boldsymbol{u}_i$，其中，$i=1,2,\cdots,n$。

$\boldsymbol{Av}_i=\sigma_i\boldsymbol{u}_i$ 这个等式非常重要，也非常神奇。下面就来揭开里面的谜团，展现它的精彩之处。

矩阵 $\boldsymbol{A}$ 是一个 $m\times n$ 形状的矩阵，它所表示的线性变换是将 n 维原始空间中的向量映射到更高维的 m 维目标空间中去，而 $\boldsymbol{Av}_i=\sigma_i\boldsymbol{u}_i$ 这个等式意味着在原始空间中找到一组新的标准正交向量 $[\boldsymbol{v}_1,\boldsymbol{v}_2,\boldsymbol{v}_3,\cdots,\boldsymbol{v}_n]$，在目标空间中存在着对应的一组标准正交向量 $[\boldsymbol{u}_1,\boldsymbol{u}_2,\boldsymbol{u}_3,\cdots,\boldsymbol{u}_n]$，当矩阵 $\boldsymbol{A}$ 作用在原始空间上的某个基向量 $\boldsymbol{v}_i$ 上时，其线性变换的结果就是对应在目标空间中的基向量 $\boldsymbol{u}_i$ 沿着自身方向伸长 σ_i 倍，并且任意一对 $(\boldsymbol{v}_i,\boldsymbol{u}_i)$ 向量都满足这种关系（显然，特征值分解是这里的一种特殊情况，即两组标准正交基向量完全相等），如图 5.7 所示。

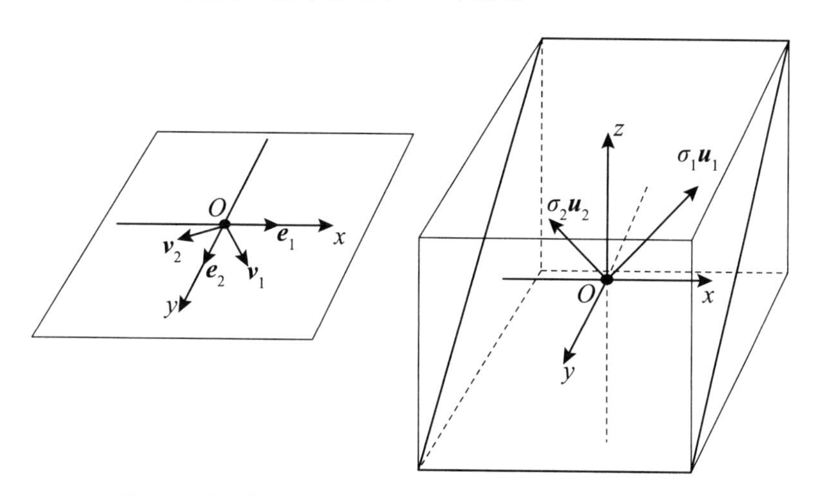

图 5.7　原始空间和目标空间选取了两组不同的标准正交基

在 $A\boldsymbol{v}_i=\sigma\boldsymbol{u}_i$ 这个式子的基础上，我们明白该如何继续处理了。$A[\boldsymbol{v}_1\ \ \boldsymbol{v}_2\ \ \boldsymbol{v}_3\ \ \cdots\ \ \boldsymbol{v}_n]=[\sigma_1\boldsymbol{u}_1\ \ \sigma_2\boldsymbol{u}_2\ \ \sigma_3\boldsymbol{u}_3\ \ \cdots\ \ \sigma_n\boldsymbol{u}_n]$ 这个等式，可以被简单地转换成如下的形式。

$$A[\boldsymbol{v}_1\ \ \boldsymbol{v}_2\ \ \boldsymbol{v}_3\ \ \cdots\ \ \boldsymbol{v}_n]=[\boldsymbol{u}_1\ \ \boldsymbol{u}_2\ \ \boldsymbol{u}_3\ \ \cdots\ \ \boldsymbol{u}_n]\begin{bmatrix}\sigma_1 & & & & \\ & \sigma_2 & & & \\ & & \sigma_3 & & \\ & & & \ddots & \\ & & & & \sigma_n\end{bmatrix}$$

5.4.3 着手尝试分解

对于上面的这个分解得到的式子，我们发现基向量 $\boldsymbol{u}_{n+1},\boldsymbol{u}_{n+2},\boldsymbol{u}_{n+3},\cdots,\boldsymbol{u}_m$ 并没有被包含在式子 $A[\boldsymbol{v}_1\ \ \boldsymbol{v}_2\ \ \boldsymbol{v}_3\ \ \cdots\ \ \boldsymbol{v}_n]=[\boldsymbol{u}_1\ \ \boldsymbol{u}_2\ \ \boldsymbol{u}_3\ \ \cdots\ \ \boldsymbol{u}_n]\begin{bmatrix}\sigma_1 & & & & \\ & \sigma_2 & & & \\ & & \sigma_3 & & \\ & & & \ddots & \\ & & & & \sigma_n\end{bmatrix}$ 中。

下面把它们也添加进去，把 $\boldsymbol{u}_{n+1},\boldsymbol{u}_{n+2},\boldsymbol{u}_{n+3},\cdots,\boldsymbol{u}_m$ 添加到矩阵右侧，形成完整的 m 阶方阵 $\boldsymbol{U}=[\boldsymbol{u}_1\ \ \boldsymbol{u}_2\ \ \boldsymbol{u}_3\ \ \cdots\ \ \boldsymbol{u}_n\ \ \boldsymbol{u}_{n+1}\ \ \boldsymbol{u}_{n+2}\ \ \cdots\ \ \boldsymbol{u}_m]$，在对角矩阵下方加上 $m-n$ 个全零行，形成形状为 $m\times n$ 的矩阵 $\boldsymbol{\Sigma}=\begin{bmatrix}\sigma_1 & & & & \\ & \sigma_2 & & & \\ & & \sigma_3 & & \\ & & & \ddots & \\ & & & & \sigma_n\end{bmatrix}$。很明显，由于矩阵 $\boldsymbol{\Sigma}$ 最下面的 $m-n$ 行全零，因此右侧的计算结果不变，等式依然成立。

此时，就有了完整的 $A\boldsymbol{V}=\boldsymbol{U\Sigma}$ 表达式，由于矩阵 $\boldsymbol{V}$ 的各列是标准正交向量，因此依据前面所讲的知识就有 $\boldsymbol{V}^{-1}=\boldsymbol{V}^{\mathrm{T}}$ 成立，将关于矩阵 $\boldsymbol{V}$ 的表达式移到等式右侧，就得到了一个矩阵分解的最终式子：$A=\boldsymbol{U\Sigma V}^{\mathrm{T}}$，其中，矩阵 $\boldsymbol{U}$ 和矩阵 $\boldsymbol{V}$ 是由标准正交向量构成的 m 阶和 n 阶方阵，而矩阵 $\boldsymbol{\Sigma}$ 是一个 $m\times n$ 的对角矩阵（注意，不是方阵）。

5.4.4 分析分解过程中的细节

在宏观框架下来看，这个结论非常漂亮。在维数不等的原始空间和目标空间中各找一组标准正交基，就能轻松地把对角化的一系列苛刻要求给化解掉，直接得到了数据采样矩阵 A 的矩阵分解形式 $A=\boldsymbol{U\Sigma V}^{\mathrm{T}}$。

但是，此时还有一个最为关键的地方似乎还没有得到明确，那就是方阵 $\boldsymbol{U}$ 和方阵 $\boldsymbol{V}$ 该如何取得，以及矩阵 $\boldsymbol{\Sigma}$ 中的各个值应该为多少？对于这些问题，我们借助在 5.1 节中储备的基础知识来一一化解。

下面还是从 $\boldsymbol{A}=\boldsymbol{U\Sigma V}^{\mathrm{T}}$ 这个核心式子入手。首先，获取矩阵 $\boldsymbol{A}$ 的转置矩阵 $\boldsymbol{A}^{\mathrm{T}}=(\boldsymbol{U\Sigma V}^{\mathrm{T}})^{\mathrm{T}}=\boldsymbol{V\Sigma U}^{\mathrm{T}}$，在此基础上就可以获取两个对称矩阵。

第一个对称矩阵通过 $\boldsymbol{A}^{\mathrm{T}}\boldsymbol{A}$ 相乘获得，即 $\boldsymbol{A}^{\mathrm{T}}\boldsymbol{A}=\boldsymbol{V\Sigma U}^{\mathrm{T}}\boldsymbol{U\Sigma V}^{\mathrm{T}}$，由于矩阵 $\boldsymbol{U}$ 的各列是标准正交向量，因此有 $\boldsymbol{U}^{\mathrm{T}}\boldsymbol{U}=\boldsymbol{I}$ 成立，式子 $\boldsymbol{A}^{\mathrm{T}}\boldsymbol{A}=\boldsymbol{V\Sigma U}^{\mathrm{T}}\boldsymbol{U\Sigma V}^{\mathrm{T}}$ 最终被化简为 $\boldsymbol{A}^{\mathrm{T}}\boldsymbol{A}=\boldsymbol{V\Sigma}^2\boldsymbol{V}^{\mathrm{T}}$。

同理，也可以类似地通过乘法运算 $\boldsymbol{AA}^{\mathrm{T}}$ 得到第二个对称矩阵，即 $\boldsymbol{AA}^{\mathrm{T}}=\boldsymbol{U\Sigma V}^{\mathrm{T}}\boldsymbol{V\Sigma U}^{\mathrm{T}}=\boldsymbol{U\Sigma}^2\boldsymbol{U}^{\mathrm{T}}$。

那么，在这里我们结合 5.1 节中的一个重要结论来揭示一下这里面的所有核心细节。

（1）矩阵 $\boldsymbol{A}^{\mathrm{T}}\boldsymbol{A}$ 是一个 n 阶对称方阵，而矩阵 $\boldsymbol{AA}^{\mathrm{T}}$ 是一个 m 阶对称方阵。

（2）矩阵 $\boldsymbol{A}^{\mathrm{T}}\boldsymbol{A}$ 和矩阵 $\boldsymbol{AA}^{\mathrm{T}}$ 的秩是相等的，即都是 $r=\mathrm{rank}(\boldsymbol{A})$。

（3）矩阵 $\boldsymbol{A}^{\mathrm{T}}\boldsymbol{A}$ 和矩阵 $\boldsymbol{AA}^{\mathrm{T}}$ 拥有完全相同的 r 个非零特征值，从大到小依次排列为 $\lambda_1,\lambda_2,\lambda_3,\cdots,\lambda_r$，两个对称矩阵的剩余 $n-r$ 个和剩余 $m-r$ 个特征值都为 0，这也进一步从原理上印证了矩阵 $\boldsymbol{A}^{\mathrm{T}}\boldsymbol{A}=\boldsymbol{V\Sigma}^2\boldsymbol{V}^{\mathrm{T}}$ 和矩阵 $\boldsymbol{AA}^{\mathrm{T}}=\boldsymbol{U\Sigma}^2\boldsymbol{U}^{\mathrm{T}}$ 两者对角线上的非零特征值是完全一样的。

同时，由对称矩阵的性质可知，矩阵 $\boldsymbol{A}^{\mathrm{T}}\boldsymbol{A}$ 一定含有 n 个标准正交特征向量，对应特征值从大到小的顺序依次排列为 $[\boldsymbol{v}_1\quad \boldsymbol{v}_2\quad \boldsymbol{v}_3\quad \cdots\quad \boldsymbol{v}_n]$，而矩阵 $\boldsymbol{AA}^{\mathrm{T}}$ 也一定含有 m 个标准正交特征向量，对应特征值从大到小依次排列为 $[\boldsymbol{u}_1\quad \boldsymbol{u}_2\quad \boldsymbol{u}_3\quad \cdots\quad \boldsymbol{u}_m]$。这里的向量 $\boldsymbol{v}_i$ 和向量 $\boldsymbol{u}_i$ 一一对应。

对应地，矩阵 $\boldsymbol{\Sigma}$ 也很好求，求出对称矩阵 $\boldsymbol{AA}^{\mathrm{T}}$ 或 $\boldsymbol{A}^{\mathrm{T}}\boldsymbol{A}$ 的非零特征值，从大到小排列为 $\lambda_1,\lambda_2,\lambda_3,\cdots,\lambda_r$，矩阵 $\boldsymbol{\Sigma}$ 中对角线上的非零值 σ 则依次为 $\sqrt{\lambda_1},\sqrt{\lambda_2},\sqrt{\lambda_3},\cdots,\sqrt{\lambda_r}$，对角线上 σ_r 以后的元素均为 0。

整个推导分析过程结束，隐去零特征值，最终得到了最完美的奇异值分解结果，即

$$\boldsymbol{A}=[\boldsymbol{u}_1\quad \boldsymbol{u}_2\quad \boldsymbol{u}_3\quad \cdots\quad \boldsymbol{u}_m]\begin{bmatrix}\sigma_1 & & & & \\ & \sigma_2 & & & \\ & & \sigma_3 & & \\ & & & \ddots & \\ & & & & \sigma_r\end{bmatrix}\begin{bmatrix}\boldsymbol{v}_1^{\mathrm{T}}\\ \boldsymbol{v}_2^{\mathrm{T}}\\ \boldsymbol{v}_3^{\mathrm{T}}\\ \vdots\\ \boldsymbol{v}_n^{\mathrm{T}}\end{bmatrix}$$

，这里的参数满足 $r\leqslant n<m$ 的不等关系。

下面用一个抽象的示意图来描述奇异值分解的结果，有助于读者加深印象，如图 5.8 所示。

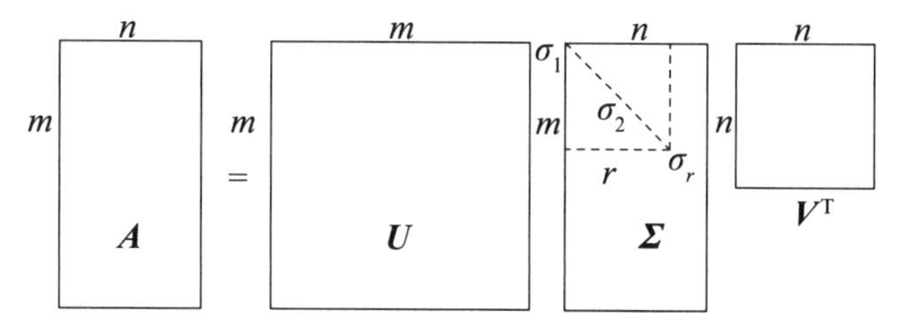

图 5.8　奇异值分解结果的抽象表示

由此，顺利地得到了形状任意的 $m\times n$ 矩阵 $\boldsymbol{A}$ 的 SVD 分解形式。如何利用 Python 语言进行 SVD 的求解，以及如何利用 SVD 进行数据压缩，这一系列的相关内容将在 5.5 节进行讲解。

5.5 利用奇异值分解进行数据降维

通过 5.4 节，我们基于对称矩阵的重要性质及主成分分析中的几何原理，带领读者从头到尾认真地推导了一遍奇异值分解的过程，明确了其中各个成分矩阵的求解方法和来龙去脉，相信此时读者已经牢固地掌握了奇异值分解相关的理论基础和思想方法。那么，我们具体应该如何运用这个有力武器对数据进行降维处理呢？这就是本节要讲述的关键问题。

奇异值分解的精彩之处在于：它可以从行和列这两个不同的维度同时展开对数据的降维处理工作。一个采样数据矩阵的行和列通常代表着不同的特征，因此奇异值分解的这种特性可以带来非常便捷的处理效果。

同时，本节还会借鉴级数的思想，介绍如何从整体的角度对一个矩阵进行近似处理，并和读者一起利用 Python 语言来实践这些想法，为第 6 章的实践与应用打好基础。

5.5.1 行压缩数据降维

在这里，直接从矩阵 $\boldsymbol{A}$ 的奇异值分解式子 $\boldsymbol{A}=\boldsymbol{U\Sigma V}^{\mathrm{T}}$ 入手，分析如何进行行压缩数据降维。

将等式两侧同时乘以左奇异矩阵的转置矩阵 $\boldsymbol{U}^{\mathrm{T}}$，得到 $\boldsymbol{U}^{\mathrm{T}}\boldsymbol{A}=\boldsymbol{U}^{\mathrm{T}}\boldsymbol{U\Sigma V}^{\mathrm{T}}=\boldsymbol{\Sigma V}^{\mathrm{T}}$。注意，重点是左侧的表达式 $\boldsymbol{U}^{\mathrm{T}}\boldsymbol{A}$，把矩阵 $\boldsymbol{A}$ 记作 n 个 m 维列向量并排放置的形式。展开来看：

$$[\boldsymbol{u}_1\quad \boldsymbol{u}_2\quad \boldsymbol{u}_3\quad \cdots\quad \boldsymbol{u}_m]^{\mathrm{T}}\boldsymbol{A}=\begin{bmatrix}\boldsymbol{u}_1^{\mathrm{T}}\\ \boldsymbol{u}_2^{\mathrm{T}}\\ \boldsymbol{u}_3^{\mathrm{T}}\\ \vdots\\ \boldsymbol{u}_{\mathrm{m}}^{\mathrm{T}}\end{bmatrix}[\mathrm{col}A_1\quad \mathrm{col}A_2\quad \mathrm{col}A_3\quad \cdots\quad \mathrm{col}A_n]=\begin{bmatrix}\boldsymbol{u}_1^{\mathrm{T}}\mathrm{col}A_1 & \boldsymbol{u}_1^{\mathrm{T}}\mathrm{col}A_2 & \boldsymbol{u}_1^{\mathrm{T}}\mathrm{col}A_3 & \cdots & \boldsymbol{u}_1^{\mathrm{T}}\mathrm{col}A_n\\ \boldsymbol{u}_2^{\mathrm{T}}\mathrm{col}A_1 & \boldsymbol{u}_2^{\mathrm{T}}\mathrm{col}A_2 & \boldsymbol{u}_2^{\mathrm{T}}\mathrm{col}A_3 & \cdots & \boldsymbol{u}_2^{\mathrm{T}}\mathrm{col}A_n\\ \boldsymbol{u}_3^{\mathrm{T}}\mathrm{col}A_1 & \boldsymbol{u}_3^{\mathrm{T}}\mathrm{col}A_2 & \boldsymbol{u}_3^{\mathrm{T}}\mathrm{col}A_3 & \cdots & \boldsymbol{u}_3^{\mathrm{T}}\mathrm{col}A_n\\ \vdots & \vdots & \vdots & \ddots & \vdots\\ \boldsymbol{u}_m^{\mathrm{T}}\mathrm{col}A_1 & \boldsymbol{u}_m^{\mathrm{T}}\mathrm{col}A_2 & \boldsymbol{u}_m^{\mathrm{T}}\mathrm{col}A_3 & \cdots & \boldsymbol{u}_m^{\mathrm{T}}\mathrm{col}A_n\end{bmatrix}$$

这是基变换方法，$\mathrm{col}\boldsymbol{A}_i$ 原本使用的是默认的一组基向量 $[\boldsymbol{e}_1\quad \boldsymbol{e}_2\quad \boldsymbol{e}_3\quad \cdots\quad \boldsymbol{e}_m]$，通过应用上面的基变换，将其用 $[\boldsymbol{u}_1\quad \boldsymbol{u}_2\quad \boldsymbol{u}_3\quad \cdots\quad \boldsymbol{u}_m]$ 这一组标准正交基来表示。由于这一组标准正交基本质上也是由协方差对称矩阵 $\boldsymbol{AA}^{\mathrm{T}}$ 得到的，因此将各列做基变换后，数据分布从行的角度来看就变得彼此无关了。

此时，可以把每一列看作是一个样本，各行是样本的不同特征，各行之间彼此无关，可以按照熟悉的方法，选择最大的 k 个奇异值对应的 k 个标准正交向量，形成行压缩矩阵 $\boldsymbol{U}_{k\times m}^{\mathrm{T}}=\begin{bmatrix}\boldsymbol{u}_1^{\mathrm{T}}\\ \boldsymbol{u}_2^{\mathrm{T}}\\ \boldsymbol{u}_3^{\mathrm{T}}\\ \vdots\\ \boldsymbol{u}_k^{\mathrm{T}}\end{bmatrix}$。

通过式子$U_{k\times m}^{\mathrm{T}}\mathrm{col}\boldsymbol{A}_i=\begin{bmatrix}\boldsymbol{u}_1^{\mathrm{T}}\mathrm{col}\boldsymbol{A}_i\\ \boldsymbol{u}_2^{\mathrm{T}}\mathrm{col}\boldsymbol{A}_i\\ \boldsymbol{u}_3^{\mathrm{T}}\mathrm{col}\boldsymbol{A}_i\\ \vdots\\ \boldsymbol{u}_k^{\mathrm{T}}\mathrm{col}\boldsymbol{A}_i\end{bmatrix}$，就实现了列向量从 m 维到 k 维的数据降维，完成了主成分的提取。

5.5.2 列压缩数据降维

奇异值分解的精彩之处就在于它可以从两个维度进行数据降维，分别对其提取主成分，前面介绍的是对行进行压缩降维，那么下面就来介绍如何对列进行压缩降维。

还是利用奇异值分解的分解表达式 $\boldsymbol{A}=\boldsymbol{U\Sigma V}^{\mathrm{T}}$，对式子两边同时乘以右奇异矩阵 $\boldsymbol{V}$，就得到了等式 $\boldsymbol{AV}=\boldsymbol{U\Sigma}$。接下来，还是聚焦等式的左侧表达式 $\boldsymbol{AV}$。

对其式子的整体进行转置的预处理，得到了 $(\boldsymbol{AV})^{\mathrm{T}}=\boldsymbol{V}^{\mathrm{T}}\boldsymbol{A}^{\mathrm{T}}$，把矩阵 $\boldsymbol{A}$ 记作$\begin{bmatrix}\mathrm{row}\boldsymbol{A}_1^{\mathrm{T}}\\ \mathrm{row}\boldsymbol{A}_2^{\mathrm{T}}\\ \mathrm{row}\boldsymbol{A}_3^{\mathrm{T}}\\ \vdots\\ \mathrm{row}\boldsymbol{A}_m^{\mathrm{T}}\end{bmatrix}$，那么同样的道理有

$$\boldsymbol{V}^{\mathrm{T}}\boldsymbol{A}^{\mathrm{T}}=\begin{bmatrix}\boldsymbol{v}_1^{\mathrm{T}}\\ \boldsymbol{v}_2^{\mathrm{T}}\\ \boldsymbol{v}_3^{\mathrm{T}}\\ \vdots\\ \boldsymbol{v}_n^{\mathrm{T}}\end{bmatrix}\begin{bmatrix}\mathrm{row}\boldsymbol{A}_1 & \mathrm{row}\boldsymbol{A}_2 & \mathrm{row}\boldsymbol{A}_3 & \cdots & \mathrm{row}\boldsymbol{A}_m\end{bmatrix}=\begin{bmatrix}\boldsymbol{v}_1^{\mathrm{T}}\mathrm{row}\boldsymbol{A}_1 & \boldsymbol{v}_1^{\mathrm{T}}\mathrm{row}\boldsymbol{A}_2 & \boldsymbol{v}_1^{\mathrm{T}}\mathrm{row}\boldsymbol{A}_3 & \ldots & \boldsymbol{v}_1^{\mathrm{T}}\mathrm{row}\boldsymbol{A}_m\\ \boldsymbol{v}_2^{\mathrm{T}}\mathrm{row}\boldsymbol{A}_1 & \boldsymbol{v}_2^{\mathrm{T}}\mathrm{row}\boldsymbol{A}_2 & \boldsymbol{v}_2^{\mathrm{T}}\mathrm{row}\boldsymbol{A}_3 & \ldots & \boldsymbol{v}_2^{\mathrm{T}}\mathrm{row}\boldsymbol{A}_m\\ \boldsymbol{v}_3^{\mathrm{T}}\mathrm{row}\boldsymbol{A}_1 & \boldsymbol{v}_3^{\mathrm{T}}\mathrm{row}\boldsymbol{A}_2 & \boldsymbol{v}_3^{\mathrm{T}}\mathrm{row}\boldsymbol{A}_3 & \ldots & \boldsymbol{v}_3^{\mathrm{T}}\mathrm{row}\boldsymbol{A}_m\\ \vdots & \vdots & \vdots & \ddots & \vdots\\ \boldsymbol{v}_n^{\mathrm{T}}\mathrm{row}\boldsymbol{A}_1 & \boldsymbol{v}_n^{\mathrm{T}}\mathrm{row}\boldsymbol{A}_2 & \boldsymbol{v}_n^{\mathrm{T}}\mathrm{row}\boldsymbol{A}_3 & \ldots & \boldsymbol{v}_n^{\mathrm{T}}\mathrm{row}\boldsymbol{A}_m\end{bmatrix}$$

类比一下上面讲过的行压缩过程，在矩阵 $\boldsymbol{V}$ 中，从大到小取前 k 个特征值所对应的标准正交特征向量，就构成了另一个压缩矩阵 $\boldsymbol{V}_{k\times n}^{\mathrm{T}}=\begin{bmatrix}\boldsymbol{v}_1^{\mathrm{T}}\\ \boldsymbol{v}_2^{\mathrm{T}}\\ \boldsymbol{v}_3^{\mathrm{T}}\\ \vdots\\ \boldsymbol{v}_k^{\mathrm{T}}\end{bmatrix}$。很明显，通过乘法运算 $\boldsymbol{V}_{k\times n}^{\mathrm{T}}\boldsymbol{A}^{\mathrm{T}}$ 就能够实现将矩阵 $\boldsymbol{A}^{\mathrm{T}}$ 的各列由 n 维压缩到 k 维的目的。而且，要记住转置矩阵 $\boldsymbol{A}^{\mathrm{T}}$ 的列也是矩阵 $\boldsymbol{A}$ 的各行。

通过上面描述的过程，将各行向量的维数由 n 维压缩到了 k 维，顺利实现了列压缩的数据降维。

这里所介绍的从行压缩和列压缩两个方向上进行数据降维的处理手段在推荐系统中有非常强的实际应用价值，我们在第 7 章会举例详细说明。

5.5.3 对矩阵整体进行数据压缩

这里我们不谈按行压缩还是按列压缩，而是从矩阵的整体处理视角再介绍一个数据压缩的方式。我们的思路有点类似级数的概念，将一个 $m \times n$ 的原始数据矩阵 $\boldsymbol{A}$ 分解成若干个同等维度矩阵乘以各自权重后相加的形式。这种处理思想在高等数学中经常出现。

同样地，还是从奇异值分解的表达式 $\boldsymbol{A}=\boldsymbol{U\Sigma V}^{\mathrm{T}}$ 入手，将它展开成完整的矩阵形式，即

$$\boldsymbol{A}=\begin{bmatrix}\boldsymbol{u}_1 & \boldsymbol{u}_2 & \boldsymbol{u}_3 & \cdots & \boldsymbol{u}_m\end{bmatrix}\begin{bmatrix}\sigma_1 & & & & \\ & \sigma_2 & & & \\ & & \sigma_3 & & \\ & & & \ddots & \\ & & & & \sigma_r \\ & & & & \end{bmatrix}\begin{bmatrix}\boldsymbol{v}_1^{\mathrm{T}} \\ \boldsymbol{v}_2^{\mathrm{T}} \\ \boldsymbol{v}_3^{\mathrm{T}} \\ \vdots \\ \boldsymbol{v}_n^{\mathrm{T}}\end{bmatrix}$$

等式中的各个参数满足 $r \leqslant n < m$ 的不等关系。

这里将矩阵相乘的式子展开后就得到了：

$$\boldsymbol{A}=\sigma_1\boldsymbol{u}_1\boldsymbol{v}_1^{\mathrm{T}}+\sigma_2\boldsymbol{u}_2\boldsymbol{v}_2^{\mathrm{T}}+\sigma_3\boldsymbol{u}_3\boldsymbol{v}_3^{\mathrm{T}}+\cdots+\sigma_r\boldsymbol{u}_r\boldsymbol{v}_r^{\mathrm{T}}$$

由此不难发现，展开式中每一个 $\boldsymbol{u}_i\boldsymbol{v}_i^{\mathrm{T}}$ 相乘的结果都是一个等维的 $m \times n$ 形状的矩阵，并且它们彼此之间都满足正交的关系，前面的系数 σ_i 则是各个对应矩阵的权重值。$\sigma_1 > \sigma_2 > \sigma_3 > \cdots > \sigma_r$ 的不等关系则依序代表了各个矩阵片段“重要性”的程度，因此可以按照主成分贡献率的最低要求选择前 k 个数据项进行叠加，用来对原始数据矩阵 $\boldsymbol{A}$ 进行近似处理：

$$\boldsymbol{A}\approx\sigma_1\boldsymbol{u}_1\boldsymbol{v}_1^{\mathrm{T}}+\sigma_2\boldsymbol{u}_2\boldsymbol{v}_2^{\mathrm{T}}+\sigma_3\boldsymbol{u}_3\boldsymbol{v}_3^{\mathrm{T}}+\cdots+\sigma_k\boldsymbol{u}_k\boldsymbol{v}_k^{\mathrm{T}}$$

原理示意图如图 5.9 所示。

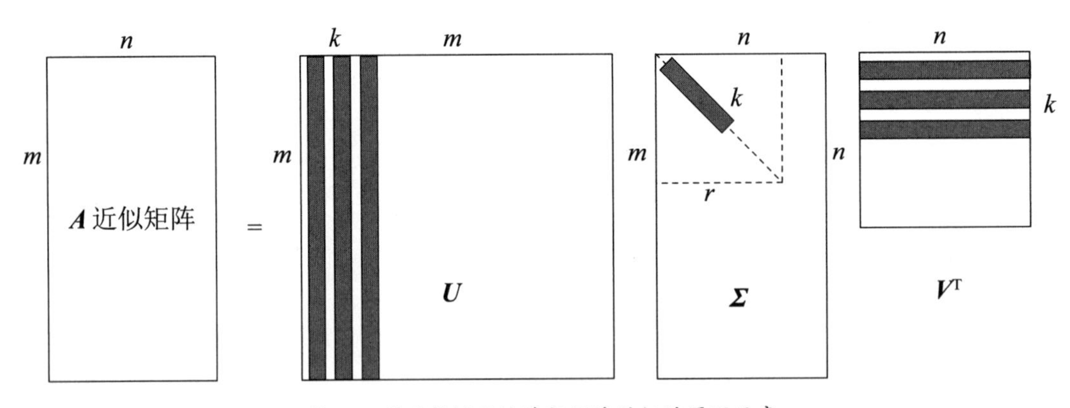

图 5.9　利用数据压缩进行矩阵近似的原理示意

这种思想和处理方式在图像压缩的应用中很有用处，我们在第 7 章的实战中也会具体讲到。

5.5.4 利用 Python 语言进行奇异值分解

下面以一个 7×5 的矩阵 $\boldsymbol{A}$ 为例，$\boldsymbol{A}=\begin{bmatrix}0&0&0&2&2\\0&0&0&3&3\\0&0&0&1&1\\1&1&1&0&0\\2&2&2&0&0\\5&5&5&0&0\\1&1&1&0&0\end{bmatrix}$是一个看上去很有规律的矩阵。

这里就不按照推导奇异值分解原理的计算过程：先求对称矩阵 $\boldsymbol{AA}^{\mathrm{T}}$ 和 $\boldsymbol{A}^{\mathrm{T}}\boldsymbol{A}$，再依次求取几个重要的矩阵 $\boldsymbol{U}$，$\boldsymbol{V}$，$\boldsymbol{\Sigma}$，这样一步步地进行计算，而是通过利用 Python 语言提供的工具直接一次性获得奇异值分解的所有成分结果。

代码如下：

```
import numpy as np
A=[[0, 0, 0, 2, 2],
   [0, 0, 0, 3, 3],
   [0, 0, 0, 1, 1],
   [1, 1, 1, 0, 0],
   [2, 2, 2, 0, 0],
   [5, 5, 5, 0, 0],
   [1, 1, 1, 0, 0]]

U, sigma, VT = np.linalg.svd(A)
print(U)
print(sigma)
print(VT)
```

运行结果：

```
[[ -0.00000000e+00       5.34522484e-01     8.41650989e-01      5.59998398e-02
   -5.26625636e-02       1.14654380e-17     2.77555756e-17]
 [  0.00000000e+00       8.01783726e-01    -4.76944344e-01     -2.09235996e-01
    2.93065263e-01      -8.21283146e-17    -2.77555756e-17]
 [  0.00000000e+00       2.67261242e-01    -2.52468946e-01      5.15708308e-01
   -7.73870662e-01       1.88060304e-16     0.00000000e+00]
 [ -1.79605302e-01       1.38777878e-17     7.39748546e-03     -3.03901436e-01
   -2.04933639e-01       8.94308074e-01    -1.83156768e-01]
 [ -3.59210604e-01       2.77555756e-17     1.47949709e-02     -6.07802873e-01
   -4.09867278e-01      -4.47451355e-01    -3.64856984e-01]
 [ -8.98026510e-01       5.55111512e-17    -8.87698255e-03      3.64681724e-01
    2.45920367e-01      -6.85811202e-17     1.25520829e-18]
 [ -1.79605302e-01       1.38777878e-17     7.39748546e-03     -3.03901436e-01
   -2.04933639e-01       5.94635264e-04     9.12870736e-01]]
 [  9.64365076e+00       5.29150262e+00     7.40623935e-16      4.05103551e-16
```

```
     2.21838243e-32]
 [[ -5.77350269e-01     -5.77350269e-01     -5.77350269e-01       0.00000000e+00
     0.00000000e+00]
  [ -2.46566547e-16      1.23283273e-16      1.23283273e-16       7.07106781e-01
     7.07106781e-01]
  [ -7.83779232e-01      5.90050124e-01      1.93729108e-01      -2.77555756e-16
    -2.22044605e-16]
  [ -2.28816045e-01     -5.64364703e-01      7.93180748e-01       1.11022302e-16
    -1.11022302e-16]
  [  0.00000000e+00      0.00000000e+00      0.00000000e+00      -7.07106781e-01
     7.07106781e-01]]
```

这样就非常简单地一次性获得了奇异值分解的所有结果。

需要强调的是，通过程序所获得的 sigma 变量不是一个矩阵，而是由 5 个奇异值按照从大到小顺序组成的一个列表。而分解过程中所得结果的最后一项，打印出来的不是矩阵 $\boldsymbol{V}$，而是转置后的矩阵 $\boldsymbol{V}^{\mathrm{T}}$。

5.5.5 行和列的数据压缩实践

下面利用奇异值分解的结果来对数据进行行压缩和列压缩的操作实践。

观察这一组奇异值，我们发现前两个奇异值在数量级上占有绝对的优势，因此选择 $k=2$ 进行行压缩和列压缩。

依照上面介绍的知识点，利用矩阵乘法 $\boldsymbol{U}_{2\times7}^{\mathrm{T}}\boldsymbol{A}$ 将矩阵 $\boldsymbol{A}$ 的行数由 7 行压缩为 2 行。利用矩阵乘法 $\boldsymbol{V}_{2\times5}^{\mathrm{T}}\boldsymbol{A}^{\mathrm{T}}$ 将矩阵 $\boldsymbol{A}^{\mathrm{T}}$ 的行由 5 行压缩为 2 行，换句话说，就是将矩阵 $\boldsymbol{A}$ 的列由 5 列压缩为 2 列。

下面利用 Python 代码来演示从行和列两个维度对矩阵 $\boldsymbol{A}=\begin{bmatrix}0&0&0&2&2\\0&0&0&3&3\\0&0&0&1&1\\1&1&1&0&0\\2&2&2&0&0\\5&5&5&0&0\\1&1&1&0&0\end{bmatrix}$ 进行压缩的过程。

代码如下：

```
import numpy as np
A=[[0, 0, 0, 2, 2],
   [0, 0, 0, 3, 3],
   [0, 0, 0, 1, 1],
   [1, 1, 1, 0, 0],
   [2, 2, 2, 0, 0],
   [5, 5, 5, 0, 0],
   [1, 1, 1, 0, 0]]
U, sigma, VT = np.linalg.svd(A)
U_T_2x7 = U.T[:2,:]
print(np.dot(U_T_2x7,A))
```

```
VT_2x5=VT[:2,:]
print(np.dot(VT_2x5,np.mat(A).T).T)
```

运行结果：

```
[[ -5.56776436e+00  -5.56776436e+00  -5.56776436e+00  0.00000000e+00
    0.00000000e+00]
 [  3.60822483e-16   3.60822483e-16   3.60822483e-16  3.74165739e+00
    3.74165739e+00]]
[[  0.00000000e+00   2.82842712e+00]
 [  0.00000000e+00   4.24264069e+00]
 [  0.00000000e+00   1.41421356e+00]
 [ -1.73205081e+00  -7.39557099e-32]
 [ -3.46410162e+00  -1.47911420e-31]
 [ -8.66025404e+00  -2.95822839e-31]
 [ -1.73205081e+00  -7.39557099e-32]]
```

通过代码运行的结果进行总结，我们成功地分别对矩阵 A 的行和列进行了压缩，行压缩后的结果矩阵为$\begin{bmatrix} -5.56e+00 & -5.56e+00 & -5.56e+00 & 0.00e+00 & 0.00e+00 \\ 3.60e-16 & 3.60e-16 & 3.60e-16 & 3.74e+00 & 3.74e+00 \end{bmatrix}$，列压缩的结果矩阵为

$$\begin{bmatrix} 0.00e+00 & 2.82e+00 \\ 0.00e+00 & 4.24e+00 \\ 0.00e+00 & 1.41e+00 \\ -1.73e+00 & -7.39e-32 \\ -3.46e+00 & -1.47e-31 \\ -8.66e+00 & -2.95e-31 \\ -1.73e+00 & -7.39e-32 \end{bmatrix}$$。

5.5.6 利用数据压缩进行矩阵近似

最后，我们来实践一下如何对矩阵 $\boldsymbol{A}=\begin{bmatrix} 0 & 0 & 0 & 2 & 2 \\ 0 & 0 & 0 & 3 & 3 \\ 0 & 0 & 0 & 1 & 1 \\ 1 & 1 & 1 & 0 & 0 \\ 2 & 2 & 2 & 0 & 0 \\ 5 & 5 & 5 & 0 & 0 \\ 1 & 1 & 1 & 0 & 0 \end{bmatrix}$ 从整体维度上进行数据压缩。同样地，取前两个主成分贡献率高的奇异值 σ_1 和 σ_2，利用 $\sigma_1\boldsymbol{u}_1\boldsymbol{v}_1^{\mathrm{T}}+\sigma_2\boldsymbol{u}_2\boldsymbol{v}_2^{\mathrm{T}}$ 进行矩阵 $\boldsymbol{A}$ 的近似。

代码如下：

```
import numpy as np
A =[[0, 0, 0, 2, 2],
    [0, 0, 0, 3, 3],
    [0, 0, 0, 1, 1],
    [1, 1, 1, 0, 0],
```

```
    [2, 2, 2, 0, 0],
    [5, 5, 5, 0, 0],
    [1, 1, 1, 0, 0]]
U, sigma, VT = np.linalg.svd(A)
A_1 = sigma[0]*np.dot(np.mat(U[:, 0]).T, np.mat(VT[0, :]))
A_2 = sigma[1]*np.dot(np.mat(U[:, 1]).T, np.mat(VT[1, :]))
print(A_1+A_2)
```

运行结果：

```
[[ -6.97395509e-16   3.48697754e-16   3.48697754e-16   2.00000000e+00
    2.00000000e+00]
 [ -1.04609326e-15   5.23046632e-16   5.23046632e-16   3.00000000e+00
    3.00000000e+00]
 [ -3.48697754e-16   1.74348877e-16   1.74348877e-16   1.00000000e+00
    1.00000000e+00]
 [  1.00000000e+00   1.00000000e+00   1.00000000e+00   5.19259273e-17
    5.19259273e-17]
 [  2.00000000e+00   2.00000000e+00   2.00000000e+00   1.03851855e-16
    1.03851855e-16]
 [  5.00000000e+00   5.00000000e+00   5.00000000e+00   2.07703709e-16
    2.07703709e-16]
 [  1.00000000e+00   1.00000000e+00   1.00000000e+00   5.19259273e-17
    5.19259273e-17]]
```

从程序最终的运行结果来看，得到的近似矩阵为

$$\begin{bmatrix} -6.97e-16 & 3.48e-16 & 3.48e-16 & 2.00e+00 & 2.00e+00 \\ -1.04e-15 & 5.23e-16 & 5.23e-16 & 3.00e+00 & 3.00e+00 \\ -3.48e-16 & 1.74e-16 & 1.74e-16 & 1.00e+00 & 1.00e+00 \\ 1.00e+00 & 1.00e+00 & 1.00e+00 & 5.19e-17 & 5.19e-17 \\ 2.00e+00 & 2.00e+00 & 2.00e+00 & 1.03e-16 & 1.03e-16 \\ 5.00e+00 & 5.00e+00 & 5.00e+00 & 2.07e-16 & 2.07e-16 \\ 1.00e+00 & 1.00e+00 & 1.00e+00 & 5.19e-17 & 5.19e-17 \end{bmatrix}$$

这个矩阵的左上角和右下角的矩阵块，实质上都是约等于 0 的极小量，因此，将该求得的近似矩阵和原矩阵 $\boldsymbol{A}=\begin{bmatrix} 0 & 0 & 0 & 2 & 2 \\ 0 & 0 & 0 & 3 & 3 \\ 0 & 0 & 0 & 1 & 1 \\ 1 & 1 & 1 & 0 & 0 \\ 2 & 2 & 2 & 0 & 0 \\ 5 & 5 & 5 & 0 & 0 \\ 1 & 1 & 1 & 0 & 0 \end{bmatrix}$进行对比，发现基本上是一致的。由此可以说，使用上述方法利用较少的数据量实现了不错的矩阵近似效果。

通过本章的学习，希望读者能深刻地理解数据降维和主成分分析的理论知识，并且熟练地利用 Python 语言进行相关操作。我们在第 7 章会利用这些“有力武器”来解决几个实际的有趣问题。

第 6 章 实践与应用：线代用起来

本章可能会是全书最有趣的内容了，有了前面 5 章的知识积累，在本章中我们将运用已有的知识去解决两个非常实际的问题：一个是吃喝问题，另一个是玩乐问题。

读者可能会问了，讲数学的书里还会有这等好事儿？的确如此，在本章的实践与应用环节中，我们将会接触到推荐系统和图像压缩这两个非常常见的应用。在推荐系统中，我们会尝试着运用已有的用户评分信息为用户推荐好吃的、好喝的；在图像压缩中，我们则会尝试着如何运用更少的存储空间达到与原始图像清晰度差别不大的视觉效果。

在两个案例的实践过程中，我们希望能带领读者重新回顾全书的知识脉络，让读者学好、用好线性代数的知识。

本章主要涉及的知识点

- 介绍推荐系统中协同过滤技术的整体思路
- 介绍衡量事物相似性的常见方法
- 介绍处理稀疏评分矩阵的方法
- 介绍如何通过评分估计来推测用户喜爱的菜肴
- 介绍彩色图像的基本参数及相关概念
- 介绍彩色图像压缩过程的基本步骤
- 具体利用 Python 语言实践彩色图像压缩过程

6.1 SVD 在推荐系统中的应用

本节来带领读者实践一个有趣的应用：推荐系统。这里会基于目前比较流行的协同过滤技术进行模型算法的设计与代码的实现。我们会讲述如何基于用户的打分矩阵来对菜品进行向量化的描述，并基于这些向量来衡量菜品之间的相似性。

同时，利用前面所讲的奇异值分解的方法对稀疏的打分矩阵进行压缩处理，通过顾客对菜品已有的评价打分和菜品之间计算出来的相似性，来估计出顾客未消费过的菜品可能的打分情况，然后有针对性地进行菜品推荐，以求最大化消费的可能性。

说到这里，可能读者还是感到有些困惑，似乎还是不知道该怎么完成这个过程。没关系，这很正常，因为协同过滤算法已经不算是一个简单的内容了，涉及很多方面的知识。那么，接下来就请读者跟随我们一起走进一个经营着多种不同地域风味的美食平台，来尝试着为顾客推荐他们可能最爱吃的美味菜肴吧！

6.1.1 应用背景

本节来重点分析一下如何把奇异值分解的处理方法应用到推荐系统中，并在一个实例中进行探讨。

有一个风味美食平台，经营着多种不同风味的地方特色美食，在系统中维护着一个原始的打分表，其中，行表示各个用户，列表示各种菜品，每一个用户在对一个菜品消费之后都会对其进行打分，分数为1~5分，分数越高表示评价越高。如果该用户没有消费某道菜品，则分数值默认为0分。

在本例子中，一共有18名用户对11个不同的菜品进行了打分评价，原始的打分数据如表6.1所示。

表 6.1　原始的打分数据（单位：分）

菜品 用户	叉烧肠粉	新疆手抓饭	四川火锅	粤式烧鹅饭	大盘鸡拌面	东北饺子	重庆辣子鸡	广东虾饺	剁椒鱼头	兰州拉面	烤羊排
丁一	5	2	1	4	0	0	2	4	0	0	0
刘二	0	0	0	0	0	0	0	0	0	3	0
张三	1	0	5	2	0	0	3	0	3	0	1
李四	0	5	0	0	4	0	1	0	0	0	0
王五	0	0	0	0	0	4	0	0	0	4	0
马六	0	0	1	0	0	0	1	0	0	5	0
陈七	5	0	2	4	2	1	0	3	0	1	0
胡八	0	4	0	0	5	4	0	0	0	0	5

续表

菜品 用户	叉烧肠粉	新疆手抓饭	四川火锅	粤式烧鹅饭	大盘鸡拌面	东北饺子	重庆辣子鸡	广东虾饺	剁椒鱼头	兰州拉面	烤羊排
赵九	0	0	0	0	0	0	4	0	4	5	0
钱十	0	0	0	4	0	0	1	5	0	0	0
孙甲	0	0	0	0	4	5	0	0	0	0	3
周乙	4	2	1	4	0	0	2	4	0	0	0
吴丙	0	1	4	1	2	1	5	0	5	0	0
郑丁	0	0	0	0	0	4	0	0	0	4	0
冯戊	2	5	0	0	4	0	0	0	0	0	0
储己	5	0	0	0	0	0	0	4	2	0	0
魏庚	0	2	4	0	4	3	4	0	0	0	0
高辛	0	3	5	1	0	0	4	1	0	0	0

6.1.2 整体思路及源代码展示

我们首先要想一下，推荐系统到底应该推荐什么？答案很简单：就是聚焦用户没有消费过的菜品（也就是没有打过分的那些菜品），通过模型评估，分析出某个具体用户可能会喜欢的菜品，然后推荐给他，达到最大可能引导消费的目的。

但是，我们怎么知道这个用户会有多喜欢某个特定的未买过的菜品呢？我们又不能去实际问他。这里，我们采用经典的协同过滤的思路，先通过其他所有用户的评价记录，来衡量出这个菜品和该用户评价过的其他菜品的相似程度，利用该用户对于其他菜品的已评分数和菜品间的相似程度，估计出该用户会对这个未评分菜品打出多少分。

这样一来就可以得到该用户所有未消费过的菜品的估计得分，拿出估分最高的菜品推荐给用户就可以了，这就是大致的总体思路。

总结出关键的技术点有以下 3 条：

（1）衡量菜品之间的相似性。

（2）评分估计。

（3）稀疏评分矩阵的处理。

请读者特别注意：本节所介绍的案例完整可运行代码为下面的代码。为便于深入、细致地讲解代码原理，我们将整个代码切分为 6 个小的程序片段进行分别分析。这 6 段程序片段不能也不是为了直接运行的，本书的随书源代码为完整的代码。

代码如下：

```
import numpy as np

scoreData = np.mat([
[5,2,1,4,0,0,2,4,0,0,0],
[0,0,0,0,0,0,0,0,0,3,0],
[1,0,5,2,0,0,3,0,3,0,1],
[0,5,0,0,4,0,1,0,0,0,0],
[0,0,0,0,0,4,0,0,0,4,0],
[0,0,1,0,0,0,1,0,0,5,0],
[5,0,2,4,2,1,0,3,0,1,0],
[0,4,0,0,5,4,0,0,0,0,5],
[0,0,0,0,0,0,4,0,4,5,0],
[0,0,0,4,0,0,1,5,0,0,0],
[0,0,0,0,4,5,0,0,0,0,3],
[4,2,1,4,0,0,2,4,0,0,0],
[0,1,4,1,2,1,5,0,5,0,0],
[0,0,0,0,0,4,0,0,0,4,0],
[2,5,0,0,4,0,0,0,0,0,0],
[5,0,0,0,0,0,0,4,2,0,0],
[0,2,4,0,4,3,4,0,0,0,0],
[0,3,5,1,0,0,4,1,0,0,0]
])

def cosSim(vec_1, vec_2):
    dotProd = float(np.dot(vec_1.T, vec_2))
    normProd = np.linalg.norm(vec_1) * np.linalg.norm(vec_2)
    return 0.5 + 0.5 * (dotProd / normProd)

def estScore(scoreData, scoreDataRC, userIndex, itemIndex):
    n = np.shape(scoreData)[1]
    simSum = 0
    simSumScore = 0
    for i in range(n):
        userScore = scoreData[userIndex, i]
        if userScore == 0 or i == itemIndex:
            continue
        sim = cosSim(scoreDataRC[:, i], scoreDataRC[:, itemIndex])
        simSum = float(simSum + sim)
        simSumScore = simSumScore + userScore * sim
    if simSum == 0:
        return 0
    return simSumScore / simSum

U, sigma, VT = np.linalg.svd(scoreData)
```

```
sigmaSum = 0
k_num = 0

for k in range(len(sigma)):
    sigmaSum = sigmaSum + sigma[k] * sigma[k]
    if float(sigmaSum)/float(np.sum(sigma ** 2)) > 0.9:
        k_num = k+1
        Break

sigma_K = np.mat(np.eye(k_num) * sigma[:k_num])
scoreDataRC = sigma_K * U.T[:k_num, :] * scoreData
n = np.shape(scoreData)[1]
userIndex = 17

for i in range(n):
    userScore = scoreData[17, i]
    if userScore != 0:
        continue
    print("index:{},score:{}".format(i, estScore(scoreData, scoreDataRC, userIndex, i)))
```

运行结果：

```
index:0,score:2.6347116715331174
index:4,score:2.925989345977112
index:5,score:2.933723884808588
index:8,score:2.9657073178482745
index:9,score:2.9057073432965526
index:10,score:2.9263484655262872
```

本节后续的各部分内容就将围绕着关键技术和处理流程，来对上述源代码进行逐行详细剖析。

6.1.3 衡量菜品之间的相似性

两个菜品，我们通过不同用户对其的打分，将其量化成一个分数向量，然后通过对两个菜品的分数向量进行分析比较，定量地进行两个菜品的相似度计算。计算相似度的方法有很多，如欧式距离、皮尔逊相关系数、余弦相似度等。

这里采用余弦相似度的方法，来定量分析两个商品的相似程度，当然也可以换用其他的方法。

对于两个指定向量：向量 $\boldsymbol{v}_1$ 和向量 $\boldsymbol{v}_2$，二者的余弦相似度就是用二者夹角 θ 的余弦值 $\cos\theta$ 来表示，即 $\cos\theta=\dfrac{\boldsymbol{v}_1\cdot\boldsymbol{v}_2}{|\boldsymbol{v}_1||\boldsymbol{v}_2|}$，余弦值的取值范围为 -1~1，我们想对其进行归一化处理，通过 $0.5+0.5\dfrac{\boldsymbol{v}_1\cdot\boldsymbol{v}_2}{|\boldsymbol{v}_1||\boldsymbol{v}_2|}$ 将余弦相似度划到 0~1 的范围内。此时，值越接近 1 代表两个向量的相似度越高。

下面用原始数据集中的一个片段进行举例，如表 6.2 所示。

表 6.2　原始数据片段（单位：分）

用户＼菜品	叉烧肠粉	四川火锅	粤式烧鹅饭
丁一	5	1	4
张三	1	5	2
陈七	5	2	4
周乙	4	1	4

我们对这个片段数据进行分析，4 个顾客分别对 3 道菜进行了打分，于是每道菜就可以用一个四维的列向量来进行描述，分别为叉烧肠粉 $=\begin{bmatrix}5\\1\\5\\4\end{bmatrix}$，四川火锅 $=\begin{bmatrix}1\\5\\2\\1\end{bmatrix}$，粤式烧鹅饭 $=\begin{bmatrix}4\\2\\4\\4\end{bmatrix}$，分别对它们两两之间进行余弦相似度的计算，来定量地分析这 3 道菜之间的相似度。

代码如下：

```
import numpy as np

scoreTable = np.mat([[5,1,4],
                     [1,5,2],
                     [5,2,4],
                     [4,1,4],
                    ])


def cosSim(vec_1, vec_2):
    dotProd = float(np.dot(vec_1.T, vec_2))
    normProd = np.linalg.norm(vec_1)*np.linalg.norm(vec_2)
    return 0.5+0.5*(dotProd/normProd)

print(cosSim(scoreTable[:,0],scoreTable[:,1]))
print(cosSim(scoreTable[:,0],scoreTable[:,2]))
print(cosSim(scoreTable[:,1],scoreTable[:,2]))
```

运行结果：

```
0.763307359425
0.991313756989
0.823788062901
```

程序的运行结果显示，叉烧肠粉和粤式烧鹅饭对应的分数向量，其余弦相似度最高，为 0.9913，而四川火锅与这两道菜的相似度就要低一些。这也恰好符合我们的常识，毕竟叉烧肠粉和粤式烧鹅饭是有名的粤菜，而以麻辣口味著称的四川火锅跟它们明显不是一个系列的。

6.1.4 真实稀疏数据矩阵的降维处理

我们在计算每两道菜之间的余弦相似度时，必须找到同时吃过这两道菜的所有顾客为其所打的分值。换句话说，就是参与相似度计算的分数向量的每个元素都必须非零，且来自于几个相同的顾客。

在原始数据矩阵中，记录了18位顾客对11道菜的全部打分情况，因为每个人不可能吃遍美食平台上的每一道菜（确切地说，一般人都只吃过平台上的少部分菜品），因此这个矩阵一定是一个稀疏矩阵，拥有大量的0元素项。这样，虽然一方面从表面现象看矩阵的维数很高；但是从另一方面来看，某个顾客同时对两道菜打过分的情况却并不一定很普遍。

于是，我们在思考：是否依据数据矩阵的实际打分情况，按行对原始打分矩阵进行压缩降维，将其处理成一个低维的矩阵，然后再对其进行余弦相似度的处理呢？这样就能避免上面描述的稀疏矩阵的一些不足。

显然，我们之前讲过的基于奇异值分解按行进行压缩的方式就派上用场了。

下面先来整理原始矩阵，并对其进行奇异值分解。

代码如下：

```
import numpy as np

scoreData = np.mat([
[5,2,1,4,0,0,2,4,0,0,0],
[0,0,0,0,0,0,0,0,0,3,0],
[1,0,5,2,0,0,3,0,3,0,1],
[0,5,0,0,4,0,1,0,0,0,0],
[0,0,0,0,0,4,0,0,0,4,0],
[0,0,1,0,0,0,1,0,0,5,0],
[5,0,2,4,2,1,0,3,0,1,0],
[0,4,0,0,5,4,0,0,0,0,5],
[0,0,0,0,0,0,4,0,4,5,0],
[0,0,0,4,0,0,1,5,0,0,0],
[0,0,0,0,4,5,0,0,0,0,3],
[4,2,1,4,0,0,2,4,0,0,0],
[0,1,4,1,2,1,5,0,5,0,0],
[0,0,0,0,0,4,0,0,0,4,0],
[2,5,0,0,4,0,0,0,0,0,0],
[5,0,0,0,0,0,0,4,2,0,0],
[0,2,4,0,4,3,4,0,0,0,0],
[0,3,5,1,0,0,4,1,0,0,0]
])
U, sigma, VT = np.linalg.svd(scoreData)
print(sigma)
```

运行结果：

```
[ 18.00984878     13.34523472    11.52884033    10.1161419     7.13556169
   5.86405759      4.87893356     3.59711712     3.28710923     2.48996847
   2.06103963]
```

从运行结果中可以看出，从大到小依次获取了 11 个特征值。出于压缩的目的，我们选取的特征值个数 k，取决于至少需要多少个奇异值的平方和才能达到所有平方和的 90%，即主成分贡献率的概念。

代码如下：

```
sigmaSum = 0
for k in range(len(sigma)):
    sigmaSum = sigmaSum + sigma[k] * sigma[k]
    if float(sigmaSum) / float(np.sum(sigma ** 2)) > 0.9:
       print(sigma[:k+1])
       break
```

运行结果：

```
[ 18.00984878 13.34523472 11.52884033 10.1161419 7.13556169
   5.86405759]
```

经过简单的处理可以发现，我们需要 6 个奇异值，使其达到主成分贡献率的 90%。于是，我们就可以通过行压缩的方式，将原始分数矩阵的行由 18 维压缩到 6 维，避免稀疏矩阵的情况。

通过行压缩的方式对矩阵进行行压缩，在行压缩的基础上，推荐算法中通常还需要再乘以奇异值方阵，赋予其对应的权重值，最终获取降维后规模为 6×11 行压缩矩阵 scoreDataRC。

代码如下：

```
sigma_K = np.mat(np.eye(6) * sigma[:6])
scoreDataRC = sigma_K * U.T[:6,:] * scoreData
print(scoreDataRC)
```

运行结果：

```
[[-112.4308753    -112.87222698 -124.19623361 -105.3993477   -111.288632
   -73.59389971   -135.0414711  -100.44297783  -64.70437823   -40.78142832
   -36.26815254]
 [  72.48369701    -41.51056586   -2.73164141   63.4068466    -80.85031966
   -74.17305344     -5.56275757   78.96337678   -0.5442874    -22.36535334
   -43.68006783]
 [ -37.12342785    -37.62324399   48.30321076  -12.27825448   -44.01558208
   -15.58603044     61.15421157  -29.1271841     51.75734522    48.33639061
   -24.5927832 ]
 [  17.52124987    -26.0972729    -31.74323843    6.7731707     -9.84514566
    43.42277156    -20.38567072   17.78646057   -3.58400334    75.2486827
     6.44560751]
 [  -4.65216236    -30.40184468   14.31575194    8.88222668    -3.18752866
    25.17373196     -2.36071622    3.80908229    0.60261906   -21.93806491
```

```
   14.73475607]
 [ 12.3915557     -6.28064351  -10.81041971   -9.75679724    6.46828122
  -3.64007586     -1.80356759   -1.88718634   25.44954779   -5.17787313
   6.4052445 ]]
```

在后面的分析过程中，我们就利用 scoreDataRC 这个行压缩矩阵来进行各个菜品之间相似度的计算。

6.1.5 评分估计

当我们顺利的得到菜品之间两两相似度的值时，就可以基于此进行某顾客未购菜品的评分估计了。

基本思想就是：利用该顾客已经评过分的菜品分值，来估计某个未评分菜品的分值，令要估计的菜品为 G_x，该顾客已经评过分的菜品为 G_a，G_b，G_c，评过的分数分别对应为 Score_a，Score_b，Score_c，这 3 件菜品与 G_x 的相似度分别为 Sim_a，Sim_b，Sim_c，由此，利用相似度加权的方式，来估计 G_x 的评分值 Score_x，公式为

$$\text{Score}_x=\frac{\text{Score}_a\cdot\text{Sim}_a+\text{Score}_b\cdot\text{Sim}_b+\text{Score}_c\cdot\text{Sim}_c}{\text{Sim}_a+\text{Sim}_b+\text{Sim}_c}$$

通过这种方法，可以估计出该顾客所有未买过的菜品的评分，然后取估计值最高的某个菜品（或某 n 个），作为推荐的菜品推送给客户，这是我们猜测的该客户没有吃过的菜品中可能最喜欢的一道。

按照这个方法来估计一下，排在最后一行的顾客高辛，他没吃过的那些菜中，最喜欢的可能会是哪一道菜。

我们先基于上面的评分公式及余弦相似度的函数，来写一个未打分菜品的评分函数。代码如下：

```
def estScore(scoreData, scoreDataRC, userIndex, itemIndex):
    n = np.shape(scoreData)[1]
    simSum = 0
    simSumScore = 0
    for i in range(n):
        userScore = scoreData[userIndex, i]
        if userScore == 0 or i == itemIndex:
            continue
        sim = cosSim(scoreDataRC[:, i], scoreDataRC[:, itemIndex])
        simSum = float(simSum + sim)
        simSumScore = simSumScore + userScore * sim
    if simSum == 0:
        return 0
    return simSumScore / simSum
```

这个函数比较复杂，需要花些时间分析一下。整个函数的作用是估计第 userIndex 个用户对第 itemIndex 个菜品（此菜品应为未打分的菜品）的评分。函数的 4 个参数含义如下。

（1）scoreData：表示原始的用户 - 菜品打分矩阵。

（2）scoreDataRC：表示 scoreData 经过 SVD 处理后的行压缩矩阵。

（3）userIndex：该用户位于 scoreData 矩阵中的行索引。

（4）itemIndex：该菜品位于 scoreData 矩阵中的列索引。

下面分析一下整个代码的关键点。

第 2 行：获取原始的用户 - 菜品打分矩阵的列数，即菜品的总个数。

第 3 行：对于 userIndex 用户，simSum 变量用来记录 itemIndex 菜品与其他已打分菜品相似度的和。

第 4 行：对于 userIndex 用户，simSumScore 变量用来记录 itemIndex 菜品与其他已打分菜品的加权相似度之和，其中，权重就是该用户对其他已打分菜品的打分值。

第 5 行 ~ 第 11 行：遍历所有菜品，计算 simSum 和 simSumScore 这两个量。

第 9 行：利用 SVD 处理后的行压缩矩阵，得到指定的 itemIndex 菜品与第 i 个菜品之间的相似度。

第 14 行：按照定义的公式，返回预估的评分值。

6.1.6 菜品推荐结果

最后到了揭开谜底的时刻了，在高辛没有评分过的那些菜品中，他最可能喜欢吃的是哪道菜呢？

很简单，我们利用上面 estScore 评分函数，对所有未评分的菜品进行预估打分，然后选取分数最高的一道菜品，就可以认为是高辛最可能打高分的（也就是可能最爱吃的）菜品，并推荐给他。

代码如下：

```
n = np.shape(scoreData)[1]
userIndex = 17

for i in range(n):
    userScore = scoreData[17, i]
    if userScore != 0:
       continue
    print("index:{},score:{}".format(i, estScore(scoreData, scoreDataRC, userIndex, i)))
```

运行结果：

```
index:0,score:2.6347116715331174
index:4,score:2.925989345977112
index:5,score:2.933723884808588
index:8,score:2.9657073178482745
index:9,score:2.9057073432965526
index:10,score:2.9263484655262872
```

从程序的运行结果中可以看出，index=8 的那道菜品得分最高，可以将他推荐给高辛，通过查表可以发现，这道菜是剁椒鱼头。我们看到，在高辛的已打分菜品中，四川火锅和重庆辣子鸡得分很高，看来他喜欢吃口味偏辣的菜品，因此从逻辑上来说，这个推荐是合理有效的。

那我们再多观察一下，在这些未打分的菜品中，高辛可能最不愿意吃的又是哪道菜呢？通过运行结果观察发现，是 index=0 的那道菜品，这道菜得分最低，经过查表发现，这道菜是叉烧肠粉，这个和高辛对其他两道粤菜打分偏低的情况也是一致的。

因此，从总推荐的验证结果来看，这个方法是简单有效的。

6.1.7 方法小结

学完整个协同过滤方法的实现全过程后，再总结梳理一下里面的几个关键步骤。

（1）获取原始的用户 - 菜品打分矩阵 scoreData。

（2）利用奇异值分解处理原始矩阵 scoreData，获取行压缩矩阵 scoreDataRC。

（3）针对指定的第 userIndex 个用户及指定的第 itemIndex 个未打分菜品，基于 scoreDataRC 行压缩矩阵的数据，采用余弦相似度的算法来计算出该菜品与所有已打分菜品的相似程度。

（4）利用公式$\text{Score}_x = \dfrac{\text{Score}_a \cdot \text{Sim}_a + \text{Score}_b \cdot \text{Sim}_b + \text{Score}_c \cdot \text{Sim}_c}{\text{Sim}_a + \text{Sim}_b + \text{Sim}_c}$，计算出该指定菜品的预估分数。

（5）计算出该 userIndex 用户所有未打分菜品的预估分数值，将预估分数最高（或前 n 高）的菜品推荐给他。

通过上述步骤，完成整个协同过滤的过程。

6.2 利用 SVD 进行彩色图片压缩

本节介绍一个非常有趣的案例，即如何基于奇异值分解的方法进行彩色图像的压缩处理？

下面先来介绍以下几个需要解决的核心问题：首先，应该如何将一幅彩色图像转换为可以进行运算处理的数字形式，即图像的数字化表示；其次，色彩这个概念是如何运用数字化的技术进行表达的；再次，在具体的处理过程中奇异值分解的具体实施细节又是什么？最后，如何利用 Python 语言和相应的程序库来实际处理一张彩色图片，完成对其的压缩处理工作？

所有问题在本节中都有对应的答案。为了方便实际进行操作举例，笔者一张自己的卡通肖像画，提供给读者进行压缩操作，希望读者在学习本节时乐在其中，学有所获。

6.2.1 完整源代码展示

在本节的开头，我们先展示完整的案例源代码。

请读者特别注意：本节所介绍的案例完整可运行代码为下面的代码。为便于深入、细致地讲解代码原理，我们将整个代码切分为 5 个小的程序片段进行分别分析。这 5 段程序片段不能也不是为了直接运行的，本书的随书源代码为完整的代码。

代码如下：

```
import numpy as np
from PIL import Image

def imgCompress(channel,percent):
    U, sigma, V_T = np.linalg.svd(channel)
    m = U.shape[0]
    n = V_T.shape[0]
    reChannel = np.zeros((m,n))
    for k in range(len(sigma)):
        reChannel = reChannel +
                    sigma[k] * np.dot(U[:,k].reshape(m,1),V_T[k,:].reshape(1,n))
        if float(k) / len(sigma) > percent:
            reChannel[reChannel < 0] = 0
            reChannel[reChannel > 255] = 255
            break
    return np.rint(reChannel).astype("uint8")

oriImage = Image.open(r'test.png', 'r')
imgArray = np.array(oriImage)
R = imgArray[:, :, 0]
G = imgArray[:, :, 1]
B = imgArray[:, :, 2]
A = imgArray[:, :, 3]

for p in [0.001,0.005,0.01,0.02,0.03,0.04,0.05,0.1,0.2,0.3,0.4,0.5,0.6,0.7,
          0.8,0.9]:
    reR = imgCompress(R, p)
    reG = imgCompress(G, p)
    reB = imgCompress(B, p)
    reA = imgCompress(A, p)
    reI = np.stack((reR, reG, reB, reA), 2)
    Image.fromarray(reI).save("{}".format(p)+"img.png")
```

本节后续的各部分内容也将围绕着关键技术和处理流程，来对上述源代码进行逐行详细剖析。

6.2.2 图像的数据表示

首先有一个事实非常明显，如果要对一张图像进行压缩处理，那么必须得知道应该如何用数据的形式来表示一张具体的图像，然后才能在此基础上进行下一步的数据压缩处理工作。

下面利用 Python 中的第三方工具库 pillow 来读取一张样例图片，观察它的图像参数信息。

本节中要进行处理的样例图片如图 6.1 所示，这一张笔者自己的卡通彩色肖像画是 PNG 格式的。

图 6.1　待处理的 PNG 格式彩色图像

对于 Python 语言使用不熟悉的读者，需要注意的是，由于 pillow 是第三方工具库，而不是 Python 所自带的库文件，因此在使用前需要提前用 pip 工具进行该程序库的安装。

安装过程很简单，即在 Windows 系统的“开始”中输入“cmd”后，在命令行界面下使用以下一行命令即可，系统通过网络自动下载工具库 pillow 并安装。

代码如下：

```
pip install pillow
```

pillow 库安装完毕后，我们将利用它来读取测试图片，观察它的一些重要的图片参数信息，把测试图片放在源代码文件所在的路径下，并将文件命名为 test.png。

代码如下：

```
import numpy as np
from PIL import Image

oriImage = Image.open(r'test.png', 'r')
imgArray = np.array(oriImage)
print(imgArray.shape)
print(imgArray)
```

运行结果：

```
(537, 536, 4)
[[[248 243 173 255]
  [250 244 176 255]
  [247 242 169 255]
  ...,
  [247 242 178 255]
  [245 241 173 255]
  [246 242 175 255]]
 [[249 244 170 255]
  [249 243 172 255]
  [248 242 168 255]
  ...,
  [246 241 177 255]
  [247 243 179 255]
  [246 242 180 255]]
 [[249 244 169 255]
  [248 242 171 255]
  [249 243 175 255]
  ...,
  [246 241 173 255]
  [246 242 175 255]
  [246 242 177 255]]
  ...,
 [[246 241 180 255]
  [246 241 184 255]
  [246 240 185 255]
  ...,
  [248 243 150 255]
  [247 243 139 255]
  [247 242 138 255]]
 [[246 242 172 255]
  [245 241 174 255]
  [245 242 176 255]
  ...,
  [247 243 143 255]
  [247 242 142 255]
  [250 243 144 255]]
 [[246 242 174 255]
  [245 242 176 255]
  [246 242 179 255]
  ...,
  [247 242 145 255]
  [250 242 151 255]
  [248 243 147 255]]]
```

从程序得到的运行结果来看，这张彩色图片被表示为一个三维的 ndarray 数组对象：imgArray。数组的维度为 537×536×4。其实，它有一个更加专业的名称，即 3D 张量。这个 3D 张量由图像的 3 个维度信息所构成，分别为高度信息、宽度信息和颜色通道信息。

这里高度和宽度的概念无须过多介绍，它们分别表示在图像的高和宽这两个维度上各有多少个像素点。

程序的运行结果表明：这张彩色图像本质上就是高度 × 宽度为 537×536 的像素点阵，而颜色通道的具体取值就用来对应的描述每个像素点的颜色信息，明确每个位置上的像素点颜色。由此，通过整个彩色像素点阵，最终就能构建出整幅完整的彩色图像。

我们在样例中使用的是一张 PNG 格式的图片，从程序运行结果中不难看出，PNG 格式图片的颜色通道维数是四维，依次分别对应了 R、G、B、A 4 个通道的实际取值，每个通道都是使用 8 位无符号整形数来进行表示的，取值范围为 0~255。

这 4 个通道分别表示的含义如下：R、G、B 分别代表红色、绿色和蓝色 3 个颜色通道，通过对不同取值的 3 个通道进行数据叠加，从而可以最终产生各种所需要的颜色；而最后一个 A 通道，则是用来表示不透明度的参数。A 通道的取值越大，表示图像的不透明度越高。如果其取值为 255，则表示这是一张完全不透明的图像；反之，如果取值为 0，则表示图像完全透明。

6.2.3 灰度图的处理

灰度图的压缩过程比较简单、直观。灰度图其实就是我们原来常见的黑白图片。在这种情况下，颜色通道只用一维即可，通过 0~255 范围内的不同取值，用来表示白 - 灰 - 黑的深浅程度。

这样的情况比较好处理，原来的 3D 张量退化为一个简单的矩阵（我们称为 img 矩阵），img 矩阵的形状就是用图像的高 × 宽来进行描述的，而矩阵的元素值就是对应像素的灰度值（取值为 0 ~ 255）。

得到用来表示灰度图像的 img 矩阵后，接下来的处理过程就非常简单了，通过对 img 矩阵进行奇异值分解，获取了 $\boldsymbol{U}$，sigma，$\boldsymbol{V}^{\mathrm{T}}$ 3 个核心矩阵要素，按照压缩的实际需要，取前 k 个奇异值及相对应的左、右特征向量，就能通过下面的公式完成图像的压缩重建过程。

$$\text{img} \approx \sigma_1\boldsymbol{u}_1\boldsymbol{v}_1^{\mathrm{T}}+\sigma_2\boldsymbol{u}_2\boldsymbol{v}_2^{\mathrm{T}}+\sigma_3\boldsymbol{u}_3\boldsymbol{v}_3^{\mathrm{T}}+\cdots+\sigma_k\boldsymbol{u}_k\boldsymbol{v}_k^{\mathrm{T}}$$

6.2.4 彩色图像的压缩处理思路

目前的实际情况要复杂一些，PNG 格式的彩色图像不同于灰度图，它有 4 个颜色通道，我们该如何处理呢？这里我们提供一个解决方案供大家参考。

具体的解决思路分为以下 3 步。

第一步：通道分离。

对于 PNG 格式的彩色图片，拥有 4 个颜色通道 R，G，B，A，那么可以尝试先将每个颜色通道进行分离，产生 4 个形状均为图像高 × 宽的单通道矩阵，即 imgR，imgG，imgB，imgA。

第二步：矩阵压缩。

对每个单通道矩阵进行奇异值分解，按照压缩的实际需要取前 k 个奇异值，进行 4 个单通道矩阵的压缩近似，各自的处理过程同灰度图的处理过程完全一样。最后分别形成 4 个压缩后的矩阵：imgRC，imgGC，imgBC，imgAC。

第三步：图像重建。

将 4 个压缩后的单通道矩阵合并形成表示 PNG 格式的 3D 张量，通过该 3D 张量来重构出压缩后的彩色图像。

6.2.5 代码实现及试验结果

按照上面分析的 3 步操作思路，利用 Python 语言来具体实现样例彩色图片的压缩过程。

第一步：通道分离的实现过程。

首先进行通道分离，将 imgArray 数组中的每个通道分别单独抽取出来，得到 4 个高 × 宽的二维数组。这 4 个二维数组中每个位置上的取值就是对应像素的某个颜色通道的取值。

代码如下：

```
R = imgArray[:, :, 0]
G = imgArray[:, :, 1]
B = imgArray[:, :, 2]
A = imgArray[:, :, 3]
print(R)
print(G)
print(B)
print(A)
```

运行结果：

```
[[248 250 247 ..., 247 245 246]
 [249 249 248 ..., 246 247 246]
 [249 248 249 ..., 246 246 246]
 ...,
 [246 246 246 ..., 248 247 247]
 [246 245 245 ..., 247 247 250]
 [246 245 246 ..., 247 250 248]]
[[243 244 242 ..., 242 241 242]
 [244 243 242 ..., 241 243 242]
 [244 242 243 ..., 241 242 242]
 ...,
 [241 241 240 ..., 243 243 242]
 [242 241 242 ..., 243 242 243]
 [242 242 242 ..., 242 242 243]]
[[173 176 169 ..., 178 173 175]
```

```
 [170 172 168 ..., 177 179 180]
 [169 171 175 ..., 173 175 177]
 ...,
 [180 184 185 ..., 150 139 138]
 [172 174 176 ..., 143 142 144]
 [174 176 179 ..., 145 151 147]]
[[255 255 255 ..., 255 255 255]
 [255 255 255 ..., 255 255 255]
 [255 255 255 ..., 255 255 255]
 ...,
 [255 255 255 ..., 255 255 255]
 [255 255 255 ..., 255 255 255]
 [255 255 255 ..., 255 255 255]]
```

从程序运行的结果来看，我们成功得到了 4 个二维 ndarray 数组，将 R，G，B，A 4 个通道成功地进行了分离。

第二步：矩阵压缩的具体实现。

下面来看算法的核心部分，也就是利用奇异值分解算法来压缩各个通道矩阵。

代码如下：

```
def imgCompress(channel,percent):
    U, sigma, V_T = np.linalg.svd(channel)
    m = U.shape[0]
    n = V_T.shape[0]
    reChannel = np.zeros((m,n))
    for k in range(len(sigma)):
        reChannel =
        reChannel + sigma[k] * np.dot(U[:,k].reshape(m,1),V_T[k,:].reshape(1,n))
        if float(k) / len(sigma) > percent:
            reChannel[reChannel < 0] = 0
            reChannel[reChannel > 255] = 255
            break
    return np.rint(reChannel).astype("uint8")
```

这里我们对代码进行重点解析，这是一个完成通道矩阵压缩的功能函数，函数的参数有两个：channel 表示需要进行压缩处理的单个颜色通道矩阵；percent 表示利用 SVD 进行矩阵重建的过程中，保留奇异值的百分比。

第 2 行：对通道矩阵进行奇异值分解。

第 3~5 行：初始化 $m \times n$ 大小的全零矩阵 reChannel。

第 7~8 行：依照 percent 参数值，取前 k 个奇异值，按照 $\sigma_1 \boldsymbol{u}_1 \boldsymbol{v}_1^{\mathrm{T}} + \sigma_2 \boldsymbol{u}_2 \boldsymbol{v}_2^{\mathrm{T}} + \sigma_3 \boldsymbol{u}_3 \boldsymbol{v}_3^{\mathrm{T}} + \cdots + \sigma_k \boldsymbol{u}_k \boldsymbol{v}_k^{\mathrm{T}}$ 的近似公式，重建出经过压缩处理的通道矩阵 reChannel。

从代码中可以看出，我们还需要注意两个非常重要的数据处理细节：一方面，需要把处理后得到的数据约束到 0~255 的取值范围内，这是最终进行图像显示的要求；另一方面，对数值进行取整，数据类型为 8 位无符号整型数。

第三步：通道重建的具体实现。

最后完成通道的重建工作，将经过奇异值分解处理的 4 个单通道矩阵合并成表示 R，G，B，A 4 个通道的完整 3D 张量，并在此基础上观察不同奇异值取值个数比例下的图像压缩效果。

代码如下：

```
for p in [0.001,0.005,0.01,0.02,0.03,0.04,0.05,0.1,0.2,0.3,0.4,0.5,
          0.6,0.7,0.8,0.9]:
    reR = imgCompress(R, p)
    reG = imgCompress(G, p)
    reB = imgCompress(B, p)
    reA = imgCompress(A, p)
    reI = np.stack((reR, reG, reB, reA), 2)
    Image.fromarray(reI).save("{}".format(p)+"img.png")
```

在上面的代码片段中，变量 p 表示取所有奇异值的前多少比例，如第一个参数取值是 0.001，就表示取前 0.1% 个奇异值来构建压缩的图像。

我们可以观察一下，不同奇异值取值比例下的图像显示效果。

试验结果：图 6.2 所示为取前 0.1% 的奇异值所重建的图像。图片清晰度效果为：基本上只能看到一个非常模糊的色块轮廓，可以猜出这应该是一张人脸。

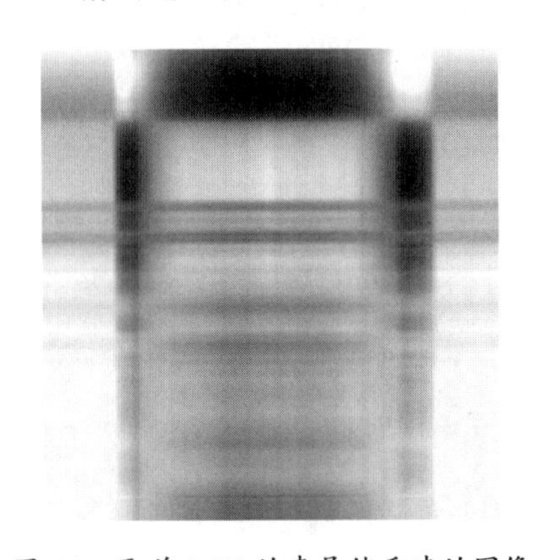

图 6.2　取前 0.1% 的奇异值重建的图像

图 6.3 所示为取前 0.5% 的奇异值所重建的图像。图片清晰度效果为：此时可以发现，五官的特征基本上已经模糊可见了，可以在图中找到眉毛、眼睛、鼻子、嘴巴、耳朵的大致位置。

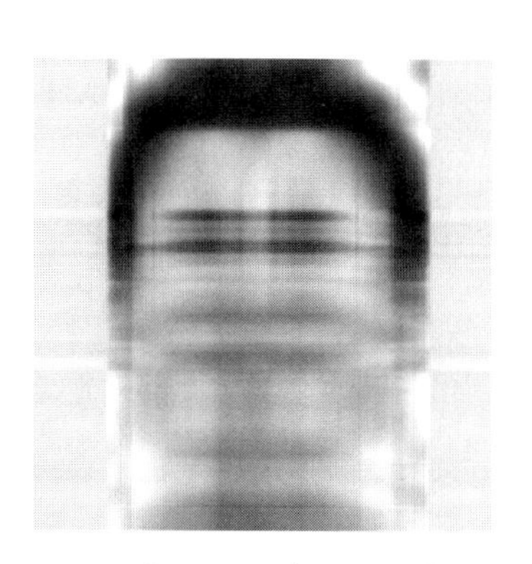

图 6.3　取前 0.5% 的奇异值重建的图像

图 6.4 所示为取前 1% 的奇异值所重建的图像。图片清晰度效果为：这时基本上图片已经大致可见了，可以认得出是笔者本人。

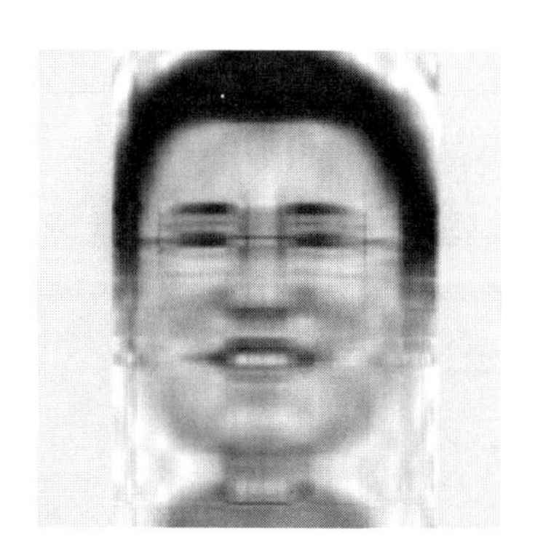

图 6.4　取前 1% 的奇异值重建的图像

图 6.5 所示为取前 2% 的奇异值所重建的图像。图片清晰度效果为：此时抛开细节，整个图片的面部基本上已经可以轻松识别。

图 6.5　取前 2% 的奇异值重建的图像

图 6.6 所示为取前 5% 的奇异值所重建的图像。图片清晰度效果为：图片中的噪声点和模糊的地方进一步减小。

图 6.6　取前 5% 的奇异值重建的图像

图 6.7 所示为取前 10% 的奇异值所重建的图像。图片清晰度效果为：这时我们感觉图中除了轮廓分界部分还有一些“杂质”外，其余部分已经很清晰了。

图 6.7　取前 10% 的奇异值重建的图像

图 6.8 所示为取前 20% 的奇异值所重建的图像。图片清晰度效果为：此时从肉眼来看，感觉与原图已经没有差别了。

图 6.8　取前 20% 的奇异值重建的图像

图 6.9 所示为用作参考对比的原图图像，可以重点比较一下图 6.8 和图 6.9 的视觉感官效果。

图 6.9　原图

从试验的运行结果对比来看，使用前 1% 的奇异值重建图像，就能大致观察出原始图像的主要特征；使用前 10% 的奇异值重建出来的图像，就相对比较清晰了；使用前 20% 的奇异值重建出来的图像，用肉眼观察，清晰度就和原图没有太大的区别了，这就较好地实现了压缩图像存储空间的效果。

这就是利用奇异值分解方法对彩色图像进行压缩的思路和操作全过程。

第 7 章

函数与复数域：概念的延伸

作为全书的最后一章，第 7 章主要对线性代数的相关概念和思想方法进行延伸和拓展，我们将在傅里叶分析这个信号处理经典问题的背景下，一步一步地引导读者将线性代数从向量空间延伸到函数空间，从实数域拓展到复数域。

我们将会仔细探索内积、正交等核心概念在向量空间与函数空间、实数域和复数域中的区别与联系，并比较实数域和复数域中类似的一些重要矩阵。在概念的比较过程中，探索对线性代数领域更为深刻和广阔的认知。

本章主要涉及的知识点

- 介绍如何从向量的角度去看待函数
- 介绍如何选取一组正交基函数
- 介绍周期函数的傅里叶级数表示方法
- 介绍非周期函数的傅里叶变换的基本思路
- 介绍复数的一些基本运算规则
- 介绍复数域中的一些重要矩阵：厄米矩阵和酉矩阵
- 介绍傅里叶矩阵及离散傅里叶变换的思想和实践方法

7.1 傅里叶级数：从向量的角度看函数

本节将采用一种全新的视角去看待函数，把函数看作是无穷维向量空间中的一个向量。这样，我们就能引入 n 维向量空间 R^n 中的许多运算法则，其中一个重要的运算就是向量的内积。通过概念的类比，对两个函数的内积运算和正交性进行定义，并参照向量中标准正交基的相关概念，引入通过一组正交基函数对一个连续函数进行分解的方法。

在这种思想方法的引领下，本节从向量的视角去介绍和讲解函数的傅里叶分析方法，介绍由正余弦函数组成的正交函数基，以及周期函数的傅里叶级数求解方法，本节可以看作是线性代数理论和工具向函数空间的拓展，仔细分析会发现向量与函数的一些思想方法的共通之处。

7.1.1 函数：无穷维向量

空间是整个线性代数理论与实践的核心概念。下面先简要地回顾一下向量空间的有关概念。向量空间 R^n 由所有含有 n 个成分的列向量所构成。例如，R^4 空间中就包含了所有含有 4 个成分的列向量$\begin{bmatrix}x_1\\x_2\\x_3\\x_4\end{bmatrix}$，因此 R^n 空间也称为 n 维空间。在这个向量空间 R^n 中，还定义了向量的加法、标量乘法及内积等基本运算法则。

在这里需要说明的是，我们一直所讨论的向量空间 R^n 是一个有限维的空间，即向量中的成分个数是有限的。而接下来，我们会把思路进一步的打开，将空间的概念从狭义引申到广义，去探讨一下函数和向量之间的关联。

函数的概念相信读者并不会感到陌生，函数反映的是自变量和因变量之间的一种映射关系，如果给定自变量元素 x，对它施加映射规则 f，就得到了因变量元素 y，即我们所熟悉的表示方法：$y=f(x)$。这种看待问题的角度来源于函数的基本定义，但是从中我们似乎找不到函数和向量有什么关联。

这是因为从解析式的角度去看待函数，关注的是它的映射规则。如果从更直接的角度去看待呢？回顾一下绘制一条函数曲线的过程，我们会对应地在坐标系中对各个自变量的取值进行描点，然后将这些点连接成函数曲线。我们会发现：如果自变量的取值越密集，那么所描绘出来的曲线就越趋近于原始的函数曲线，当 $\Delta x\rightarrow 0$ 时，通过描点法绘制出来的曲线就和真实的函数曲线无异了。

此时，如果对函数曲线依照 Δx 的间隔进行均匀采样（图 7.1），就能得到一组采样值 $y_1, y_2, y_3, y_4, \cdots$，特别地，当采样间隔 $\Delta x\rightarrow 0$ 时，这一组采样值就能够完全地代表这个函数了。

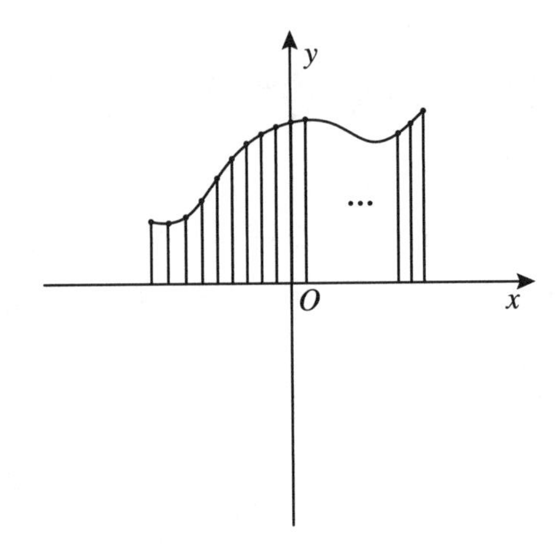

图 7.1 对连续函数曲线按 Δx 的间隔均匀采样

此时，如果利用向量工具对这一组函数值进行表示，即表示为 $\begin{bmatrix} y_1 \\ y_2 \\ \vdots \\ y_m \\ y_{m+1} \\ \vdots \end{bmatrix}$，它就和函数很自然地对应了起来，这是一种返璞归真的思路和方法。并且最为重要的一点是，由于自变量 x_m 和 x_{m+1} 之间的间距 $\Delta x \to 0$，因此采样的个数，即向量中的成分个数是无限的，由此又可以说，我们成功地把函数放到了一个无穷维的向量空间中了。

建立起这种对应关系后，就可以采用向量空间中介绍过的运算法则和相关概念，来进一步讨论构建在空间中的函数运算性质。在本节后面的内容中，我们都将采用这种类比的方法进行讲解。

7.1.2 寻找一组正交的基函数

一旦将函数看作是无穷维空间中的向量，那么自然而然地就可以将 n 维向量空间 R^n 中的内积定义进行迁移。

向量的坐标基于基底的选取，向量空间 R^n 中的任何一个 n 维向量 $\boldsymbol{v}$ 都可以写成 n 个基向量 $\boldsymbol{e}_1, \boldsymbol{e}_2, \boldsymbol{e}_3, \cdots, \boldsymbol{e}_n$ 线性组合的形式，即 $\boldsymbol{v} = x_1\boldsymbol{e}_1 + x_2\boldsymbol{e}_2 + x_3\boldsymbol{e}_3 + \cdots + x_n\boldsymbol{e}_n$，并且这种表示方法是唯一的，我们在此基础上对向量进行进一步的变换和分析。

如果从向量的角度去审视函数，我们能否将一个指定的函数 $f(x)$ 写成一组基函数的组合呢？答案是肯定的，并且正如同基向量的选取有很多种选择一样，基函数也有不同的多种选择，那么什么样的基函数才能称得上是好的基函数呢？关于这一点，我们同样从向量空间中寻找答案。

在向量空间中，标准正交向量满足彼此无关，且同时满足向量为单位长度的特性，一般使用一组标准正交向量作为基向量，它们性质优越、操作简便。以此类推，是否也应该选取类似性质

的一组函数作为 $f(x)$ 在无穷维向量空间中的基函数呢？答案是肯定的。下面就按照这个思路去寻找和讨论。

验证两个向量是否满足正交，需要进行的是向量的内积运算，回顾一下两个 n 维向量 $\boldsymbol{u}$ 和 $\boldsymbol{v}$ 进行内积运算的运算法则：

$$\boldsymbol{u}\cdot\boldsymbol{v}=\begin{bmatrix}u_1\\u_2\\u_3\\\vdots\\u_n\end{bmatrix}\cdot\begin{bmatrix}v_1\\v_2\\v_3\\\vdots\\v_n\end{bmatrix}=u_1v_1+u_2v_2+u_3v_3+\cdots+u_nv_n=\sum_{i=1}^{n}u_iv_i$$

如果要满足向量 $\boldsymbol{u}$ 和向量 $\boldsymbol{v}$ 之间彼此正交，则它们的内积运算结果必须为 0，即 $\boldsymbol{u}\cdot\boldsymbol{v}=0$。

那么两个函数 $f(x)$ 和 $g(x)$ 的内积该如何进行表示呢？很显然，由于它们被表示为向量，直观上看函数的内积表示形式同向量相比应该是一样的，但是在这里我们需要注意两个要点：一方面是参与内积运算的两个向量的维数都是无穷的；另一方面它们的采样间隔都是趋近于 0。因此，离散量的加和运算演变成了连续量的积分运算，两个无穷维向量的内积运算本质上就是两个函数乘积的积分（这是微积分里的基本概念，相信读者不会感到陌生），因此，可以将函数 $f(x)$ 和函数 $g(x)$ 的内积表示为

$$f(x)\cdot g(x)=\int f(x)g(x)\mathrm{d}x$$

如果积分运算的结果为 0，则表示这两个函数满足彼此正交的关系，即有希望被选择作为基函数。

下面来看一个实例，计算正弦函数 $\sin x$ 和余弦函数 $\cos x$ 的内积，由于它们都是周期为 2π 函数，因此计算 $[0,2\pi]$ 范围内的积分结果。

代码如下：

```
from sympy import integrate, cos, sin
from sympy.abc import x
import numpy as np
e = integrate(sin(x)*cos(x), (x, 0, 2*np.pi))
print(e.evalf())
```

运行结果：

```
0
```

从代码的运行结果中可以看到，积分运算的结果为 0，即两个函数的内积为 0，说明它们彼此之间是满足正交的，这个结果正如我们所期待的。但是，仅仅由正弦函数 $\sin x$ 和余弦函数 $\cos x$ 作为基函数是远远不够的，因为从基向量的相关概念中可知，n 维向量空间 R^n 中的任意一个向量都被表示为空间中 n 个基向量的线性组合形式，而我们将函数视作是无穷维的向量，因此通过类比可知，我们需要的不是两个基函数，而是一组满足彼此之间两两正交的无穷序列作为基函数。

正弦函数和余弦函数的正交性不仅仅局限于 $\sin x$ 和 $\cos x$ 这两个函数，实质上，下面这个正余弦函数的无穷序列两两之间都满足正交性：

$$1(\cos 0x), \sin x, \cos x, \sin 2x, \cos 2x, \sin 3x, \cos 3x, \cdots, \sin nx, \cos nx, \cdots$$

类似地，这种无穷序列正是我们想要的，它是针对函数这个无穷维向量的一组好基。$\sin nx$ 和 $\cos mx$（$m \neq n$）满足正交性的推演过程并不难，也是通过验证二者的乘积在 $[0,2\pi]$ 取值范围内的积分是否为 0，具体的计算过程不再展开。下面举几个实例来验算一下。

代码如下：

```
from sympy import integrate, cos, sin
from sympy.abc import x
import numpy as np

e1 = integrate(sin(2*x)*cos(5*x), (x, 0, 2*np.pi))
e2 = integrate(sin(4*x)*cos(0*x), (x, 0, 2*np.pi))
e3 = integrate(sin(x)*cos(2*x), (x, 0, 2*np.pi))
print(e1.evalf())
print(e2.evalf())
print(e3.evalf())
```

运行结果：

```
0
0
0
```

通过程序的运行结果可以发现，确实该序列中的函数两两之间满足正交的关系。当然，满足彼此正交的基函数不仅只有这一种，但是本书重点讨论的即为这种情况，其他的例子有兴趣的读者可以查阅相关资料。

7.1.3 周期函数与傅里叶级数

函数可以分为周期函数和非周期函数两大类。首先从周期函数入手去展开讨论，先从一个指定周期为 2π 的函数 $f(x)$ 开始进行分析，这是最基本、最典型的一种情况。

有了这组由正余弦函数无穷序列所构成的正交基函数，就可以按照之前的思路对函数 $f(x)$ 进行处理，在无穷维的空间中，在正、余弦函数所构成的基上进行函数展开，将函数 $f(x)$ 写成它们的线性组合的形式，即

$$f(x) = a_0 + a_1 \cos x + b_1 \sin x + a_2 \cos 2x + b_2 \sin 2x + a_3 \cos 3x + b_3 \sin 3x + \cdots$$

接着把上面的式子写成展开式的形式：

$$f(x) = a_0 + \sum_{k=1}^{+\infty} [a_k \cos kx + b_k \sin kx]$$

这种级数的展开形式就是周期为 2π 的函数 $f(x)$ 的傅里叶级数，这里需要注意以下几点。

（1）从展开式中可以看出，周期为 2π 的函数 $f(x)$ 被表示为正弦函数 $\sin kx$ 和余弦函数 $\cos kx$ 所构成的基函数的线性组合，并且在通常的情况下，基函数的个数是无穷多个。

（2）我们确实是实现了我们制定的重大目标，这一组基函数是彼此正交的。

（3）按照傅里叶级数对函数 $f(x)$ 进行展开的操作，其物理意义是非常重大的。如果把函数 $f(x)$ 的自变量 x 替换成 t，会更加简单明了。我们利用 $f(t)=a_0+\sum_{k=1}^{+\infty}[a_k\cos kt+b_k\sin kt]$ 这个等式建立起了时域和频域的桥梁，等式的左侧是关于时间 t 的函数，而右侧则是一系列不同频率谐波的叠加，且这些谐波的频率都是周期函数 $f(t)$ 频率的整数倍。

通过傅里叶级数，很巧妙地拿到了周期函数用不同频率谐波叠加的表达方式，这样就可以非常直观地去除掉某个指定频率的成分，这在信号处理的领域中是最为重要也是最为基础的概念。如果仅仅是去观察时域中的函数曲线 $f(t)$，想要实现上述的滤波功能，看似是根本不可能的，而一旦通过傅里叶级数将时域函数 $f(t)$ 转换到频域中，这个滤波的过程就变得很简单了。关于傅里叶级数的应用我们也就点到为止，如果读者感兴趣，可以去查阅信号处理的相关资料。

更一般地，如果时域中的函数 $f(t)$ 是任意周期 $\boldsymbol{T}$，那么用于傅里叶级数展开的基频率就是 $\omega_0=\frac{2\pi}{T}$（在前面周期为 2π 的例子中，基频率就是 $\omega_0=\frac{2\pi}{2\pi}=1$），傅里叶级数中所有正、余弦函数的频率都是基频率的整数倍，依次为 $\omega_0, 2\omega_0, 3\omega_0, \cdots, n\omega_0, \cdots$。最终，对于周期为 T 的时域函数 $f(t)$，对其傅里叶级数进行一般化的描述，就记作 $f(t)=a_0+\sum_{k=1}^{+\infty}[a_k\cos(k\omega_0 t)+b_k\sin(k\omega_0 t)]$。

7.1.4 傅里叶级数中的系数

通过 $f(t)=a_0+\sum_{k=1}^{+\infty}[a_k\cos(k\omega_0 t)+b_k\sin(k\omega_0 t)]$ 这个重要的式子，我们架起了时域和频域之间的联通桥梁，从一个随着时间 t 不断变化的函数曲线中提取出了它的频谱。傅里叶级数中的 $a_0, a_1, b_1, a_2, b_2, \cdots, a_n, b_n$ 等称为傅里叶系数。它反映了各个用来叠加的谐波幅度，体现了各个频率分量在总的信号中所占的分量。

这种级数展开的形式在本书中已经出现了好几次，并且都是非常重要的关键点，本质上都是将待处理的对象进行分解，将其转换到一组选定的正交基上，并且用一些指标来衡量各个正交基所代表成分的重要性程度。

几种类似情况如下。

（1）在主成分分析的过程中，我们选取的正交基是数据协方差矩阵 $\boldsymbol{C}$ 的 n 个标准正交特征向量，利用特征向量所对应的特征值来衡量它们的优先顺序。

（2）在利用奇异值分解进行数据压缩的过程中，我们把待压缩的数据矩阵写成 $\boldsymbol{A}=\sigma_1\boldsymbol{u}_1\boldsymbol{v}_1^{\mathrm{T}}+\sigma_2\boldsymbol{u}_2\boldsymbol{v}_2^{\mathrm{T}}+\sigma_3\boldsymbol{u}_3\boldsymbol{v}_3^{\mathrm{T}}+\cdots+\sigma_r\boldsymbol{u}_r\boldsymbol{v}_r^{\mathrm{T}}$ 的形式，其中，展开式里每一个 $\boldsymbol{u}_i\boldsymbol{v}_i^{\mathrm{T}}$ 相乘的结果都是一个等维的 $m\times n$ 形状的矩阵，并且它们彼此之间都满足相互正交的关系，前面的系数 σ_i 则是各个对应矩阵的权重值。$\sigma_1>\sigma_2>\sigma_3>\cdots>\sigma_r$ 的不等关系则依序代表了各个矩阵片段“重要性”的程度；

我们把待分析的对象分解到了一组基上，这些基的具体形态各异，它们可以是向量，可以是矩阵，也可以是函数，而这些基因为相互正交而彼此无关。这些彼此无关的成分由于其拥有不同的权重，因此提供给了我们处理具体问题的量化依据。

正因为如此，求取傅里叶级数的系数就显得非常重要，表面上看已知信息并不多，而级数却又是无穷级数，那么这应该如何处理呢？

实际上，只需要抓住各个基函数彼此之间满足正交的特性就可以很容易地进行处理了，傅里叶级数 $f(t)=a_0+\sum_{k=1}^{+\infty}[a_k\cos(k\omega_0 t)+b_k\sin(k\omega_0 t)]$ 中的各项除了与自身以外，与其他各项都保持正交。依据此项特性，对于任意系数 a_n 而言，有

$$\begin{aligned}\int_{t_0}^{t_0+T}f(t)\cos(n\omega_0 t)\mathrm{d}t&=\int_{t_0}^{t_0+T}\{a_0+\sum_{k=1}^{+\infty}[a_k\cos(k\omega_0 t)+b_k\sin(k\omega_0 t)]\}\cos(n\omega_0 t)\mathrm{d}t\\&=\int_{t_0}^{t_0+T}a_n\cos^2(n\omega_0 t)\mathrm{d}t\end{aligned}$$

同理，对于系数 b_n 而言，同样有

$$\begin{aligned}\int_{t_0}^{t_0+T}f(t)\sin(n\omega_0 t)\mathrm{d}t&=\int_{t_0}^{t_0+T}\{a_0+\sum_{k=1}^{+\infty}[a_k\cos(k\omega_0 t)+b_k\sin(k\omega_0 t)]\}\sin(n\omega_0 t)\mathrm{d}t\\&=\int_{t_0}^{t_0+T}b_n\sin^2(n\omega_0 t)\mathrm{d}t\end{aligned}$$

这里的积分运算并不太难，就不具体推演了，最后直接给出傅里叶级数系数的表达式为

$$a_0=\frac{1}{T}\int_{t_0}^{t_0+T}f(t)\mathrm{d}t$$

$$a_n=\frac{2}{T}\int_{t_0}^{t_0+T}f(t)\cos(n\omega_0 t)\mathrm{d}t$$

$$b_n=\frac{2}{T}\int_{t_0}^{t_0+T}f(t)\sin(n\omega_0 t)\mathrm{d}t$$

由此，我们就求得了傅里叶级数的各个系数。

7.1.5 非周期函数与傅里叶变换

讨论完周期函数后，再来介绍非周期函数的情况。在周期函数的傅里叶级数中与函数周期 T 密切相关的量就是基频率 ω_0，基函数中任意一个正余弦函数的频率都是它的整数倍。换句话说，ω_0

表示的就是从时域转换到频域后，频谱中各相邻频率的间隔。

而我们可以把非周期函数看作周期为 T 无穷大的周期函数，因此，频率间隔 $\omega_0 = \frac{2\pi}{T} \to 0$，谱线越来越密，最终由离散谱变为连续谱。

7.1.6 思维拓展分析

其实傅里叶分析的具体细节远远不止这些，想要更深入、更细致地掌握它还需要花些功夫，当然这些细节并不是本书的核心重点。

本节的主要目的是对我们的思维进行拓展，把线性代数的一些运算方法和处理思想从传统的向量空间拓展到无穷维的函数空间中去。通过把向量的内积、正交等运算概念进行类比引入，实现对正交的函数基的概念定义和方法运用，巧妙地连接起时域和频域，这非常有助于我们体会向量与函数的共通之处。

7.2 复数域中的向量和矩阵

本节来尝试另一个维度的概念与应用拓展，即将向量和矩阵的概念从实数域拓展到复数域。我们同样采用类比的思考学习方法，将实数域中的转置操作延伸至复数域中的共轭转置，重新定义复数域中向量的内积和正交概念，同时将实数域中的重要矩阵，如对称矩阵、正交矩阵拓展到复数域中，并找到其对应的厄米矩阵和酉矩阵，在实数域和复数域的整体框架下，统一它们的概念和方法。

基于复数域中的这些重要矩阵，我们举例讨论如何在这些概念的指引下，使用计算机进行离散傅里叶变换。通过学习本节的内容，相信读者能够从整体的角度很好地理解和把握实数与复数、连续与离散、时域与频域、函数与向量这些概念之间的区别与联系。

7.2.1 回顾：复数和复平面

下面先快速地回顾一下复数和复平面的基本知识。当我们接触到 $x^2 = -1$ 这个方程时，虚数 i 第一次进入我们的世界中，对于虚数而言，它的加法和乘法运算都并无新意。

$$\mathrm{i} + \mathrm{i} = 2\mathrm{i}$$

$$2\mathrm{i} + 3\mathrm{i} = 5\mathrm{i}$$

唯一的新奇之处是虚数的平方运算，也就是在解方程 $x^2 = -1$ 时，其平方运算结果是 $\mathrm{i}^2 = -1$。

那么对虚数有了认识后，复数的概念就很自然的出来了。复数是一个形如 $a+b\mathrm{i}$ 的数，由实数 a 和虚数 $b\mathrm{i}$ 组成。其中，复数的实部是 $\mathrm{Re}\,(a+b\mathrm{i})=a$，而虚部是 $\mathrm{Im}\,(a+b\mathrm{i})=b$。

复数的加法运算很简单，它被描述成实部和虚部分别对应相加：

$$(a+b\mathrm{i})+(c+d\mathrm{i})=(a+c)+(b+d)\,\mathrm{i}$$

例如，有两个复数 $z_1=2+\mathrm{i}$ 和 $z_2=3+2\mathrm{i}$，则 z_1 和 z_2 的加法运算结果为 $z_1+z_2=2+\mathrm{i}+3+2\mathrm{i}=5+3\mathrm{i}$。

实际上，我们不难通过对比发现，复数的加法有点类似于向量空间 R^2 中的向量加法运算：$\begin{bmatrix}a\\b\end{bmatrix}+\begin{bmatrix}c\\d\end{bmatrix}=\begin{bmatrix}a+c\\b+d\end{bmatrix}$。

而复数的乘法运算则是需要应用分配律：

$$(a+b\mathrm{i})\,(c+d\mathrm{i})=ac+ad\mathrm{i}+bc\mathrm{i}+bd\mathrm{i}^2=(ac-bd)+(ad+bc)\,\mathrm{i}$$

下面还是用上面的两个复数进行举例，则 z_1 和 z_2 的乘法运算结果为 $z_1z_2=(2+\mathrm{i})\,(3+2\mathrm{i})=6+7\mathrm{i}+2\mathrm{i}^2=4+7\mathrm{i}$。

将复数和二维向量进行对比后可以发现，我们可以在一个平面上来表示任意一个复数，这个平面就是复平面，将平面上的 x 轴称为实轴，y 轴称为虚轴。通过分别将实部和虚部作为 x 轴和 y 轴上的坐标，就能将每一个复数表示为复平面上的对应点，实际上这就类似于在向量空间 R^2 上对二维向量进行表示。

对于复数的模这个概念，读者应该不会陌生。复数 $z=a+b\mathrm{i}$，我们将$\sqrt{a^2+b^2}$称为复数 z 的模或绝对值，记作 $|z|$，也可以记作 r。

引入复数的模长 r 这个概念后，我们可以基于此介绍复数的极坐标表示法。对于复数的极坐标，另一个重要的量是角度 θ，此时复数的实部记作 $a=r\cos\theta$，虚部记作 $b=r\sin\theta$，因此整个复数又被写作 $z=a+b\mathrm{i}=r\cos\theta+\mathrm{i}r\sin\theta$，最终把式子合并，记作 $z=r\mathrm{e}^{\mathrm{i}\theta}$。

在这里列举了 3 种复数的表示方法，尤其是极坐标的表示法为后面的重要内容埋下了伏笔，利用极坐标形式表示的复数，在进行幂运算时是非常方便的。复数 z 的 n 次幂为 $z^n=r^n\mathrm{e}^{\mathrm{i}n\theta}$。从式子中可以观察到，对于复数的 n 次幂，在复平面上表示为：复数的模长（半径 r）变为原始模长的 n 次方，夹角 θ 变为原来的 n 倍。

共轭的概念也是复数中的一个重要基础概念，复数 $z=a+b\mathrm{i}$ 的共轭复数记作 $\bar{z}=a-b\mathrm{i}$，即实部相同，虚部符号恰好相反。从几何意义的角度来说，复数 z 和共轭复数 $\bar{z}$ 在复平面上关于实轴对称。

下面实际地在一个复平面上展示上述基本概念，如图 7.2 所示。

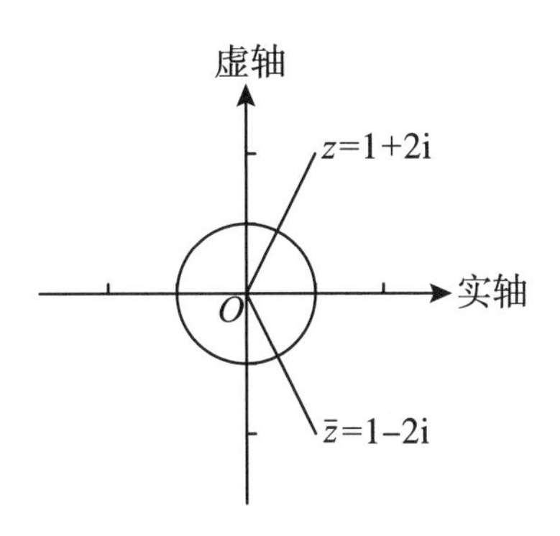

图 7.2　复平面上的复数表示

从图 7.2 中可以看出，一个半径为 1 的单位圆，即对于复数 $z=a+b\mathrm{i}$ 而言，它表示所有 $a^2+b^2=1$ 的复数，可以把它们记作 $z=\cos\theta+\mathrm{i}\sin\theta$，极坐标表示形式为 $z=\mathrm{e}^{\mathrm{i}\theta}$。把这两个等式结合起来，就有

$$\mathrm{e}^{\mathrm{i}\theta}=\cos\theta+\mathrm{i}\sin\theta$$

这就是有名的欧拉公式。对于这种模长（半径）为 1 的复数，它具备一个非常好的性质。读者可以思考一下它的 n 次幂运算的最终结果，即结果所得的复数半径始终为 1，保持不变，只有角 θ 变为原来的 n 倍，也就是说，幂运算的结果，始终都在复平面的单位圆上滑动。

由此，引出一个非常重要的复数：$\omega=\mathrm{e}^{2\pi\mathrm{i}/n}$，如图 7.3 所示。我们可以看出，复数 ω 的几何意义在于：它是复平面单位圆上的第一个 n 等分点。

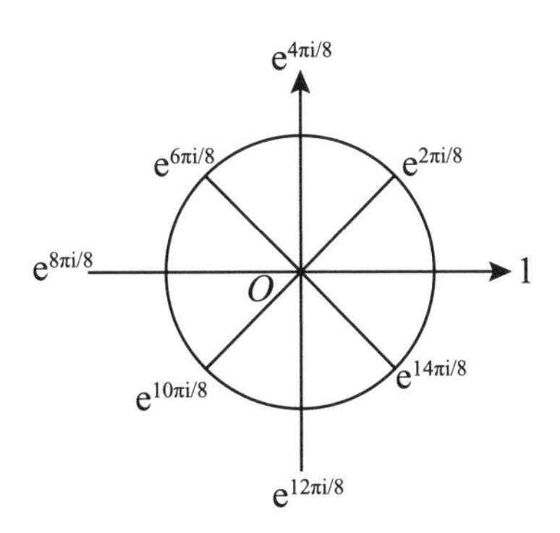

图 7.3　复平面单位圆上的 8 等分点

复数 $\omega=\mathrm{e}^{2\pi\mathrm{i}/n}$ 有一个非常重要的性质，即 $\omega^1, \omega^2, \omega^3, \omega^4, \cdots, \omega^n$ 这 n 个复数的 n 次幂的运算结果都是 1。换句话说，这 n 个复数就是方程 $z^n=1$ 的解。

在知识回顾的最后，下面列举一下如何利用 Python 实现复数的常用基本运算。

代码如下：

```
z1 = 2 + 1j
z2 = 3 + 5j
print(z1.real)          #实部
print(z2.imag)          #虚部
```

```
print(z1+z2)             #加法
print(z1*z2)             #乘法
print(z1.conjugate())    #共轭
print(abs(z1))           #模长
```

运行结果：

```
2.0
5.0
(5+6j)
(1+13j)
(2-1j)
2.23606797749979
```

7.2.2 实数域的拓展：共轭转置

在前面的内容中已经学习过，列向量 $\boldsymbol{u}=\begin{bmatrix}u_1\\u_2\\u_3\\\vdots\\u_n\end{bmatrix}$ 的转置是行向量，即 $\boldsymbol{u}^{\mathrm{T}}=[u_1\ \ u_2\ \ u_3\ \ \cdots\ \ u_n]$，而实数域中向量长度的平方就是向量与自身的内积，也可以写作 $\boldsymbol{u}^{\mathrm{T}}\boldsymbol{u}$。

那么对于包含有复数成分的复向量 $\boldsymbol{z}$ 呢？转置的概念能否直接迁移过来？我们先不忙着回答是还是否，先看一个实例。

例如，求一个复向量 $\boldsymbol{z}=\begin{bmatrix}1\\0\\\mathrm{i}\end{bmatrix}$ 长度的平方，如果依旧沿用实数域中的操作方法，就有

$$|\boldsymbol{z}|^2=\boldsymbol{z}^{\mathrm{T}}\boldsymbol{z}=\begin{bmatrix}1 & 0 & \mathrm{i}\end{bmatrix}\begin{bmatrix}1\\0\\\mathrm{i}\end{bmatrix}=1+0-1=0$$

对于这个答案，我们难以接受，因为向量 z 并非一个零向量，但是我们却计算出了它的长度为 0。因此，复向量和实数向量对于转置的操作是有区别的，对于一个复向量 z 和复矩阵 $\boldsymbol{A}$ 而言，在对它进行与实数域中相同的转置操作时，还需要将其中的复数元素转换成它的共轭复数，因此整个过程合并称为共轭转置。

对于复向量$\boldsymbol{z}=\begin{bmatrix}z_1\\z_2\\z_3\\\vdots\\z_n\end{bmatrix}=\begin{bmatrix}a_1+b_1\mathrm{i}\\a_2+b_2\mathrm{i}\\a_3+b_3\mathrm{i}\\\vdots\\a_n+b_n\mathrm{i}\end{bmatrix}$，我们将它的共轭转置记作

$$\boldsymbol{z}^{\mathrm{H}}=[\ \bar{z}_1\ \ \bar{z}_2\ \ \bar{z}_3\ \ \cdots\ \ \bar{z}_n]=[a_1-b_1\mathrm{i}\ \ a_2-b_2\mathrm{i}\ \ a_3-b_3\mathrm{i}\ \ \cdots\ \ a_n-b_n\mathrm{i}]。$$

那么，在共轭转置的基础上，复向量长度平方的计算结果为

$$|\boldsymbol{z}|^2=\boldsymbol{z}^{\mathrm{H}}\boldsymbol{z}=\begin{bmatrix}a_1-b_1\mathrm{i} & a_2-b_2\mathrm{i} & a_3-b_3\mathrm{i} & \cdots & a_n-b_n\mathrm{i}\end{bmatrix}\begin{bmatrix}a_1+b_1\mathrm{i}\\a_2+b_2\mathrm{i}\\a_3+b_3\mathrm{i}\\\vdots\\a_n+b_n\mathrm{i}\end{bmatrix}=\sum_{k=1}^{n}(a_k^2+b_k^2)$$

从结果中可以发现，复向量长度的平方就等于向量中各个成分的模长平方和：$|\boldsymbol{z}|^2=\boldsymbol{z}^{\mathrm{H}}\boldsymbol{z}=\sum_{i=1}^{n}|z_k|^2$。

此时，我们已经知道了复向量长度的计算法则，那么再把这个概念引申一下，在复数域的范围内，求解复向量 $\boldsymbol{u}=\begin{bmatrix}u_1\\u_2\\u_3\\\vdots\\u_n\end{bmatrix}$ 和 $\boldsymbol{v}=\begin{bmatrix}v_1\\v_2\\v_3\\\vdots\\v_n\end{bmatrix}$ 之间的内积，即

$$\boldsymbol{u}\cdot\boldsymbol{v}=\boldsymbol{u}^{\mathrm{H}}\boldsymbol{v}=\begin{bmatrix}\bar{u}_1 & \bar{u}_2 & \bar{u}_3 & \cdots & \bar{u}_n\end{bmatrix}\begin{bmatrix}v_1\\v_2\\v_3\\\vdots\\v_n\end{bmatrix}=\bar{u}_1v_1+\bar{u}_2v_2+\bar{u}_3v_3+\cdots+\bar{u}_nv_n$$

其实复数域中的内积定义是可以把实数域的情况包含进去的，实数本质上就是虚部为 0 的复数，对这样的复数取其共轭复数，其结果仍然等于自身。那么对于一个实数向量而言，其共轭转置实质上就只有转置操作了。

下面来看一个例子，体会一下其运算过程。如果有复向量 $\boldsymbol{u}=\begin{bmatrix}1\\0\\\mathrm{i}\end{bmatrix}$ 和复向量 $\boldsymbol{v}=\begin{bmatrix}\mathrm{i}\\3\\1\end{bmatrix}$，试求这两个复向量的内积。

很简单，一切都按照定义来进行操作：$\boldsymbol{u}\cdot\boldsymbol{v}=\boldsymbol{u}^{\mathrm{H}}\boldsymbol{v}=\begin{bmatrix}1 & 0 & -\mathrm{i}\end{bmatrix}\begin{bmatrix}\mathrm{i}\\3\\1\end{bmatrix}=\mathrm{i}-\mathrm{i}=0$。

从计算结果来看，两个复向量 $\boldsymbol{u}$ 和 $\boldsymbol{v}$ 的内积为 0，两个复向量彼此正交。

7.2.3 厄米矩阵

建立起复向量的共轭转置概念后，很自然地我们就能联想到矩阵的共轭转置操作，即同样在完成矩阵转置操作的同时，对矩阵的各元素取共轭复数。

如果原始矩阵$A=\begin{bmatrix} z_{11} & z_{12} & z_{13} & \cdots & z_{1n} \\ z_{21} & z_{22} & z_{23} & \cdots & z_{2n} \\ z_{31} & z_{32} & z_{33} & \cdots & z_{3n} \\ \vdots & \vdots & \vdots & \ddots & \vdots \\ z_{m1} & z_{m2} & z_{m3} & \cdots & z_{mn} \end{bmatrix}$，则它的共轭转置矩阵为$A^H=\begin{bmatrix} \bar{z}_{11} & \bar{z}_{21} & \bar{z}_{31} & \cdots & \bar{z}_{m1} \\ \bar{z}_{12} & \bar{z}_{22} & \bar{z}_{32} & \cdots & \bar{z}_{m2} \\ \bar{z}_{13} & \bar{z}_{23} & \bar{z}_{33} & \cdots & \bar{z}_{m3} \\ \vdots & \vdots & \vdots & \ddots & \vdots \\ \bar{z}_{1n} & \bar{z}_{2n} & \bar{z}_{3n} & \cdots & \bar{z}_{mn} \end{bmatrix}$，这和向量的共轭转置操作相同。

到这里，其实我们可以同样提炼出这样一个事实，那就是实数域内的转置操作就是复数域中共轭转置的一种特殊情况。

由此，我们引出复数域中的一个极其重要的矩阵：厄米矩阵，又称为自共轭矩阵。最好的方法还是在实数域中去找到对应的概念，即对称矩阵。在实数域中，如果矩阵 S 的转置矩阵等于自身，即满足 $S=S^T$，则矩阵 S 称为对称矩阵。引申到复数域中，如果一个复数矩阵 S 的共轭转置矩阵等于自身，即满足 $S=S^H$，则矩阵 S 就是厄米矩阵。

下面举一个复数域中的厄米矩阵来实际地看一看，$S=\begin{bmatrix} 1 & 1+i & 2+3i \\ 1-i & 2 & -2i \\ 2-3i & 2i & 3 \end{bmatrix}$，很显然，矩阵 S 满足 $S^H=S$，它的共轭转置矩阵等于它自身，矩阵 S 就是一个厄米矩阵，它的对角线上的元素必须是实数。

很显然，实对称矩阵也是复数域中厄米矩阵的一种特殊情况，那么我们还是按照之前类比思考的思路，在前面重点学习过，实对称矩阵 S 拥有非常好的性质，它拥有实数特征值和正交的特征向量。

那么作为复数域中的延伸概念，厄米矩阵是否拥有类似的性质呢？答案一定是肯定的。下面进行简要的说明。

第一个性质：厄米矩阵 S 的特征值一定是实数。

这个证明过程很简单：

$$Sz=\lambda z \Rightarrow z^H Sz = z^H \lambda z \Rightarrow z^H Sz = \lambda z^H z$$

我们抓住 $z^H Sz=\lambda z^H z$ 这个关键等式进行观察，很显然等式的左侧有 $(z^H Sz)^H = z^H S^H (z^H)^H = z^H Sz$。通过观察可以得出两个事实：一是，$z^H Sz$ 是自共轭的；二是，$z^H Sz$ 计算结果的维度是 1×1，即结果是一个数，因此 $z^H Sz$ 显然只能是一个实数了。

同时在等式右侧 $\lambda z^H z$ 中，$z^H z$ 是复向量 z 长度的平方，显然也是实数，那么作为系数的特征值 λ 也必须是一个实数。

第二个性质：厄米矩阵 S 中，不同特征值对应的特征向量满足彼此正交。

任意两个特征值 λ_1 和 λ_2 及它们所分别对应的特征向量 z_1 和 z_2。依照定义显然有 $Sz_1=\lambda_1 z_1$ 和 $Sz_2=\lambda_2 z_2$。

下面处理第一个特征值定义式：$Sz_1=\lambda_1 z_1 \Rightarrow z_2^H S z_1=\lambda_1 z_2^H z_1$；而对于第二个特征值定义式，有$(Sz_2)^H=(\lambda_2 z_2)^H \Rightarrow z_2^H S^H=\lambda_2 z_2^H$，等式两侧同时乘以向量 z_1，可以得到 $z_2^H S^H z_1=\lambda_2 z_2^H z_1$。

由于S是厄米矩阵，满足自共轭特性，因此有$\lambda_1 z_2^H z_1=\lambda_2 z_2^H z_1$，由于$\lambda_1$和$\lambda_2$是不等的两个特征值，因此为了满足等式左右两边相等，则必须要求 $z_2^H z_1=0$，这不正是复向量内积的定义式吗？两个复向量内积为 0，则二者必然正交。

7.2.4 酉矩阵

采用同样的思路，在讨论新概念酉矩阵前，先在实数矩阵中寻找对应的概念。

矩阵 Q 是一个方阵，其各列由一组标准正交向量 $q_1, q_2, q_3, \cdots, q_n$ 所构成，方阵 Q 满足 $Q^TQ=I$ 的等式关系，称为正交矩阵。这是我们前面学习过的概念，读者应该非常熟悉。

那么将这个概念拓展到复数域中，在复数域中各列满足标准正交的方阵 Q，我们也给它起了一个新名字——酉矩阵。很显然，基于复向量内积的定义，这里实矩阵的转置操作就应该变成复数矩阵的共轭转置操作，即$Q^T \Rightarrow Q^H$。最终可以得出：酉矩阵 Q 是一个方阵，满足$Q^HQ=I \Rightarrow Q^H=Q^{-1}$的关系。

7.2.5 傅里叶矩阵与离散傅里叶变换

讲清楚酉矩阵的定义后，我们不再过多地陷于细节性质的讨论。这里，我们直接抛出傅里叶矩阵的介绍，傅里叶矩阵号称是最重要的酉矩阵，用于进行离散傅里叶变换的处理工作。

一个 $n\times n$ 的傅里叶矩阵的形式为：

$$F_n=\frac{1}{\sqrt{n}}\begin{bmatrix}1 & 1 & 1 & \dots & 1\\ 1 & \omega & \omega^2 & \dots & \omega^{n-1}\\ 1 & \omega^2 & \omega^4 & \dots & \omega^{2(n-1)}\\ \vdots & \vdots & \vdots & \ddots & \vdots\\ 1 & \omega^{n-1} & \omega^{2(n-1)} & \dots & \omega^{(n-1)^2}\end{bmatrix}$$

其中，$\omega=e^{2\pi i/n}$，傅里叶矩阵中第 i 行第 j 列的元素表达式为 ω^{ij}。

这里再次出现 $\omega=e^{2\pi i/n}$，在前面我们已经讲过，这个量表示复平面单位圆上的第一个 n 等分点，因此 n 阶傅里叶矩阵中的所有元素都位于单位圆的 n 等分点上。

下面来看几个实例，为了便于计算，将 $\omega=e^{2\pi i/n}$ 按照欧拉公式 $e^{i\theta}=\cos\theta+i\sin\theta$，进行展开，得到$e^{2\pi i/n}=\cos\frac{2\pi}{n}+i\sin\frac{2\pi}{n}$。

再来看一下二阶、三阶和四阶的傅里叶矩阵的形式。

$$\boldsymbol{F}_2=\frac{1}{\sqrt{2}}\begin{bmatrix}1 & 1\\ 1 & \mathrm{e}^{2\pi\mathrm{i}/2}\end{bmatrix}=\frac{1}{\sqrt{2}}\begin{bmatrix}1 & 1\\ 1 & -1\end{bmatrix}$$

$$\boldsymbol{F}_3=\frac{1}{\sqrt{3}}\begin{bmatrix}1 & 1 & 1\\ 1 & \mathrm{e}^{2\pi\mathrm{i}/3} & \mathrm{e}^{4\pi\mathrm{i}/3}\\ 1 & \mathrm{e}^{4\pi\mathrm{i}/3} & \mathrm{e}^{2\pi\mathrm{i}/3}\end{bmatrix}=\frac{1}{\sqrt{3}}\begin{bmatrix}1 & 1 & 1\\ 1 & -\frac{1}{2}+\frac{\sqrt{3}}{2}\mathrm{i} & -\frac{1}{2}-\frac{\sqrt{3}}{2}\mathrm{i}\\ 1 & -\frac{1}{2}-\frac{\sqrt{3}}{2}\mathrm{i} & -\frac{1}{2}+\frac{\sqrt{3}}{2}\mathrm{i}\end{bmatrix}$$

$$\boldsymbol{F}_4=\frac{1}{\sqrt{4}}\begin{bmatrix}1 & 1 & 1 & 1\\ 1 & \mathrm{e}^{2\pi\mathrm{i}/4} & \mathrm{e}^{4\pi\mathrm{i}/4} & \mathrm{e}^{6\pi\mathrm{i}/4}\\ 1 & \mathrm{e}^{4\pi\mathrm{i}/4} & \mathrm{e}^{8\pi\mathrm{i}/4} & \mathrm{e}^{12\pi\mathrm{i}/4}\\ 1 & \mathrm{e}^{6\pi\mathrm{i}/4} & \mathrm{e}^{12\pi\mathrm{i}/4} & \mathrm{e}^{18\pi\mathrm{i}/4}\end{bmatrix}=\frac{1}{\sqrt{4}}\begin{bmatrix}1 & 1 & 1 & 1\\ 1 & \mathrm{i} & -1 & -\mathrm{i}\\ 1 & -1 & 1 & -1\\ 1 & -\mathrm{i} & -1 & \mathrm{i}\end{bmatrix}$$

了解了傅里叶矩阵的概念和形态后，读者也许会问，这种矩阵有什么用处？前面不是已经对周期函数和非周期函数的傅里叶变换方法都做过介绍了吗？

首先，顾名思义，傅里叶矩阵是用来辅助计算机进行傅里叶变换的，而前面介绍过的方法是提供给我们人来计算使用的。因为在信号处理的过程中，机器能够处理的都必须是离散的信号，所以前面介绍的连续时间周期函数和连续时间非周期函数都无法直接借助机器进行处理。

机器能够处理的信号有两种：一种是有限长度的信号，另一种是离散的信号。这里的离散包含两个方面：一方面是傅里叶变换前时域的信号必须离散，另一方面是变换后频域里的频谱也必须离散。

要想使用机器来进行傅里叶变换，就必须满足这 3 个条件，这称为离散傅里叶变换（DFT）。有限长度很好满足，对一段连续时间信号进行截断即可，截断区间可以取 2π，通过对连续时间信号进行采样，获取时域内的离散输入。

采样的个数一般定为 2^n，如 32, 64, ⋯ , 1024 等。我们在前面学习过，只有时域内的周期信号经过傅里叶变换才能得到离散的频谱，不过这个很好处理，将这段有限长度的时域信号进行周期延拓即可实现。

我们通常借助计算机来实现离散傅里叶变换，那么理解好这个变换过程的输入和输出则非常重要。例如，对一个连续时间信号 $f(t)$ 在 2π 的采样区间内采样 32 次，那么时间信号的输入就变成了离散的形式：

$$x[n]=f\left(2\pi\frac{n}{32}\right),\ n=0,\ 1,\ 2,\ \cdots,31$$

输入向量的元素为 32 个，即采样次数。

然后，我们同样是把这个离散化后的函数 $x[n]$ 用一组谐波基来进行表示，那么首先我们就要确定这一组谐波的基频率 ω_0：具备该基频率的谐波是在整个 2π 采样周期内只振动一个周期的谐波函数$\cos\left(2\pi\frac{n}{32}\right)$和$\sin\left(2\pi\frac{n}{32}\right)$，所有基函数的频率都是这个基频率的整数倍，因此经过离散傅里叶变换后的基函数依次为1，$\cos\left(2\pi\frac{n}{32}\right)$，$\sin\left(2\pi\frac{n}{32}\right)$，$\cos\left(2\pi\frac{2n}{32}\right)$，$\sin\left(2\pi\frac{2n}{32}\right)$，$\cos\left(2\pi\frac{3n}{32}\right)$，$\sin\left(2\pi\frac{3n}{32}\right)$，$\cos\left(2\pi\frac{4n}{32}\right)$，$\sin\left(2\pi\frac{4n}{32}\right)$，…，$\cos\left(2\pi\frac{31n}{32}\right)$，$\sin\left(2\pi\frac{31n}{32}\right)$，同频的正、余弦函数算作一组，即含32组基函数。

因此，经过离散傅里叶变换后的输出向量里的元素也是32个，但是这32个量是复数形式的$a_k+b_k\mathrm{j}$，分别对应每个频率的余弦和正弦基函数的系数，通过a_k和b_k就可以计算出每个频率谐波基的幅度和相位。

傅里叶矩阵是离散傅里叶变换中的核心数据结构，而通过针对矩阵结构进行优化设计而形成的高速、优化的算法，称为快速傅里叶变换（FFT）。它大幅提升了信号处理的效率。

最后利用Python语言来实际进行离散傅里叶变换的处理，以下为要处理的时域信号：

$$f(t) = \sin(t) + 2\sin(3t) + 2\cos(3t) + 4\sin(15t)$$

绘制函数图像的代码如下：

```
import numpy as np
import matplotlib.pyplot as plt

def f(x):
    return np.sin(x)+2*np.sin(3*x)+2*np.cos(3*x)+4*np.sin(15*x)

x = np.linspace(0, 2*np.pi, 2048)
plt.scatter(x, f(x))
plt.grid()
plt.show()
```

时域中信号在一个2π周期内的形态如图7.4所示。

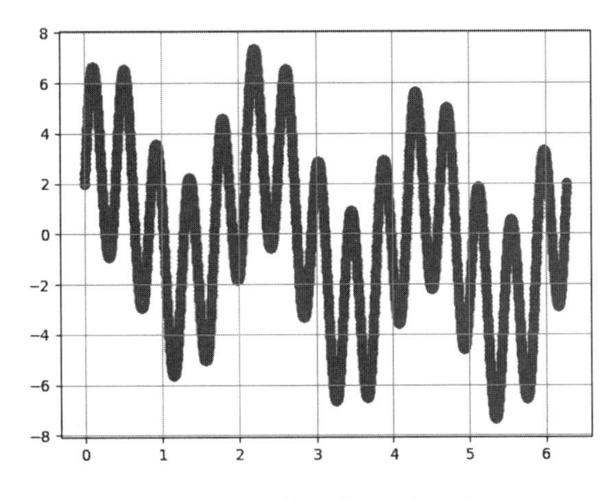

图7.4　时域信号$f(t)$的形态

下面利用 Python 中的 fft 工具来对这段时域信号进行频域分析。

代码如下：

```
import numpy as np
from scipy.fftpack import fft
import matplotlib.pyplot as plt

x = np.linspace(0, 2*np.pi, 128)
y = np.sin(x)+2*np.sin(3*x)+2*np.cos(3*x)+4*np.sin(15*x)

xf = np.arange(len(y))                          #离散频率
xf_half = xf[range(int(len(x)/2))]              #由于对称性  因此只取一半区域
yf = abs(fft(y))/len(x)                         #执行完 fft 后  对各频率的能量进行归一化处理
yf_half = yf[range(int(len(x)/2))]              #由于对称性  因此只取一半区间

plt.plot(xf_half, yf_half)
plt.show()
```

经过快速傅里叶变换后，最终得到的结果如图 7.5 所示。

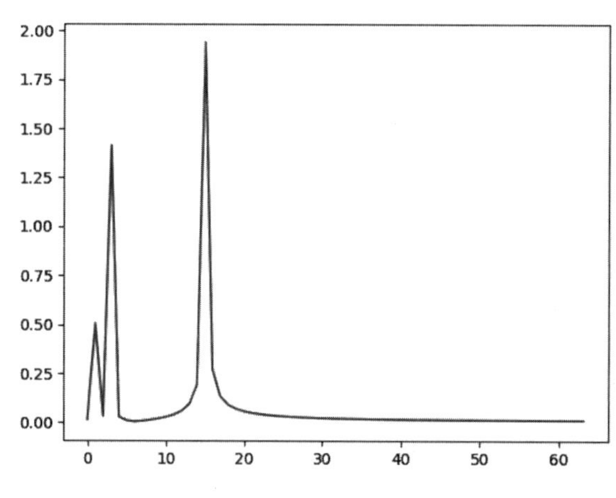

图 7.5　快速傅里叶变换后得到的频谱图

仔细观察图 7.5 中的数据可以发现，图中 3 个能量最高的峰值点，正对应时域函数 $f(t)=\sin(t)+2\sin(3t)+2\cos(3t)+4\sin(15t)$ 中合成的 3 个谐波频率，且能量也和各谐波系数取模后的比例保持一致。

7.2.6　思维拓展分析

对于快速傅里叶变换 FFT 的算法细节，限于本书的讨论主线，这里就不再对其展开介绍了。通过本节内容的讨论，我们将思维和视野做了另一个维度的拓展，即从实数域拓展到了复数域，并将实数域中的一些重要矩阵和定理法则相应地做了类比分析，最终将实数域和复数域的向量与矩阵概念进行统一和整合，从而探索出线性代数更为广阔的应用舞台。